行銷管理

觀念活用與實務應用

李宗儒博士　編著

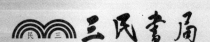
三民書局

國家圖書館出版品預行編目資料

行銷管理:觀念活用與實務應用 / 李宗儒編著.－－
初版一刷.－－臺北市: 三民，2004
　　面；　　公分
含參考書目
ISBN 957-14-4077-9　（平裝）

1.市場學

496　　　　　　　　　　　　　　　　93012923

網路書店位址　http : // www. sanmin. com. tw

© 行 銷 管 理
—— 觀念活用與實務應用

編著者　李宗儒
發行人　劉振強
著作財
產權人　三民書局股份有限公司
　　　　臺北市復興北路386號
發行所　三民書局股份有限公司
　　　　地址／臺北市復興北路386號
　　　　電話／(02)25006600
　　　　郵撥／0009998-5
印刷所　三民書局股份有限公司
門市部　復北店／臺北市復興北路386號
　　　　重南店／臺北市重慶南路一段61號
初版一刷　2004年10月
編　號　S 493420
基本定價　捌元肆角
行政院新聞局登記證局版臺業字第○二○○號

有著作權　不准侵害

ISBN　957-14-4077-9　（平裝）

 自　序

　　行銷引進臺灣已有一段時間了，但由於過去臺灣較強化在製造方面之能力，而將「微笑曲線」的另一端「行銷」給忽略了。隨著臺灣這幾年的產業變化，如：製造業全球分工佈局，服務業抬頭，使得「行銷」的重要性提昇了不少。學校裡的學生走在校園中，或社會人士之辦公室裡也常會看見在手上或書櫃中放了些「行銷」之相關書籍，在在都顯示了「行銷」已成為臺灣社會中的一門顯學。

　　國外經驗顯示，行銷學科的發展與個案探討，密不可分，因此本書有系統的網羅並整理國內外行銷相關書籍，如，期刊、論文、專書、雜誌等及 internet 上之相關個案與知識，其目的在於讓讀者有一系統化的概念，以助建立其行銷架構與應用。

　　換言之，本書之架構乃以宏觀的角度探討行銷管理包涵之範圍，以行銷的基本概念出發，並接著介紹行銷環境，以概括敘述行銷管理的意涵，第三及第四章介紹行銷組合，4P 是行銷的基本功能，而行銷組合的應用在實務上之應用也相當廣泛，因此被視為行銷的核心觀念之一。行銷方案或策略的成功與否，除了行銷組合的應用外，行銷策略的規劃也是相當重要的一部分，另外消費者行為、行銷研究及產業競爭分析等部分，則是行銷規劃的重要基礎，這些部分則分別在五、六、七、八等章節介紹。第九章則介紹行銷組織、執行、控制與評估，以評估或檢討行銷方案的執行，而行銷管理之架構大致包含了上述幾個層面。隨著行銷管理在實務及理論界上的發展，加上科技逐漸進步，行銷管理應用的層面也愈來愈廣，因此近年來行銷資訊系統、顧客關係管理、供應鏈管理、服務業行銷及國際行銷等議題也成為行銷管理的主流之一，因此本書也將納入一併介紹。未來產業環境的變化多元，也將帶來許多新興的行銷議題，本書列舉其中數項探討之。

　　本書得以完成要感謝國立中興大學行銷相關系所之同學：楊淑惠、陳麟文、劉曼貞、黃靜瑜、段宗瑜、張修瑜、吳欣潔、林雅娟及許芸瑋等人之協助校閱、打字及製圖。當然，更要感謝內人惠雀及二位家裡的大小兒子柏翰 (Eric) 及昂軒 (Shawn)，常在我為這本書奮鬥得全身無力時，適時的鼓勵與關懷，使得這本書得以順利問世。最後將這本書獻給我的父母及所有關心我的人。

李宗儒

國立中興大學行銷學系

中華民國九十三年八月

行銷管理
——觀念活用與實務應用

目 次

第一章

行銷基本概念

學習目標

1. 瞭解行銷是什麼
2. 整體行銷管理的架構
3. 行銷活動可創造出的效用
4. 行銷觀念的演進經歷之階段

▶ 實務案例

「以家樂福月包裝週年慶活動的家樂福全省二十七家連鎖店，今起以三十五天接力登場的三檔活動，推出市價六折左右的熱門商品打開戰局，其中包括廣告主打的東元 DVD Player、聯強保固桌上型電腦、多芬沐浴乳等家用品，還開放當天購物免費獎項。」

「全國加油站表示，即日起到全國加油站加油，除原有贈品照送外，只要加滿油箱，金額達新臺幣 500 元以上，若加油金額為連續相同數字，當次加油即可免費；如果當月第二次幸運中獎，除當次加油免費外，還送一人遊拉斯維加斯六天四夜；而當月第三次中獎者，幸運者除可獲前述兩項贈品，還可獲全國加油站送的 10 萬彩金。」

近幾年來，臺灣地區大型量販店與加油站的激烈競爭，似乎成了許多行銷管理課程最佳的教材，看著琳瑯滿目的廣告宣傳及促銷活動，似乎讓人迷惑，「行銷」是不是就是廣告及促銷活動？如果不是，那麼行銷是什麼？

行銷管理是一門必須兼具理論與實務的學問，在行銷管理的領域中，隨著社會的變遷與產業內外部環境的變化，行銷從過去單純的功能到現在成為公司整體策略角色的重要環節，因此行銷可謂是當前最重要的管理議題之一。因此本章從行銷最基本的概念帶領讀者進入行銷管理的領域，並瞭解行銷的觀念是如何隨著環境變化而演進。

第一節　行銷管理的意涵

本節從不同觀點介紹何謂行銷，包括從社會、經濟、企業及顧客等觀點探討，其次介紹行銷的核心觀念最重要的部分──顧客滿意度，最後探討行銷活動的範圍及行銷管理的架構。

一、什麼是行銷

行銷 (Marketing) 一詞源自於經濟中，指的是配銷 (Distribution) 與推廣 (Promotion)，而行銷最早的應用則起於農業上應用，並在 19 世紀後逐漸受到重視而快速推廣，至今行銷已成為企業功能中相當重要的一環，而行銷的定義可從經濟、社會、企業及顧客等不同觀點探討其性質。

㈠經濟學觀點

何雍慶 (1990) 指出，美國行銷學會於 1963 年將行銷定義為「引導物品與勞務從生產者向消費者或使用者之企業活動。」隨著時代轉變，美國行銷學會重新修正其對行銷的定義，曾光華 (2002) 說明美國行銷學會在 1985 年重新定義行銷為「規劃和執行有關觀念、物品、組織、服務和事件的形成、定價、推廣及分配之過程，目的在於創造能夠滿足個人和組織目標的交換。」美國行銷學會的觀點與經濟學中配銷與推廣涵意相近，認為行銷的主要功能在引導物品與勞務的流動，使得供給與需求能互相配合。

㈡社會學觀點

Kotler (2002) 從社會學的角度來定義行銷，認為行銷是「一種社會與管理的過程，藉此過程，個人與群體經由創造及交易彼此的產品與價值，而獲得他們所需要 (Needs) 與欲望 (Wants)。」此後，更有學者以社會行銷的觀念，將行銷應用於許多非營利事業的組織，因此，行銷不僅是滿足供需雙方，更要以提升整個社會的生活品質為目標。

㈢企業觀點

Stanton (1981) 認為行銷是「一企業活動的整體系統，用以計畫、定價、推廣並分配可滿足欲望的產品與勞務，提供給目前與潛在的顧客。」何雍慶 (1990) 從此一定義延伸說明行銷的定義為「行銷是企業機能 (Business Functions) 之一，主要活動是提供產品與勞務、定價、推廣與配銷，以激發與促進消費者或使用者完成交易，其目的一方面在滿足消費者與使用者的欲望，另一方面在達成企業經營的目標。」

㈣顧客觀點

Peter Drucker (1974) 提出「從顧客的觀點，即從行銷的結果來看，行銷的內涵包括了全部事業。」行銷的目的就是將產品或勞務賣給顧客，並使顧客滿意，因此只要是能達到顧客滿意的方式，不論是產品、廣告、推銷及服務等都應納入行銷的範疇。

於此，我們可將行銷以上述四個觀點重新下一個簡單的定義：

「行銷是一種持續不斷創造顧客滿意與企業帶來利潤的過程，企業藉由行銷活動傳達產品與勞務給顧客，顧客藉由交換產生價值與滿足需求，並為企業帶來利潤。」

二、行銷的核心觀念——提高顧客滿意度

我們定義行銷為一種持續不斷創造顧客滿意與為企業帶來利潤的過程，在這過程中，會牽涉的元素 (Ennew, 1993) 包括：顧客、競爭者、協調、績效及產能等（圖 1-1），而企業提供產品及勞務到顧客的循環過程我們稱之為行銷活動的範疇，內容如圖 1-2 所示。

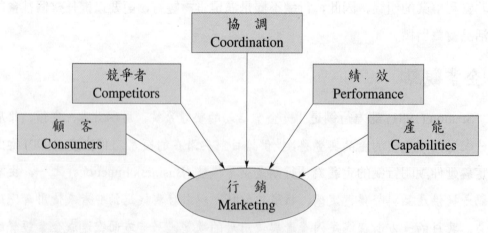

資料來源：C. T. Ennew (1993).

圖 1-1　影響行銷活動的元素

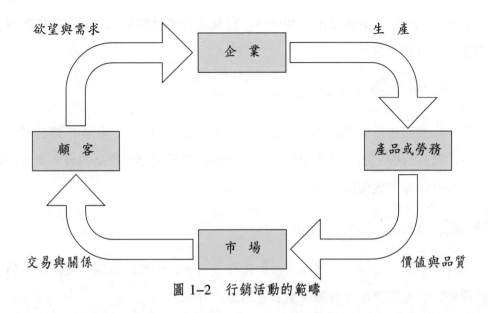

圖 1-2　行銷活動的範疇

　　而經由這個循環過程中，企業可藉由行銷活動為消費者提高顧客滿意度，意即為顧客創造「效用」，而行銷活動可創造的效用包括以下幾種（曾光華，2002；楊必立等人，1999；Ennew, 1993）：

1.形式效用 (Form Utility)

　　藉由生產製造活動的過程創造了產品或勞務的效用稱之為形式效用，行銷活動的市場研究及調查，對於產品的設計很有幫助，因此行銷活動也可以創造形式效用。

2.地點效用 (Place Utility)

　　透過不同地點的配送或鋪貨方式，使消費者可以更方便地購買或使用產品或勞務，創造出地點效用，例如：目前盛行的宅配活動、自動販賣機、書展等，都是行銷活動創造的地點效用。

3.時間效用 (Time Utility)

　　時間效用是指透過時間的配合或延長使顧客能在適當的時間消費或得到產

品，例如：二十四小時營業的便利商店、自動提款機及加油站、各式各樣應景推出的產品（月餅、粽子等）。

4.資訊效用 (Information Utility)

行銷活動將產品或勞務的資訊傳達給顧客所產生的效用，例如：產品標示營養成分、產品包裝上的品質認證等。一般而言，資訊可藉由產品包裝、廣告、品牌、人員推銷等方式傳達。

5.所有權效用 (Possession Utility)

所有權效用指顧客消費後所獲得的產品或勞務，例如：買房子後即擁有房子的使用權，到電影院後付費即可觀賞電影等。

三、行銷活動

行銷活動包含了企業為達成行銷目標或經營目標所採行的所有活動，而這些推廣活動也泛稱為廣義的行銷，內容乃指「用調查、分析、預測、產品發展、定價、推廣、交易、實體配銷、顧客服務等技術來發掘、擴大及滿足社會各階層人士對商品或勞務需求的一系列活動。」因此，廣義的行銷活動包含了「行銷研究」(Marketing Research; MR)、「行銷策略及方案組合」(Marketing Strategy-Mix; 4P) 及「顧客滿意」(Customer Satisfaction; CS) 等，而這個模式也簡稱為 MR–4P–CS 模式（圖 1–3）。

四、行銷管理的架構

行銷管理的核心在於提高顧客滿意度，意即行銷是以顧客為出發點，而一般行銷活動的主要工具係透過 4P 研擬相關策略，並同時考量競爭導向中的競爭及成本，這種同時考量顧客導向及競爭導向的架構，我們稱之為 4P–2C–4O 的架構，其中 4P 指產品 (Product)、價格 (Price)、促銷 (Promotion) 及通路 (Place)，2C 指競

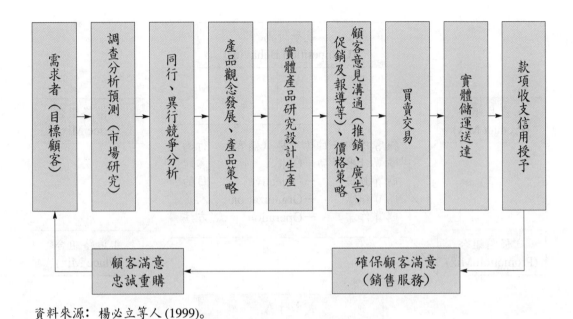

資料來源：楊必立等人 (1999)。

圖 1-3　MR-4P-CS 模式

爭行為 (Competition Behavior) 及成本行為 (Cost Behavior)，4O 指顧客購買的四種行為，包括購買什麼產品 (Object)、購買動機 (Objective)、購買人員或組織 (Organization) 及購買作業 (Operation) 等，整體行銷管理的架構如圖 1-4 所示。

第二節　行銷觀念的演進

行銷觀念在 19 世紀萌芽後快速成長，而其主流之思想歷程大致上可分成五個階段，分別是生產導向、產品導向、銷售導向、行銷導向及社會行銷導向等 (Ennew, 1993)。

一、生產導向 (Production Orientation)

生產導向著重於生產力的提升及降低成本，認為消費者偏好容易得到及有能力消費的產品，因此企業應著力於改善生產及配銷效率，例如：福特汽車講求讓更多消費者都能消費得起的汽車，因此藉由大量生產來降低成本。

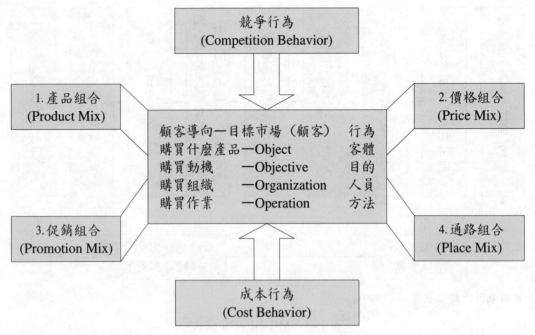

資料來源：楊必立等人 (1999)。

圖 1-4　整體行銷管理架構

二、產品導向 (Product Orientation)

產品導向與生產導向不同在於產品導向認為消費者會偏好提供較高品質、績效、及創新特質的產品，因此廠商應致力於不斷改善品質及進行創新。

三、銷售導向 (Sale Orientation)

銷售導向指消費者會受到廣告及推銷的影響而進行消費，因此企業應投入大量廣告並進行大規模的推廣活動，即廣告和推銷活動是企業行銷活動的重點，而企業透過廣告及推銷吸引消費者購買而賺取利潤。

四、行銷導向 (Marketing Orientation)

行銷導向則以目標市場中的顧客滿意為重點，在行銷導向中，行銷的目的在充分認識與瞭解顧客，以至於產品或勞務能適合顧客需要，達到自我推銷的地步。因此行銷導向為開始定義一個正確的目標市場，找出顧客的需求為何，藉此協調及設計行銷活動來影響顧客，藉著創造建立在顧客價值與滿意上的顧客關係來賺取利潤。

五、社會行銷導向 (Social Marketing Orientation)

生產導向、產品導向及銷售導向係站在企業角度來思考行銷活動，而行銷導向則以顧客滿意為出發點，社會行銷導向的觀念則認為企業必須同時考量顧客滿意、資源問題等長遠的社會利益，而純粹的行銷觀念忽略了存在於消費者短期欲望與長期福利間可能的衝突，因此在社會行銷導向中，許多企業便將社會利益列入行銷活動制定時的重要考量。

第三節 本書特點及結構

本書乃以深入淺出的方式呈現行銷管理之核心概念，並將目前許多新興的議題融入書中，因此本書每一章節以簡單的實務案例作為章節的引言，使讀者可以更清楚章節內介紹的理論觀念，並提出學習目標與在章節最後列出思考與討論的題目，使讀者可以前後呼應更加融會貫通。

本書架構是以一個有次序的方式將行銷管理切成幾個部分來介紹，使讀者可以按著章節順序，完整地瞭解行銷管理的領域。因此本書的架構中，前幾章介紹行銷管理的基礎面，包括第一章行銷基本概念、第二章行銷環境、第三章及第四章的行銷組合等；接著以策略面與市場分析構面來探討行銷管理內涵，包括第五章的消費者行為分析與市場區隔、第六章的行銷策略與規劃、第七章的行銷研究及第八章的產業競爭分析與策略行銷；並接著介紹行銷的系統面，包括第九章的

行銷組織、執行、控制與評估及第十章的行銷資訊系統；於此，行銷整體的核心概念大致可以瞭解；然而隨著社會及產業的變化，行銷管理也出現了許多新的重要議題，因此本書最後一部分則介紹這些重要的行銷議題，包括第十一章的顧客關係管理、第十二章的供應鏈管理、第十三章的服務業行銷、第十四章的新興行銷議題與第十五章的國際行銷等，這些新的行銷議題除了行銷之外，也牽涉到企業更多的層面，因此本書將這些議題列在最後一部分，讓讀者在瞭解行銷的核心概念後，能更清楚地瞭解行銷管理在這些議題上的應用。

1. 廣告是行銷常用的手法之一，也是企業內占行銷預算最多的一個，請說明廣告可以創造的行銷效用包括哪些？而廣告可以滿足顧客什麼需求或為顧客帶來什麼利益？

2. 在社會行銷導向的潮流中，行銷為企業帶來的成本與效益分別有哪些？你認為在 21世紀中，社會行銷的重點為何？

3. 請提出一個你對麥當勞印象最深刻的廣告，你認為這個廣告的行銷訴求是什麼？

1. 何雍慶 (1990),《實用行銷管理》, 華泰文化。

2. 曾光華 (2002),《行銷學》, 東大圖書。

3. 楊必立、陳定國、黃俊英、劉水、何雍慶 (1999),《行銷學》, 華泰文化。

4. Drucker, Peter (1974), *Management: Task, Responsibilities, Practices,* New York: Harper & Row.

5. Ennew, C. T. (1993), *The Marketing Bluepoint,* Great Britain: TJ Padstow Ltd.

6. Kotler, Philip (2002), *Marketing Management,* 9th ed., Englewood Cliffs, NJ: Prentice Hall.

7. Stanton, W. J. (1981), *Fundamentals of Marketing,* New York: McGraw-Hill.

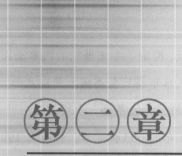

第二章

行銷環境

學習目標

1. 瞭解經濟環境對行銷管理的重要性為何

2. 瞭解經濟環境中總體和個體的因素包括哪些

3. 瞭解 21 世紀行銷管理者將面臨哪些新挑戰

實務案例

　　裕隆汽車於五十年前在臺北縣的新店設廠，開創了半個世紀的汽車王國，亦讓其成為全臺灣汽車工業的龍頭。但是隨著臺灣的汽車市場日益萎縮及趨向成熟，由 1994 年的最高銷售數字五十六萬輛，衰退到 2002 年的三十九萬輛。市場的萎縮讓裕隆的年營收自 1998 年的 530 億元多，年年下滑到 2003 年的 353 億元多。裕隆自 1993 年起連續三年虧損 20 億元，碰到有史以來最大的經營危機，而嚴凱泰以重新定位的方式，重新思考裕隆的定位──由完全製造者導向，轉為消費者導向，除把裕隆所有的部門都搬到三義集中起來，縮短管理和溝通的距離，提高公司的運作效率，並成功地推出 Cefiro 車系，自從 1996 年上市，Cefiro 成為臺灣汽車市場上最為響亮的名號，第一代的 Cefiro 讓裕隆汽車在一年之內轉虧為盈，並讓國產車一舉攻上了 70 萬以上的高價市場，並以國內市場從未見過的大尺寸，改寫了國內市場的遊戲規則。2001 年起的重調定位，讓嚴凱泰享受了七年的勝利果實。而近年來，除了汽車市場逐漸飽和外，加入 WTO 造成關稅降低、貨物稅的取消及進口地區限制的取消等也對汽車產業帶來不少的衝擊，而針對加入 WTO，裕隆的策略包括建構優勢的產品線、國際分工及汽車水平周邊事業的建構等。2003 年 5 月 20 日，嚴凱泰與日產汽車高階，宣布今後裕隆的新定位，更於 2003 年 10 月 1 日分割正式生效，裕隆宣布分割成兩家裕隆，一家叫裕隆日產 (YLN)，另一家保留原有的名稱──裕隆 (YLO)。裕隆將汽車的製造與銷售分開，把原本資本額為新臺幣 182.9 億元（Nissan 持股約 25%）的裕隆分割為兩家獨立公司，一家為存續公司，仍為裕隆汽車，資本額為新臺幣 137 億元，中方持股 100%，主要負責汽車生產，另一家公司暫稱為裕隆日產，資本額新臺幣 30 億元，Nissan 持股比重為 40%，裕隆持股為 60%，主要負責汽車設計、研發、零組件採購及行銷等，而未來也將朝向專業代工廠發展。由這個個案中，我們看出企業為因應環境變化所做的調整與改革，是企業永續經營的重要因素之一，而這次嚴凱泰因應環境變化、觀察情勢逆轉而下的決策，是否能為裕隆創造另一個傳奇，將是另一個值得作為教材的課題。因此在本章中，除了使讀者瞭解行銷環境的重要性外，也將介紹企業在瞬息萬變的產業環境中，會面臨哪些重要的行銷環境。

資料來源：裕隆汽車網站，http://www.yulon-motor.com.tw/intro/intro2.jsp

　　行銷環境是行銷管理中相當重要的一環,因為行銷活動中,無論是資源或技術的運用或是消費者行為等都會受環境影響。因此行銷環境的重要性及行銷環境包含的層面是本章的重點,本章內容大致分為行銷環境的重要性、行銷的總體環境、行銷的個體環境及未來行銷面對的挑戰等。

第一節　瞭解行銷環境的重要性

　　由於行銷管理與企業本身及企業外在環境有很密切的關係,而且影響企業行銷活動或影響行銷部門決策的層面有很多,而這些影響因素的層面,我們稱之為「行銷環境」。Kotler (2002) 定義行銷環境為「包括影響行銷經理與其目標顧客發展及維持成功關係之外在團體及力量。」由此可知,一個公司的行銷環境是由公司行銷管理階層機能以外的行為者和力量所構成的,因此當行銷管理者想要維持與目標顧客的良好關係時,行銷環境的重要性與環境改變會帶來的衝擊,是行銷管理者必須持續注意及適應的重要課題。

　　瞭解企業所面臨的行銷環境重要性在於行銷環境會影響企業的生存與發展,因為企業在發展行銷策略時,如果沒有考量企業內外的環境,所研擬出來的策略勢必很難滿足市場上消費者的需要,及增加執行的困難,甚至付出更多的成本,卻無法達到企業的目標。美國 Morton 公司是一家化學公司,主要生產汽車安全氣囊,1982 年時,由於當時大眾對於汽車安全氣囊的認知程度不高,而且 Morton 公司正面臨了產銷兩面的困境及利潤逐漸下降的局勢,生產端方面,雖然 Morton 公司生產安全氣囊的技術很優良,主要以易揮發性的化學藥劑來使氣囊能在衝擊時順利膨脹;但是在消費端方面,汽車製造公司對於這樣的安全氣囊接受度並不高。不過 Morton 公司在當時已預測未來環境的變化,汽車產業將會更重視安全性功能,因此 Morton 公司投入大量資本致力於改善品質和降低生產成本。1983 年時,Morton 公司宣布其供應給 Benz 汽車的安全氣囊可以適用於所有美國所販售的汽車,並且在 1990 年獨家供應 Chrysler 的汽車安全氣囊,美國法律更於 1995 年規定安全氣囊為汽車的必要配備。目前 Morton 在全球市場的占有率超過了 55%,由此可知企業對於環境的變化必須保持很高的警覺性,適時做出正確的判斷與策略,

才能維持長期的競爭力 (Ennew, 1993)。

一般而言，行銷環境可歸類為兩大部分，一是總體環境，另一則是個體環境（圖 2–1），總體環境為企業所面對的強大社會外在力量，而這些力量也很難由企業掌控，總體環境包括：經濟、政治法規、社會文化、科技、人口及自然等。而個體環境則是指企業個體在經營時及價值傳達過程中所面對的層面，這些個體環境包括：企業本身的內部環境、供應商、相關利益團體（如：行銷支援機構）、顧客、競爭者及社會大眾等。而行銷總體環境與個體環境的詳細內容於下兩節介紹。

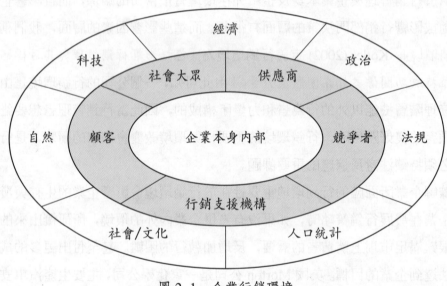

圖 2–1　企業行銷環境

第二節　行銷總體環境

行銷總體環境包括經濟、政治、法規、社會／文化、科技、人口統計及自然等七大層面，這些不可控制的變數對企業長期經營有很大的影響，企業對於這些總體環境必須有清楚的認知及深遠的洞察力，以下就分別介紹這些總體環境的因素。

一、經濟環境

　　經濟環境所帶來的力量通常是企業在總體環境中最關心的部分，例如：國民所得、經濟景氣及物價的波動等等，因此經濟環境包括了所有影響消費者購買力與消費形式的種種因素（圖 2–2），Richard & Gary (1995) 認為經濟環境中影響行銷的因素很多，例如：國民所得、利率、消費型態及消費意願、消費者物價指數的波動、消費者信心等等。

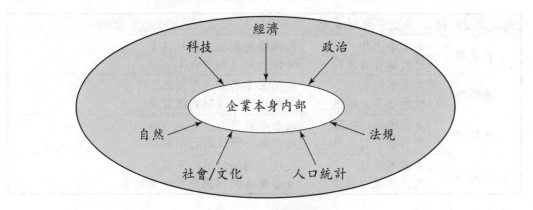

圖 2–2　行銷總體環境

1.消費型態及消費意願

　　消費者滿意是企業最重視的部分，因此消費型態及消費意願的改變或趨勢是企業必須相當重視的一環。例如：早期臺灣在經濟尚未起飛的時代，民生必需品是最大的消費需求，而今邁入已開發中國家之後，高附加價值的產品占國民消費比例也逐漸上升，這對於企業在產品開發及行銷訴求上，都具有相當重要的參考價值。

2.國民所得

　　國民所得是影響消費者購買力的最主要因素，因此國民所得水準的指標，也被視為企業行銷環境中經濟因素的重要考量，除購買力外，國民所得水準影響的另一個層面則是消費者的支出型態，所得水準不斷上升後，人民在食的方面的支

出比例大幅下降，而在交通、醫療及育樂等方面的支出比例則會上升，這種消費型態的改變，對於企業的發展，有很重要的影響。

3.經濟景氣循環

　　經濟景氣的循環影響市場上的供需能力與消費的型態，而經濟景氣循環包括四個階段：衰退期、蕭條期、復甦期及繁榮期等，而各期間的消費購買力說明如表 2-1：

表 2-1　景氣循環各階段企業行銷策略

景氣循環階段	失業率／購買力	企業活動焦點
衰退期	失業率上升 總體購買力下降	對價格與產品功能較注重 降低行銷活動的成本
蕭條期	失業率很高 總體購買力很低	提供必要的基本型產品 可配合促銷活動刺激買氣
復甦期	失業率開始下降 總體購買力上升	消費者購買力上升 可規劃有彈性的行銷組合
繁榮期	失業率很低 總體購買力很強	提供高附加價值的產品 可著重品牌行銷提升企業形象

資料來源：本文整理。

4.經濟政策的走向

　　經濟政策的走向可以將產業的發展限制在一定的範圍內，過去政府為保護產業之發展，對於進出口之限制相當多，而且國營企業的獨占，使得市場顯得較為封閉，近年來，在自由開放的政策下，除加入 WTO 後許多進出口限制的開放，加上許多國營企業的民營化，使得企業經營可以更自由化及更多元化。

二、政治環境

　　在政治環境方面，影響行銷的層面包括政府的角色、國內外的政治局勢等，政治環境的穩定性則是奠定良好商業環境的重要因素。

1. 政府角色

政府在行銷中扮演的角色主要在協助整個產業環境的發展與維持其穩定性，例如：為了推動高科技產業的發展，除研擬相關減稅優惠法規外，並設置科學園區，提供業者一個良好的發展環境，增加群聚效果，協助國內高科技產業之發展。政府另一個重要的角色則是扮演與國際間接軌的工作，例如：在積極爭取加入WTO時，政府即在談判協調上扮演了重要的角色。而政府在行銷環境的角色，何雍慶 (1990) 將其歸納成八個主要的部分：

(1)提供公共財

政府以公共建設的方式提供一些有利促進產業發展的公共財，例如：公路的興建、科學園區的規劃與開發等。

(2)經營公用事業

許多事業的經營成本過高且仰賴高度的技術，非一般私人企業能力所及，但又為產業發展及民生用途所需，例如：水電事業等，近年來雖然已有民營化的趨勢，但過去這些政府公營事業對於產業具有相當之助益。

(3)大型消費者

大型消費者指有能力進行大型採購之單位，政府對於企業在消費端而言，則扮演了大型消費者的角色，例如：國軍副食的採購及政府在興建公共建設時所需原料或設備的採購案。

(4)獨資經營或合資經營企業

政府有時會以獨資經營或合資經營的方式推動產業的發展，例如中華電信早期是國營企業，由政府獨資經營，在推動民營化之後，則由政府及企業合資共同經營。

(5)研擬法規及政策

法規及政策是維持產業穩定發展及推動產業方向的重要因素，政府考量政經環境及分析產業局勢後，研擬相關法規及政策使得產業有穩定及安全的發展環境。

(6)與外國談判

在貿易發達的環境中，進出口的往來頻繁帶動了更多的商機，但也造成了許

多的問題點，例如：關稅障礙或其他非關稅壁壘等，而這方面就有賴於政府的協調與外國進行談判的工作。例如：在加入 WTO 的過程中，政府即與多國進行多方談判，為我國加入世貿組織爭取最有利的貿易條件。

(7)提供資訊

企業對於市場的資訊，除了企業本身、供應商及客戶相關資訊外，也需要一些產業全面的資訊，及一些國家經濟發展的相關指標等，而這些資訊通常由政府搜集及提供，例如：產業年報、經濟指標及消費指數等。

(8)扮演執法者角色

前述政府所擬之法規及政策在落實方面，除了必須由產官各界配合執行外，政府則又扮演了執法者的角色，例如：防疫及檢疫工作的篩檢，及貿易糾紛的仲裁等。

2.國內外政治局勢

國內外政治局勢的安定是影響產業發展的另一重要因素，在國際貿易盛行的時代下，進出口的頻率愈來愈頻繁，因此國內外的政治局勢對企業的影響也就相對顯得更重要。就臺灣而言，兩岸關係的局勢是目前企業相當關切的部分，由於兩岸經濟往來日益頻繁，因此政府對於促進兩岸的發展，就扮演了重要的角色。

三、法令環境

國家政府制定相關法令條例，以保障社會大眾的安全、保護消費者權益、維持產業秩序及保護環境生態等。而法令環境與政治環境有著密不可分的關係，兩者是互相配合的。在法令環境下，Kotler (2002) 認為應該要包含三個主要的層面：一是管制企業的立法，二是執法的角色，三是應重視道德與社會責任的行動。

1.管制企業的立法

雖然政府應鼓勵市場經濟及自由化，但是良好的立法可以增進整體社會的福祉，並使市場經濟制度在某些管制下運作得更好，例如：對於食品類成分及營養

標示的法令，及環保公安等相關法令等。

2.執法的角色

政府在扮演執法的角色方面，主要包括檢驗制度、徵收稅捐、取締違法行為、處理及協調企業的行銷糾紛等。

3.重視道德與社會責任的行動

許多道德危險與社會責任無法有效規範在法令中，因此政府和企業都應該要以積極的態度來重視道德與社會責任的問題。因此近年來，社會行銷的議題也逐漸受到重視，而社會行銷的發展，也為整體社會帶來更多的福祉。

四、人口統計環境

構成市場的基本單位就是消費單位與生產單位，因此人口統計的因素對於行銷也就顯得格外重要，因為人口成長的變化、市場的成長率及人口結構等因素對於企業的經營有長期的影響，也是企業必須相當關切的部分。

1.人口規模與年齡結構

人口規模包括人口成長率、家庭戶數與規模及目標市場人口數量等，雖然世界人口總數不斷增加，但是在開發中和已開發國家的人口成長率其實是逐漸下降，高齡化程度愈來愈高，而一胎化的比例也愈來愈高。以臺灣為例，臺灣的人口雖然是逐年增加，但是人口成長率卻緩慢的下降，根據主計處調查，90 年底臺閩地區總人口數二千二百四十一萬人，較 89 年底增加十三萬人，人口成長率由 89 年 8.3% 陸續降至 5.8%，並且人口高齡化特徵已漸明顯，六十五歲以上老年人口於 82 年即超越 7%，正式躋身老化人口國家之列，90 年底人數更超過一百九十七萬人，占 8.8%(http://www.dgbas.gov.tw/dgbas03/bs7/yearbook/91/note3.htm)。

2.人口結構

人口結構變數為從教育程度、婚姻年齡、職業結構等層面來分析人口統計環境的影響，因為這些人口結構因素對於消費能力及消費型態都有很大的影響，例如：教育程度愈高者，對於消費者權益的爭取與維護比較積極，而對於高品質與高價位的產品接受度也較高。

3.人口分布

人口分布的變化除了影響地理性市場的結構化，對於人口遷移後，生活型態也可能改變，因此在人口分布的變化上，對於服務業及受地理影響的產品，也會產生衝擊。

五、社會／文化環境

社會及文化環境是一個社會的基本價值，包括了國家或地方的風俗民情、行為習慣、生活方式、流行風潮、行為偏好及價值觀等等。找出顧客的需求是行銷工作的第一步，而顧客的需求通常也受到社會及文化的影響，例如：臺灣前幾年吹起的哈日風，近年吹起的哈韓風等等，都影響了消費者的消費習性。雖然目前全球化的趨勢下，企業紛紛發展跨國公司，但是在不同國家的社會及文化型態，仍必須適地生存，從匯豐銀行「環球金融，地方智慧」的標語中，我們就可以看出其對不同國家或地區社會及文化的重視。

六、自然環境

自然環境包括企業所需要的投入因素或受行銷活動影響的自然資源，在以前農工時代，可能受到自然環境的影響來自於地理環境及天然氣候的限制，但近年來，資源有限的問題及環保污染的問題則是目前及未來企業更需面對的問題。

七、科技環境

技術的突破是目前總體環境中影響最快的層面，因為新產品與新技術的創造是開發市場的最大力量，因此專利權的取得數量，也被視為國家或企業競爭力評估時的重要指標。因此在科技進步快速的時代中，快速取得技術，降低生產成本與不斷投入研發是科技環境層面中最重要的部分。

第三節　行銷個體環境

行銷個體環境又可視為產業環境，而行銷個體環境包括：企業本身的內部環境、供應商、行銷支援機構、顧客、競爭者及社會大眾等（圖 2–3）。

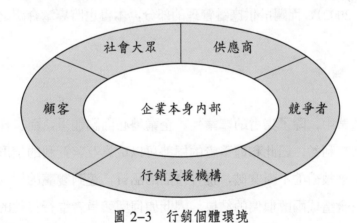

圖 2–3　行銷個體環境

一、企業本身內部

企業本身內部方面，行銷人員在研擬行銷計畫或規劃行銷活動時，應考量其他部門是否能夠相互配合，例如：生產部門、會計部門等，而這些互相關連的單位就稱之為內部環境。另外，除了考量相關單位的配合度外，行銷人員也應思考公司的定位為何？組織文化為何？行銷活動所能創造的價值為何？思考這些相關

的問題，使得研擬的行銷計畫或活動除了執行面沒有問題外，也能確實符合企業的經營目標，而關於行銷計畫的研擬與設計，另有專章討論之。

二、供應商

行銷的個體環境就是一種價值傳遞的過程，而供應商在這個傳遞價值的過程中，提供了公司為生產產品與服務所需要的資源。行銷管理者必須考量供應商是否有長期的供貨能力及對其品質的要求是否能符合公司所需，而找出合作的最佳夥伴。因為這些關係影響到未來顧客對公司的滿意度。例如：供應商供貨品質不符合公司行銷廣告時所標示，造成顧客滿意度下降或退貨比率過高甚至捲入法律紛爭等情形，對於企業的形象及口碑都有相當大的影響。現代的行銷環境，講求掌握通路，為顧客創造價值，供應商瞭解影響通路忠誠度的背後因素，進而研擬有效的執行對策（宋榮斌，2002），而關於供應鏈管理的部分，本書也將專章介紹之。

三、競爭者

在一個產業中，除了獨占的產業外，企業勢必面臨競爭，而良性的競爭反而可以為公司帶來利益，因此和競爭者的局勢可以成為互競互利的情形，例如：相互競爭可以帶來技術的不斷突破，提升產品的品質，達到雙贏的局面。惡性競爭的情況下，只會造成兩敗俱傷的結果。因此如何與競爭者進行良性的競爭，行銷人員就必須知己知彼，瞭解競爭者與企業本身的條件，規劃最有利的行銷策略。

四、行銷支援機構

行銷支援機構包括行銷資訊服務機構、中間商、實體配送商等，這些行銷支援機構又稱利益相關團體，因為企業藉由這些行銷支援機構及企業本身落實行銷活動，達到互惠的效果。其中行銷資訊服務機構指協助公司針對適當市場擬定產品之定位及推廣策略等，例如：廣告公司、大眾傳媒及顧問公司等，這些機構的

工作則是蒐集、分析或傳播行銷資訊。中間商則協助企業將產品銷售給消費者或將行銷資訊傳遞給消費者，包括代理商、經銷商及行銷服務代理商等。而實體配送商則是協助公司儲存及配送產品，而將產品順利轉移的機構。

　　行銷管理者必須與這些行銷支援機構有良好的溝通模式，並建立友好的夥伴關係，使行銷資訊能完整地傳達給消費者。隨著行銷環境的日益複雜，經理人決策的複雜度與困難性與日俱增，但所幸由於行銷決策支援系統的漸趨成熟、行銷經理人的專業提升、行銷理論與模式發展更趨於企業實務運作的一致性、行銷模式使用價值的認同與接受等因素，科學化行銷模式在企業實務中的運用將更為普遍，可以提供行銷經理人在複雜的行銷環境中，提升其行銷績效（洪順慶，2000）。

五、顧　客

　　在行銷管理中，行銷者必須確認出目標市場，才能鞏固現有顧客及挖掘潛在顧客的所在，因此目標市場是企業利潤的來源，因為沒有消費就沒有利潤，因此，保有市場及開發新市場也是行銷管理的重要課題。而市場的型態主要可以分為兩種：一是消費者市場，另一則是組織市場，消費者市場主由個人及家庭組成，購買的目的是為了個人或家庭的需要，而組織市場則是由工廠、中間商或是政府機構等組成，購買目的是為了生產、專售或是提供服務等，而行銷管理的人員也要認清楚不同市場的特性，才能決定出正確的行銷方向。

六、社會大眾

　　除了面對目標市場的顧客外，行銷管理者亦要面對其他的社會大眾，這些社會大眾對於企業的經營會帶來間接的影響，例如：消費者組織常對一些不實的廣告提出告訴，或是環保團體會提出對於企業響應環保的要求等等。而一般的大眾對於行銷活動的態度及看法，也會影響其消費的行為，如果消費者對於行銷活動抱持正面的看法，會使得消費者對於產品的看法或是企業形象的好感上升，而消費者對於企業行銷活動若抱持著負面的態度，則對於產品的看法或是企業的形象

會大打折扣。例如：近年來伯朗咖啡主打強調企業形象，以贊助許多活動的方式融入產品廣告中，提高伯朗咖啡在消費者心中的形象。

第四節　新世紀的行銷挑戰

行銷活動從 80 年代被認為是一種協助銷售的方式，到 90 年代成為企業的主要機能，其發展階段是隨著行銷環境的變遷而來。而在 21 世紀中，行銷活動已經融入動態的全球環境中，行銷管理者不斷地思考未來行銷的走向及如何因應環境的變化調整行銷的方向，而整個行銷的型態仍應隨著行銷環境的變化而有所不同，就整個大局面而言，經濟、科技、社會文化及自然等層面，對於未來的行銷將會帶來相當大的挑戰，而行銷生態的趨勢與力量將受以下幾個因素而影響深遠：

㈠全球化經濟

全球化是近幾十年來國際經濟上的一個最顯著而重要的現象，在科技進步一日千里與各國紛紛採取自由化措施的潮流下，阻礙金融、貨物、人員、資訊流通的藩籬逐漸消失，貿易與金融商品於國際間流動的數量因而快速增加，然而伴隨著這些自由流通效果而來的，卻是十分複雜的經濟、政治、文化與社會現象。因此，與過去相較，今日企業所要面臨環境的營運風險增高，不確定性也增高，因此企業對於行銷環境變化應保持高度的敏感度，而近年來經濟全球化進程不斷加速，出現了兩個主要的新特點：

1.技術轉移方式和速度的變化

幾十年前，企業進行跨國發展時，通常都會把核心技術或新研發的科技留在本國使用，以防止技術外流。但近年來由於技術發展速度大大加快，研發投資和製造投資的折舊很快，企業以昂貴代價研發出來的新技術，必須在短時間內得到最大限度的應用，投資才能收回，新技術才有利可圖。另外，在一些重要產業中，產業組織的特點正在由垂直一體化向水準型分工轉變。與垂直一體化相比，水準型分工的企業往往需要全球性市場，這樣才有可能分攤研發費用和保持企業規模，

處於同一技術水準上的企業增多、競爭激烈，誰能以最快速度、最大規模占領市場，誰才能取勝。因此由於上述原因，在近年的發展中，有些新技術一發明，企業就會力求實現全球同步使用和製造。

2.透過國際分工利益形成核心技術開發能力

全球分工是按國際間的比較利益原則在進行，一方面取決於氣候、環境、資源等自然條件，另一方面取決於技術的水準、勞力、土地等條件。當先進國家的土地或勞力成本不斷上升時，便會將附加價值較低的產業移往低成本的國家生產，本身往高科技及高附加價值產業發展；而開發中國家也會藉著改善投資環境以及租稅優惠等措施，吸引國外的投資，取得資金及技術，增加此等產業的競爭力。當全球分工體系建立時，也會帶動貿易進一步的成長，加速商品、資本及技術的流動，連帶的全球生產結構亦產生變化。因此，企業在進行跨國發展時，便會掌握不同國家的發展情形及環境條件，找出在當地的發展潛力，以透過國際分工利益的方式來形成核心技術的開發能力，這些核心技術包括對供應鏈及產業的整合過程，而非僅仰賴母公司或是研發中心來開發新技術。

(二)資訊科技日新月異

應用資訊科技已是企業競爭的重要方法，而且資訊科技也被普遍的應用於企業的各個層面。隨著 90 年代資訊科技的進步，縮短了時空的距離，企業組織變得日益複雜及龐大，所面臨的環境也日益複雜。在資訊科技的衝擊中，對於企業行銷部門及行銷策略衝擊最大者，當屬網路科技的普遍使用，而且網路所扮演的角色已不遜於其他的傳媒，網路具有快速且具有高度滲透的特性，使得企業的行銷策略及行銷目標能發揮得更有效果。未來資訊科技的進步及發展趨勢，也將是企業行銷方式發展必須重視的部分。

(三)非營利行銷的成長

過去行銷在商業上最為廣泛，但近年來，非營利事業組織對行銷也愈來愈重視，例如每年都會舉行的大學博覽會就是最好的例子，而在電視媒體上公益團體

的形象廣告也是另一個說明非營利行銷逐漸受到重視的例子。非營利組織未來趨勢包括穩定成長、多樣化的財源、專業化、權責相符、影響公共政策、志願服務、依人口特質分化、全球化、受資訊科技影響、三大部門（政府、企業及非營利組織）的界限越來越模糊等十大趨勢（陸宛蘋，2001）。這十大趨勢的說明便已將非營利組織帶向了策略性思考，原因是每一個組織都必須思考它在這個社會中的存在性、價值性與發展性，在今日不能因應環境的組織將無法獲取有利的資源、發揮有效的服務，唯有建立良性的發展運作，才能談到組織的永續經營。

(四)社會責任與環保意識的行動

工業的快速發展造成環境受破壞，環境生態的改變，使得環保的概念逐漸受到高度重視，因此近年來，國際環保意識高漲，以及綠色消費觀念的興起，使得社會大眾對於企業對環境之績效表現與社會責任的要求也逐漸提高，所以企業除了要面臨國內環保團體的抗爭和法規的限制外，國際貿易制裁及環保公約，也間接成為企業經營及競爭壓力的來源。同時，知識經濟的興起與資訊的快速流通，使得市場變化的腳步愈來愈快，提升了企業在經營管理上的風險，稍有不慎就可能因為環保問題而蒙受損失或甚至應聲倒地。因此，如何將環境議題轉化成公司的競爭力與利基，已經蔚為世界潮流，全球的企業莫不視其為未來的重要議題而積極因應。對於行銷層面而言，社會消費大眾對於社會責任的期望也不斷地升高，因此企業的社會責任不但要落實，且必須在行銷策略及行銷活動中加以宣導，藉由行銷的推廣滲透到消費者心中，以提高消費者信心及消費者滿意度。

第五節　結　論

從行銷導向的角度來看，未來行銷概念一定要將社會責任列為行銷組織的一個重要功能，在消費者意識高漲的時代，透過行銷傳達企業的社會責任感，可以有利企業整體形象的提升，及獲得更多消費者的認同。同時，在行銷環境變動快速的趨勢下，行銷人員不但要能快速適應環境的變動，對於未來更要能有洞察的眼光，看出未來的趨勢為何，因此持續不斷地檢視、分析及管理行銷環境將是行

銷人員在制定行銷決策時最重要的工作之一。

　　企業所面臨的行銷環境是由許多力量組成的，這些變數雖然往往無法為企業所控制，但是行銷人員或行銷經理制定行銷計畫或策略時，仍應該考慮行銷環境中各變數對行銷的影響力，而且必須時時注意行銷環境的改變。重視行銷環境的企業，對於產業及市場有較高的敏感度，也具有較高的彈性及韌性，因此 Levitt 教授曾提出企業管理者對其企業缺乏全盤性觀點而妨礙企業永續發展，並稱這種情形為「行銷短視症」(Marketing Myopia)，行銷短視症著眼於企業必須依據消費者需求對企業經營的方向做全盤性思考，意即以市場及產業的觀點為方向，也點出了瞭解行銷環境與隨時注意行銷環境變化的重要。

　　第一章曾提及行銷導向的演進，這些導向的演進與行銷環境的變化有著密切的關係，而隨著工業時代甚至是網路時代的來臨，行銷環境不但不斷改變，對於企業也帶來了新的挑戰，總之，行銷環境的多變性使得企業管理人員必須不斷重複評估所做的行銷決定是否適宜，因為可能極小的環境變化都會影響行銷決策的最後結果。

1. 你認為在 21 世紀中，行銷環境會不會有什麼重大的變化？而在新世紀中，你認為行銷面臨最大的挑戰為何？

2. 你認為在個體行銷環境中，行銷支援機構最重要的角色是哪一個？近年來興起的宅配業，是不是行銷支援機構的一環？如果是，它們對行銷有何重要性？

3. 目前臺灣職業女性比例愈來愈高，而且銀髮族的市場逐漸受到重視，你認為在這種情形下，對於行銷活動將會產生什麼樣的影響？

1. 何雍慶 (1990)，《實用行銷管理》，華泰文化。

2. 宋榮斌 (2002),〈社會資本、智慧資本與財務資本對通路服務品質、通路關係品質與通路忠誠度之影響——以飲料業為例〉,東海大學管理碩士學程在職進修專班碩士論文。

3. 洪順慶 (2000),〈行銷績效與行銷努力的關係〉,國立政治大學企業管理學系碩士論文。

4. Ennew, C. T. (1993), *The Marketing Bluepoint*, Great Britain: TJ Padstow Ltd.

5. Semenik, Richard J. and Gary J. Bamossy (1995), *Principles of Marketing: A Global Perspective*, South-Western College Publishing.

6. Kotler, Philip (2002), *Marketing Management*, 9th ed., Englewood Cliffs, NJ: Prentice Hall.

7. 主計處:http://www.dgbas.gov.tw/dgbas03/bs7/yearbook/91/note3.htm (2003/12/22).

8. 陸宛蘋資訊網:http://www.asia-learning.com/lucia/article/99136247/ (2003/12/10).

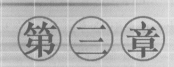

行銷組合(1)—— 產品與價格

學習目標

1. 瞭解何謂產品、產品管理及品牌管理
2. 瞭解產品生命週期及如何延長產品生命
3. 瞭解定價與產品的關係為何，在行銷管理中扮演什麼角色
4. 瞭解定價的因素及定價的方法有哪些
5. 瞭解如何因應環境變化調整價格策略

▶ 實務案例

　　宜家家居的英文名字 IKEA，來源取自於創辦人的姓名英格瓦・坎普拉 (Ingvar Kamprad)"I. K."，和他所居住的農莊埃姆瑞特 (Elmtaryd) "E" 及村落阿干那瑞 (Agunnaryd) "A" 所結合而成。IKEA 是由英格瓦・坎普拉在 1943 年創辦，當年坎普拉還只是十七歲的年輕人，拿著他從小累積的微薄資金，展開了個人的家具事業。宜家家居早期所銷售的產品，可以說得上包羅萬象，例如：原子筆、錢包、相框、桌巾、手錶、珠寶、尼龍褲襪等，只要售價低廉，又能滿足當時生活所需的產品，坎普拉都會販賣。從 1945 年開始，隨著業務的逐步擴展，坎普拉再也無法單靠個人之力，向客人逐一銷售。因此，這一年他首次在當地的報章雜誌上刊登廣告，並以郵購型錄的方式行銷商品。當年，他是藉著送牛奶的貨車取貨，然後載到火車站寄送給顧客。從 1947 年開始，坎普拉開始引進家具，並於 1951 年，決心發展成為家具供應商，專營低廉家具，並停售其他產品。現今宜家家居的經營概念，就在此時成形，同年宜家家居型錄問世。至今，IKEA 在全球四大洲三十一個國家，共有一百七十五家門市，七萬五千五百名員工，將近一億種型錄會吸引大約一億九千五百萬人進入這家瑞典寶殿，購買總值超出 70.6 億美元的商品。對於產品的訴求，坎普拉曾說：「一件精美實用的東西，不見得一定要貴，凡對消費者有益的，就長期來說，也必然有益於我們，這個標的本身帶有責任與義務。因此我們要以最低廉的價格，提供一系列種類齊全、設計精良、實用可靠的家庭裝潢產品，使最大多數民眾負擔得起。」因此 IKEA 一向以「多樣選擇」、「美觀實用」、「廉宜售價」作為產品的主要訴求。一般而言，設計精美的家具，一向被認為是少數人獨享的專利；然而，對於居家布置，每個人都各有不同的夢想、品味、需要和預算。因此，從一開始 IKEA 便反其道而行，以「為大眾提供種類多樣、價格低廉且設計獨特的居家用品」成為 IKEA 的經營理念。IKEA 從瑞典一個以郵購起家的公司，到成為全世界最大的家具帝國，坎普拉以成功的產品線策略和價格哲學開創了這條成功之路。

資料來源：http://www.ikea.com.tw/chi/main.html

劉慧玉譯 (2002)，Bertil Torekull 著，《四海一傢 IKEA》。

　　「產品 (Product)」、「價格 (Price)」、「通路 (Place)」、及「促銷 (Promotion)」在行銷的領域中被統稱為 4P，而利用 4P 發展出不同的行銷組合則是企業最常見的行銷利器。成功的行銷策略，必須有效地運用 4P 的組合，發展出消費者需要的產品、定出合理且具有吸引力的價格、開發有效的通路及適時的促銷等，這些要素在行銷中缺一不可，因此本章節即以 4P 其中 2P 為主軸，分別介紹「產品與品牌」及「定價方法與策略」，並於下一章介紹「行銷通路」及「推廣管理」等相關內容。

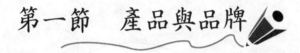

第一節　產品與品牌

　　無論從「生產創造需求」或是「需求創造生產」的觀點看來，「產品」都是企業與消費者進行交換的標的物，市場也才能存在，好的產品可以讓企業在市場上，有優勢的競爭力並獲取高利潤，而規劃完整的產品組合及產品發展與產品管理，則是開發「好的產品」之重要關鍵。另外，除了有成功的產品外，成功的品牌則是企業的無價之寶，因為企業可藉由品牌鞏固其市場地位，同時藉由品牌延伸之方式，加速新產品進入市場之速度，因此產品與品牌可謂相輔相成，重要性更是不在話下，以下便介紹產品與品牌的相關細節。

一、產品的意義與產品分類

㈠產品的意義

　　產品包括有形商品與無形服務，狹義而言，產品指一個物品或服務的功能或實體特徵，意即產品包括了各種實體的物件，無形的勞務、特性、場所等，所以產品包含各式各樣的型態，例如：購買衣服的人所收到是有形的商品，一個人買了棒球賽門票欣賞了一場比賽則是收到了無形的服務，而到餐廳用餐的人則同時收到了有形的商品及無形的服務。而對於產品廣義的定義來說，除了指一個物品或服務的功能或實體特徵外，還包含了包裝設計、商標、品牌、服務態度等抽象的特質（陳慧聰、何坤龍、吳俊彥，2001）。因此廣義的產品是協助顧客解決問題

的一組利益或滿足感之結合，即任何提供給市場以滿足消費者某方面的需求或利益的東西。因此產品可以是製成品 (Goods)，可以是服務 (Service)，可以是人或組織 (Person or Organizations)，也可以是活動 (Activities)，更可以是一種概念 (Concept) (圖 3-1)。

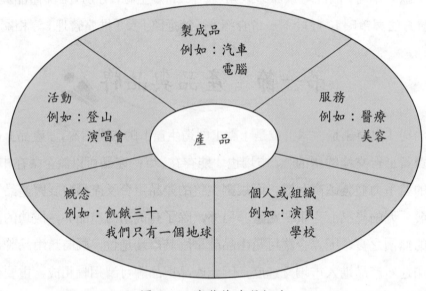

圖 3-1　廣義的產品概念

　　從產品的定義中，瞭解產品的型態包羅萬象，從看得見的形體到看不見的抽象概念都可能是產品的型態，一般而言，產品可以分為三個層次，包括「核心產品層」、「形體產品層」及「擴大產品層」(如圖 3-2)，分別說明如下 (江玫君，1995)：

1.核心產品層 (Core Product)

　　「核心」產品是指產品的基本功能，也就是消費者真正購買產品的動機，例如：消費者在購買香奈兒香水時，可能真正的動機在於表現自己的品味，而非為了香水本身；又如 La new 鞋子的訴求，主要考量健康舒適的因素，而非一雙好看的鞋子。因此行銷人員在進行產品計畫時，首要注重核心產品層，而非產品本身，因此核心產品層也可說是消費者的真正需求。

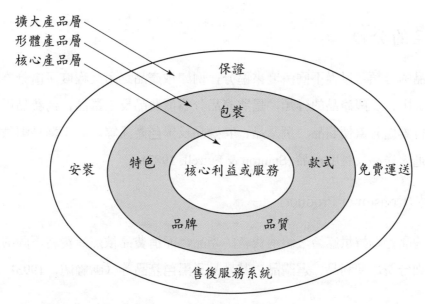

資料來源：江玫君 (1995)。

圖 3-2　產品的三個層次

2.形體產品層 (Formal Product)

在瞭解產品的核心價值後，企業便會將產品商品化，意即將核心產品層轉變為有形的東西，例如：減肥中心的核心產品層可能是消費者追求完美曲線的希望，因此減肥中心便擬妥整套的減肥計畫，包括運動、食譜、健康檢查等，以符合消費者需求。一般而言，形體產品有幾種特徵，包括：品質、功能特色、款式、包裝及品牌等。

3.擴大產品層 (Augmented Product)

擴大產品層又稱引伸產品層，指消費者在接受形體產品後，所感受到的全部利益，包括：核心價值、外在特性及售後服務等，擴大產品層的主要目的，在於鼓勵消費者再次消費，以達到更高的顧客滿意為重點，例如：消費者到了賣場購買家具後，業者提供免費運送服務及組裝服務，提高顧客的滿意度。

㈡產品的分類

產品的分類可以從不同角度來區分，例如依產品之耐久程度可區分為耐久財及非耐久財，一般產品的分類，是將產品分為消費品及工業品，消費品再依不同的購買行為區分為便利品、選購品、特殊品及黑色產品等，而工業品則依用途不同分為進入產品及輔助產品 (Stanton & Futrell, 1987)。

1.消費品 (Consumer Product)

消費品是直接供應給最終消費者的產品，而消費品依照消費者不同的購買行為又可細分為：便利品、選購品、特殊品及黑色產品等（謝耀龍，1993；高彬，1999）。

⑴便利品

通常是消費者不願意花很多時間去購買的產品，因此在選擇此類商品時，通常不會審慎思考，不刻意比較，而能做迅速之決定。便利品包括：民生用品、衝動性購買品及緊急產品（例如：手電筒、簡易藥品等）等。

⑵選購品

通常消費者在購買過程中，會用心於各個品牌在價格、產品內容、品質及外表上詳加比較。而這些選購品可能為同質或異質的產品。

⑶特殊品

通常這種產品具有相當高的知名度或獨特性，當消費者對品牌、樣式或類型有特殊偏好商品或服務時，這種產品就成了特殊品。

⑷黑色產品

又稱非搜尋品，是指消費者不想購買或不知道的產品，所以消費者不會去搜尋此種產品。如：當產品為全新的產品，潛在顧客對其完全無所知，另一則是顧客不願意購買的產品，例如：保險、遺囑服務等。

2.工業品 (Business Product)

工業品是依據企業不同的用途而將產品區分為進入產品及輔助產品兩種，進

入產品指的是最後變成製成品一部分的產品，例如：原料、零組件及零組料等，而輔助產品則指營業所需產品，例如：設備、輔助設備、供給品等。

二、產品線與產品組合

產品線是指企業發展一組或一系列相似的產品，而將目標鎖定在一群相似的顧客群及銷售通路；產品組合則定義為賣方供銷給買方產品線及產品項目之集合。

㈠產品線 (Product Line)

產品線的規劃是企業產品策略中最重要的一部分，在規劃產品線策略時，消費者對產品的評價及產品的績效衡量（例如：利潤、市場占有率等）這些資訊必須完全地掌握 (Yoram & Henry, 1976)。產品線策略大致可分為兩種：

1. 延伸產品線策略 (Line Stretching)

延伸產品線是指企業擴大產品線的範圍，針對不同的延伸方式，又可分為向下延伸產品線、向上延伸產品線及雙向延伸產品線等。向下延伸產品線是由高級產品延伸到中級或較低級產品的策略，向上延伸產品線是由較低級的產品延伸到高級產品的策略，雙向延伸產品則是同時向上延伸至高級產品市場，並往下延伸進攻低級產品之市場。

2. 填滿產品線策略 (Line Filling)

除了延伸產品線外，產品線也可在現有之範圍內增加產品項目，填滿現有之產品線。填滿產品線策略，通常會形成許多同質性高的產品，因此不當的產品定位，可能造成產品互相混淆，形成惡性競爭，企業在進行填滿產品線策略時，必須謹慎的考量。例如：國內許多洗髮精業者就是採行填滿產品線策略，像飛柔或潘婷等。

㈡產品組合 (Product Mix)

產品組合可藉由增加、修正和刪除產品來改變產品組合的內容，產品組合的重點在於平衡產品投資程度、風險及利潤，另外，產品組合的調整也有助於回應行銷環境的改變。產品組合有三大構面，包括：產品寬度 (Width of the Product Mix)、產品深度 (Depth of the Product Mix) 及一致性 (Consistency of the Product Mix)。產品寬度是指公司所擁有的不同產品線的數目，產品深度係指產品線內每一產品項目能提供顧客選擇形式的數目，而一致性則指不同產品在最終使用、生產要件、配銷通路或是在其他方面相關的程度。

為更清楚說明產品組合與產品線長度，以下以 BenQ 的產品組合廣度與產品線長度表示之（如圖 3–3）。

產品組合寬度						
個人電腦	數位顯示	行動電話	數位相機	無線寬頻	個人影音	電腦周邊
Enjoyment	液晶顯示器	CDMA 行動電話		寬頻路由器	MP3 隨身聽	光碟燒錄機
Center PC	數位投影機	GSM 行動電話		無線網路設備		DVD 燒錄機
Joybook	液晶電視			乙太網路交換機		光碟機
	映像管顯示器					DVD 光碟機
	電漿電視					掃描器
						多媒體鍵盤
						光學滑鼠

(產品線長度)

資料來源：www.benq.com.tw (2004/1/22).

圖 3–3　BenQ 產品組合廣度與產品線長度

三、產品管理與新產品發展

　　除了產品線與產品組合的應用外，產品策略中，相關的重點還有產品定位、產品生命週期與新產品的開發等，這些都是產品管理的重要關鍵，企業應該依據產品的特性清楚地給予產品定位，產品生命週期則是幫助企業思考產品在市場的接受度及適時調整相關行銷策略的重要指標，而新產品的開發更是延續企業永續發展的重要因素。

㈠產品定位

　　產品定位 (Product Positioning) 是指企業為其品牌、產品或商店塑造一個相對於競爭者的形象，而產品定位可以訴求的重點有價格、品質、產品特性或功用、產品屬性等，而產品定位的結果，可以影響消費者腦海中用來歸納品牌認知地圖，意即對產品有比較深刻的印象或認知（曾光華，2002）。例如：Lexus 汽車以高價及品味的極致為訴求，在臺灣掀起了一陣熱潮。產品定位是一種可以在競爭中找到利基 (Niche Marketing) 的方式，一般而言，產品定位策略可以分為幾種 (Semenik & Bamossy, 1995; Ennew, 1993)：

1.依產品屬性定位 (Positioning in Relation to Attributes)

　　依產品屬性定位是依照產品的屬性來考量，包括產品耐久性、品質、風格與設計等，例如：摩斯漢堡考量東方人對米食的偏好，而開發米漢堡，即是以產品屬性進行產品定位。

2.依競爭局勢定位 (Direct Competitive Positioning)

　　依競爭局勢定位的產品通常在競爭激烈的產業中較為常見，業者通常會以不同訴求的方式，或是以高過競爭對手品質亦或低於競爭者價格方式來找出產品定位，或是針對競爭者的潛在弱點，而為自己尋找最適當的定位。例如：Motorola 與 Nokia 這兩家國內最大的手機業者，在產品訴求上，無論是品質或是價格都試圖找

出與競爭者不同的定位。

3. 依目標市場定位 (Target Market Positioning)

目標市場定位是以鎖住某一區隔之消費者的方式找出產品定位，此時競爭者就不是最主要的考量，消費者的特性才是最重要的考量。例如：大衛杜夫在進入臺灣市場時，即鎖定了企業界高階主管，因此採高品質、高價位的產品定位。

4. 依利益定位 (Benefits Positioning)

利益定位的涵意在於企業在產品定位時，首要注重的是這個定位可以為企業提供的利益為何，例如：康師傅以低價策略進攻臺灣市場時，其產品定位注重的利益在於追求市場占有率，而非追求最大收益。

(二)產品生命週期

產品生命週期 (Product Life Cycle; PLC) 清楚地說明了一個產品隨著時間在市場上銷售與獲利變化的情形，產品生命週期共分為四個階段，包括：導入期、成長期、成熟期及衰退期。在產品上市初期，銷售量的成長緩慢，產業獲利也不高，等到產品在市場上接受度逐漸增加後，產業銷售額與產業獲利快速增加，此時產業獲利率達到最高，在晚期成長階段，銷售量仍然持續增加，但增加的比率趨於緩和，而產業獲利也轉而下降，最後，因替換品持續出現，造成銷售額與獲利不斷下降，產品面臨下市的情形，這些變化劃分的產品生命週期階段如圖 3–4 所示。

1. 導入期 (Introduction)

在產品導入期，由於產品剛開始進入市場，此時銷售量不多，且銷售成長速度緩慢，利潤微薄，甚至是無利可圖。此時若無法適時調整產品策略或讓消費者認同，則產品可能宣告失敗。例如：MD 商品在推出時受到許多人的看好，但由於售價太高亦或其他因素，最後終究沒有成功地渡過導入期。

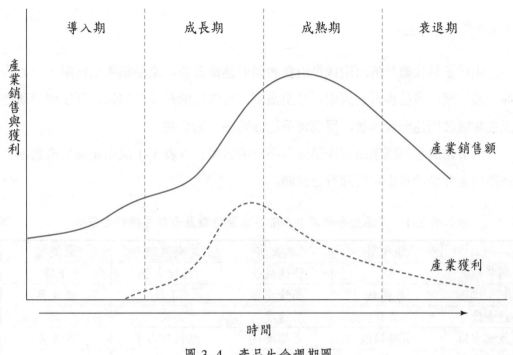

圖 3-4　產品生命週期圖

2. 成長期 (Growth)

產品如能渡過導入期，則開始進入成長期，在產品成長期中，產品逐漸打開知名度，消費者對產品接受度大增，銷售速度快速成長，利潤逐漸由負轉為正，而產業獲利也將在成長期達到高峰。例如：目前隨身碟已取代傳統磁片，由導入期進入成長期，產業的銷售量與獲利都逐漸上升中。

3. 成熟期 (Maturity)

經歷成長期銷售量快速攀升，在進入成熟期的初期銷售量仍然繼續上升，只是上升幅度開始趨緩，此時產業的潛在顧客已大量減少，競爭處於白熱化階段，企業紛紛投入大量費用或是降低價格，以保住產品地位，因此利潤也開始下降，而成熟期末期的銷售量也逐漸下降。例如：由於天然氣逐漸普遍使用，使得傳統瓦斯桶被推向成熟期，新蓋的房子大多使用天然氣接管，對於傳統瓦斯的需求增加幅度不斷降低。

4.衰退期 (Decline)

由於新替代產品的出現或是消費者偏好逐漸改變，產品銷售量持續下降，利潤持續下滑，商品步入衰退期，甚至遭到市場淘汰的命運。例如：打字機這項產品在電腦技術逐漸發達後，目前幾乎已面臨淘汰的命運。

由於產品在不同生命週期階段有不同的特徵，以表 3-1 說明產品生命週期中各階段主要特徵及企業可採行之策略。

表 3-1　產品生命週期中各階段主要特徵及企業可採行之策略

	導入期	成長期	成熟期	衰退期
銷售額	低	快速成長	緩慢成長	下降
利潤	易變動	高峰水準	下降	低或無
現金流量	負數	適度	高	低
策略重點	市場擴張	市場滲透	維持市占率	生產力
行銷支出	高	高，但比例下降	下降	低
行銷重點	產品宣導	建立品牌	品牌忠誠度	選擇性
通路	少數，重點式	密集式	密集式	選擇性
價格	高	較低	低	最低
產品	基本品質	改良品	差異化	合理化
顧客	創新使用者	大多數者	大多數者	落後者
競爭者	少數	漸多	最多	漸少

資料來源：Peter Doyle (1976).

產品生命週期的變化，可以讓企業經營者針對市場對產品的接受度來調整行銷的策略，但是產品生命週期的另一個策略重點在於如何避免商品進入衰退期，意即如何延長產品生命週期，因此在產品進入成熟期時，產業業者就必須採取一些方式來延長產品的生命週期，使其不要進入衰退期，而延長產品生命週期的方式如下：

(1)配合行銷活動，提高顧客使用商品的頻率。

(2)找出更多潛在顧客，增加使用的人數。

(3)重新檢視產品，為產品尋找新的用途。

(4)針對包裝、品質與商標進行修改，創造新的產品形象。

對於不同的產品特性而言，生命週期的長短就有所差異，但是產品生命週期普遍都有縮短的現象，尤其是高科技產品的創新速度更是一日千里，隨著產品生命週期速度變化的快速，企業就必須更有高度的彈性及快速因應的特質，才能適時跟進並見機勇退。

(三)新產品開發與發展策略

在產品生命週期中提到，企業必須開發新的產品取代衰退中的產品，才能使企業永續經營，而所謂新產品並非只是全新未上市的產品，新產品可能是全新的產品，也可能是改良式的產品，只要是能夠重新改良或重新上市的產品，都可稱之為新產品，而新產品形式的不同，市場開發的策略也有所不同，如果能夠配合恰當，可將產品的績效發揮得更淋漓盡致。

1.新產品的種類

新產品並非只指完全創新的產品，從不同觀點來看，我們可將新產品依照創新程度或方式的不同，來說明何謂新產品，如表 3-2。

表 3-2　新產品的種類與定義

新產品種類	定　義	例　子
完全創新型	創造全新產品	聯邦快遞的隔夜送達
產品線擴充型	在原有的生產線上延伸新的產品	電腦周邊設備
重新定位型	以重新包裝或改變目標市場獲得新的顧客，或改變消費者對產品的觀念	柯達皇家金軟片
改良型	對現有產品進行改良，重新以新產品面貌上市	電動機車

另外，Gobeli & Brown (1987) 以生產者觀點（技術改變）與消費者觀點（利益增進）將新產品開發分為四類，包括：漸進性創新、技術性創新、應用性創新及激進性創新等，而這種依不同觀點而形成的產品創新種類，稱為產品創新矩陣（圖 3-5）。

(1)漸進性創新：依賴現有生產經驗，新科技的使用程度不高，消費者所感受到的利益增進也不大。

(2)技術性創新：使用新技術的程度較高，但消費者所感受到的利益增進不高。

(3)應用性創新：並沒有使用新科技，利用創意使產品產生新的用途，消費者感受到的利益增進程度相當高。

(4)激進性創新：使用新技術來創新產品，消費者感受的利益增進程度相當高。

生產者觀點
（技術改變）

		低	高
消費者觀點 （利益增進）	低	1.漸進性創新	2.技術性創新
	高	3.應用性創新	4.激進性創新

資料來源：Gobeli & Brown (1987).

圖 3–5　產品創新矩陣

Cooper & Kleinschmidt (1993) 針對新產品開發相關之研究歸納出五個主要的成功關鍵因素：

(1)以顧客導向為出發點：經由顧客導向需求進行新產品設計、尋找新產品的差異化。

(2)明確規劃目標：對於目標市場、產品概念、定位、利益價值、功能與規格，在實際開發工作開始前加以完善定義。

(3)建立產品開發團隊：建立跨機能部門的產品開發團隊，團隊領導人需具備高度授權與高層主管主持。

(4)掌握公司優勢：產品開發需附加在公司強處上，尤其是新的投入或者是不熟悉的市場，對產品的熟悉度是十分重要的。

(5)產品重新改造：改造產品開發程序，在程序中的每一個步驟都需要重視品質。

2.產品－市場開發策略

　　企業無論是在開發完全新產品亦或是改良舊有產品等，都必須重新擬定市場開發策略，圖 3-6 說明了四種不同的新產品研發及市場開發策略：市場滲透策略、市場開發策略、商品開發策略及多角化經營策略。

	舊市場	新市場
舊產品	市場滲透策略 (Market Penetration Strategy)	市場開發策略 (Market Development Strategy)
新產品	商品開發策略 (Product Development Strategy)	多角化經營策略 (Product Diversification Strategy)

資料來源：陳慧聰等人 (2001)。

圖 3-6　產品－市場開發策略

　　所謂市場滲透策略，是指企業將現有商品在現有的市場上，透過新的行銷方式或是新的行銷力量提高市場占有率，例如：**產品調整價格重新定位後，投入原有市場**；商品開發策略則是在原有的市場中導入新的產品，**產品線擴充後，新產品上市**；市場開發策略則是替原有產品尋找新的市場，例如：**產品改良後，重新命名或包裝，投入新的市場**；最後多角化經營策略則是開發新產品投入新市場的方式，例如：**完全創新產品，開拓新市場**。

四、品牌決策與品牌管理

　　品牌指的是什麼？它能帶給企業和消費者什麼？企業如何創造並管理品牌？未來品牌對使用者情感訴求的滿足將在品牌進入消費領域發揮越來越重要的作用，當然，在激烈市場競爭中，品牌更是起著舉足輕重的作用。

㈠品牌的概念

　　品牌不但是一個產品最主要的標誌，它更應該是這個產品質量、功能、服務、

價格、信譽及其他方面的綜合體現。品牌概化 (Non-recognition) 指的是因為消費者不知道某品牌之存在，所以認為所有品牌之產品都相同；品牌認知 (Brand Recognition) 指的是消費者聽過或知道某個品牌，而且記得它。

簡單的說，名牌的概念就是（譚地洲，2003）：

第一，必須以一定的產品和服務的功能質量作為其品牌的基礎內容。

第二，品牌必須要帶來附加情感上的滿足。

第三，品牌必須要有特定的名稱、文字、符號、圖案和語音等為其品牌的基本特徵。

品牌可以為企業帶來無形價值，這些價值來自於消費者對品牌的認同感，經由這些認同感，所以消費者願意購買產品，並與企業共同創造了品牌獨特的文化內涵，如可口可樂代表著美國文化。從表 3-3 中，可以看出世界十大品牌中，品牌創造出的價值是可能超越這些企業有形資產的價值。

品牌概念所牽涉的範疇十分廣泛，大體上應兼具實體和抽象兩個層面的內涵，說明如下（陳玉君，2002）：

表 3-3　全球最有價值品牌

單位：億美元

1999			2000			2001		
排名	品牌名稱	品牌價值	排名	品牌名稱	品牌價值	排名	品牌名稱	品牌價值
1	Coca-Cola	838.45	1	Coca-Cola	725.37	1	Coca-Cola	689.54
2	Microsoft	566.54	2	Microsoft	701.97	2	Microsoft	650.68
3	IBM	437.81	3	IBM	531.84	3	IBM	527.52
4	GE	335.02	4	Intel	390.49	4	GE	423.96
5	Ford	331.97	5	Nokia	385.28	5	Nokia	350.35
6	Disney	322.75	6	GE	381.28	6	Intel	346.65
7	Intel	300.21	7	Ford	363.68	7	Disney	325.91
8	McDonald's	262.31	8	Disney	335.53	8	Ford	300.92
9	AT&T	241.81	9	McDonald's	278.59	9	McDonald's	252.89
10	Marlboro	210.48	10	AT&T	255.48	10	AT&T	228.28

資料來源：譚地洲 (2003)。

1.實體層面

品牌指的是一個具特殊性的名字、術語、符號、標誌、設計或是前述的綜合體，是可看見、可感受的相關產品屬性、品質、用途、功能或服務。

2.抽象層面

品牌代表一種組織性或社會性的文化，是一種存於顧客心中的綜合性經驗，並且是公司的一種無形資產，顧客可據以區別它和其他競爭者的差異。

㈡品牌權益和品牌決策

品牌權益和品牌策略是創造或管理品牌價值的方式，一般而言，企業透過品牌來強化產品在消費者心中的印象，成功的品牌策略（當然需配合有良好且正確的品牌決策才行），可以使產品維持在成熟期的時間，或者使新產品的開發快速進入成長期。

1.品牌權益

建立顧客的認同感是困難的，因此許多企業便以購買的方式買下已建立的品牌，因此品牌對目前擁有者及欲購買者的價值便稱為品牌權益或稱品牌資產(Brand Equity)，即品牌在市場上的價值。具有較高品牌權益，通常具有高品牌忠誠度、認知的品質、強勢的品牌聯想、專利權、商標及相關通路的其他資產等，而具有強勢的品牌權益的品牌即是非常有價值的資產。

2.品牌決策

品牌決策對於行銷人員是具有非常高的挑戰決策，在品牌決策中，大概包括了幾個過程（如圖 3-7）：

(1)品牌命名

品牌命名的首要工作便是對產品及其利益、目標市場以及相關行銷策略之檢視，找出最佳的品牌命名。好的品牌名稱可以加強消費者印象，即品牌命名是品

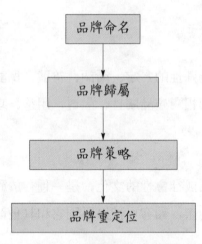

圖 3-7　品牌決策的過程

牌決策成功的第一步，而命中必須提供幾個重要的元素 (James Lowry, 1988)：包括
產品品質和行銷方式以告訴消費者品牌的歷史和品牌的好處，另外則是提供品牌
個性化的概念。其次，在品牌命名中的另一個要掌握的重點便是品牌必須具有易
懂、易記、易讀等特性，以利增加消費者對品牌的印象，例如：以 "A" 字母為開
頭的 "Acer" 或是 "Apple" 電腦，都是易讀的品牌，而且像這樣以二十六個字母中
第一個字母為開頭的品牌通常在名單上都可以排在最前方，容易受到消費者的注
意；再如「鍋寶」，一聽就知道是和鍋子相關的產品，就很符合易懂而且易記的品
牌命名原則。在創造品牌中，品牌的命名扮演著重要的角色，通常品牌的命名會
決定一個品牌發展的好壞，例如：臺灣正新輪胎 (MAXXIS) 這個品牌，它的 XX 對
歐美國家而言，是指高級、超級的意思（于卓民等，2001），因此，正新輪胎為提
高品牌形象，並打入歐美市場，就以具有兩個 XX 的 "MAXXIS" 作為品牌。而美
國 ESSO 石油公司以 ESSO 品牌行銷美國及國際市場，結果在日本市場 ESSO 的
翻譯是「無法行駛的汽車」，導致該油品在日本當地的銷售情況不佳（于卓民等，
2001）。至於應該如何為品牌命名呢？有些企業是依創始人的姓氏（如：P&G）、
使用地名（如：Budweiser）、使用英文字母縮寫（如：BenQ）、使用數字（如：7-
11）、由本國音直譯（如：TOYOTA）、或可直接聯想到產品本身者（如：Body Shop）。
一般而言，品牌的命名主要遵守幾項原則：

　　I.對國內或國外消費者而言，都易於發音

例如：BMW 原來的名稱是 Bayerische Motoren Werke，若它用原來的名稱作為品牌的話，消費者不易發音，無法琅琅上口，則產品推廣的速度就會受到阻礙。

Ⅱ.易於辨認及記憶

以上述的 BMW 為例，若用原名則消費者不易記憶，等到要選購時，也不易想起該品牌；另外，有些產品的名稱無法讓消費者一看就知是什麼產品，例如：日本大塚製藥的「歐樂拉蜜 C」，消費者不易從名稱知道該產品是營養飲料。

Ⅲ.具有獨特性

產品的品牌名稱應該與眾不同，如此一來才能讓消費者清楚辨識出品牌，且越獨特的名稱消費者往往越容易記憶，若品牌名稱與其他品牌太相似，反倒會造成消費者的混淆。

Ⅳ.可從名稱上顯示出產品的性質及使用產品的利益

消費者可以很容易地從品牌名稱上，瞭解該產品的性質，以及其特色，例如：「一匙靈」洗衣粉、「全錄」影印機、「好自在」衛生棉、「飛柔」洗髮精、「足爽」藥膏、「每日 C」果汁等產品，都可以從品牌名稱上瞭解該產品的特性以及可帶給消費者的利益。

Ⅴ.可經由註冊登記以保障權益

像早期微處理器廠商 Pentium 要進入臺灣市場時，想要使用「奔騰」名稱，結果發現臺灣已有一家賣電腦的公司申請註冊了，但 Pentium 希望能在全球各地都使用相同的品牌名稱，於是花高價將「奔騰」的名稱買回。另外，宏碁之前要使用 "Multitech" 的名稱行銷產品至美國，結果當地已有一家數據機廠商註冊該名稱，後來宏碁才改用 Acer 名稱，並在全球各國註冊，以免發生已被註冊的情形。

Ⅵ.能與產品定位組合

產品的品牌名稱可以帶給消費者不同的感受，品牌名稱就是可以展現出產品的個性，例如："Coca-Cola" 就是定位在強調年輕、動感與歡樂的飲料，而 "Qoo" 果汁，主要是針對小朋友族群，所以表現出來的是可

愛的感覺。

(2)品牌歸屬

品牌在建立時通常會採用幾種歸屬方式，包括製造商品牌、中間商品牌或稱私品牌、授權品牌及共同品牌等。決定使用何種品牌歸屬通常決定於企業在市場上的力量，或是市場的導向。例如：IBM 及可口可樂即以製造商品牌命名，而 Disney 則以授權的方式建立品牌。

(3)品牌策略

品牌策略的選擇包括四種，產品線延伸、品牌延伸、多品牌及新品牌等。品牌策略決定方式如圖 3-8。

(4)品牌重定位

當產品進入成熟期末端或進入衰退期，若企業對於產品仍有生產利基，可能就必須進行品牌重定位。

	現有產品	新產品
現有品牌	產品線延伸 (以相同的品牌名稱在現有產品類別，推出新產品項目，諸如新的味道、款式或包裝尺寸等)	品牌延伸 (在新產品類別下，運用成功的品牌名，推出新產品或改良產品)
新品牌	多品牌 (在相同的產品類別中，發展兩個或多品牌的策略)	新品牌 (建立屬於新產品類別的新品牌名稱)

圖 3-8　四種品牌決策

(三)品牌管理

Aaker (1996) 提出品牌管理主要包括六個面向：品牌知名度、品牌忠誠度、顧客滿意度、知覺品質、品牌聯想及品牌資產等。但一般品牌管理的重點分述如下：

1.品牌知名度

品牌知名度代表該品牌在市場中的領導地位、成功、高品質、實在內容、與令人興奮的感覺和活力 (Joachimsthaler & Aaker, 1999)，意即品牌被知曉的程度、

品牌印象等。而創造品牌知名度的方法有：市場滲透、提供試用品、廣告、代言人、促銷、擁有良好公眾關係、與事件或原因的關係、背書等 (Marconi, 2000)。

2.品牌忠誠度

品牌忠誠度乃指顧客對品牌持正面看法，且願意持續使用該產品和服務的程度。而品牌忠誠度包含了四種特性：

⑴競爭者進入時形成相當的障礙；

⑵增加公司回應競爭威脅的能力；

⑶聚集銷售和收益；

⑷顧客對市場競爭者的作用敏感度低 (Elena & Jose, 2001)。

3.品牌定位

品牌定位代表品牌在顧客與潛在購買者心目中，和其他競爭者比較之下的相對優點與保證。廖宣怡 (1999) 指出品牌定位應以組織的核心價值觀、銷售承諾和特殊賣點為基礎，妥善運用四類訊息：

⑴經設計的訊息：來自廣告、促銷、宣傳、贊助活動等方面之訊息；

⑵產品訊息：顧客和其他利害關係人由產品本身、價格、銷售點等推論之訊息；

⑶服務訊息：指組織人員對顧客的實際接觸服務；

⑷未經設計的訊息：指有關品牌或組織的報導、競爭者態度或言論、利益團體行動及政府或研究機構報告等。

利用上述四種訊息的傳達，以使品牌有明確的定位。

4.品牌聯想

品牌聯想可將顧客和品牌相關結起來，其聯想之內容，包括了使用者想法、產品特質、使用場合、組織聯想、品牌特性和品牌符號等。而品牌聯想會影響消費者對該產品延伸的聯想，及產品延伸策略的成功與否（曾義明，2002）。品牌聯想能提供給企業或消費者的價值，是幫助消費者處理及提取有關品牌的記憶，有利於行銷差異化及品牌的定位資訊，提供消費者購買的理由，創造對品牌的正向

態度及情感，以及作為品牌延伸的基礎。

5.品牌資產

品牌資產是指專利、商標、通路關係等，是一項較常被忽略的資產，但是它卻能避免競爭者侵蝕公司的市場占有率及利潤。例如商標可防止競爭者使用類似名稱、符號或包裝來造成消費者的混淆；專利權則可防止競爭對手的直接競爭等（陳文賓，2003）。

因此品牌行銷的重點指以品牌為行銷的對象，以重新配置、使用、分配和行銷的運作，內容包括：品牌定位、品牌建立、擴展品牌知名度、維繫品牌忠誠度、品牌延伸、買賣和管理品牌權益等一系列行銷活動。

第二節　價格管理

產品的價格是企業期望在商品、勞務等各種交易型態中所預期收到的金錢，前一節我們討論到產品管理與產品品牌，本節則將討論產品的定價方式及價格管理。從企業與消費者兩個層面來看，價格是影響利潤的主要因素，而支付價格所能得到的滿意度則是消費者最在意的事情。如何訂定一個適當的價格水準是相當重要的，在企業利潤最大化的原則之下，使消費者能達到最大的滿意度成了價格管理最重要的部分，因此價格管理包含了許多的策略層面，不單單只是為一個產品定出價格而已。

一、價格的意義與定價目標

(一)價格的意義

價格 (Price) 即消費者為取得產品所必須付出的金額，在市場上，所有的產品都有價格（即使價格為零），企業定出價格後，消費者必須願意接受這個價格，交易情形才可能發生。而在企業經營中，價格扮演了三個重要的角色：

1.傳達產品資訊與建立產品價值

價格可以向消費者傳達產品與品質等訊息，有時消費者會以價格作為價值判斷的方式,尤其是當消費者對產品的認知有限或是當產品已建立品牌或知名度時，例如：賓士汽車的高價策略，受到消費者喜愛，代表了消費者對該產品已產生了高度的認同價值。

2.帶來銷售量與營業利潤

價格的高低，是影響銷售量與營業利潤的主要原因，因此企業應該儘量瞭解價格與銷售量之間的關係，以便能透過最佳的定價水準，達到最大的利潤與銷售量。

3.是一種有彈性的競爭武器與經營工具

由於價格的調整具有高度的彈性，因此價格也被視為是非常重要的競爭武器與經營工具，企業可針對市場環境變化或是配合其他行銷組合的工具搭配價格調整的方式，來達到企業行銷的訴求。例如：美國西南航空以顧客需求為考量，提供更低廉的票價，建立了高度的顧客滿意度及獲利能力。

㈡定價目標

定價目標依企業經營目標而有所不同，有些產品企業只要求滿意的獲利，有些則追求最大的市場占有率，但是定價的原則應該基於追求一定的目標報酬率(Target Return Objectives)，因為殺頭的生意有人做，而賠錢的生意沒人做，無論企業經營的目標為何，定出目標報酬率之後，才能有效地定出最適價格水準。一般企業定價目標如圖 3-9 所示。

二、影響定價的因素

為追求上述定價之目標，企業必須在定價目標下考量影響定價的因素,例如：在追求市場占有率最大的目標下，企業可能必須失去高毛利的定價水準，而影響

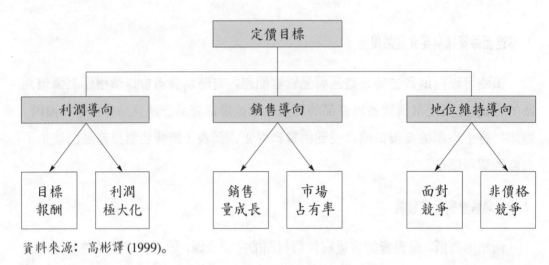

資料來源：高彬譯 (1999)。

圖 3-9　企業可能追求的定價目標

定價的因素可從兩個層面來探討，一是內在因素，另一則是外在因素（如圖 3-10）。
內在因素除了定價目標外，成本的衡量與其他行銷組合策略的搭配都是應該考量
的因素，價格的訂定，應該從公司整體策略衡量，在相關策略搭配得宜的情形下，
才能發揮定價的最佳效果。而外在因素的影響層面非常多，例如：市場特性、社
會政經狀況、產業競爭等因素，這些環境的變化，雖然很難由企業掌控，但是可
以透過適當的產業分析及瞭解消費者行為特性，找出最佳定價空間。

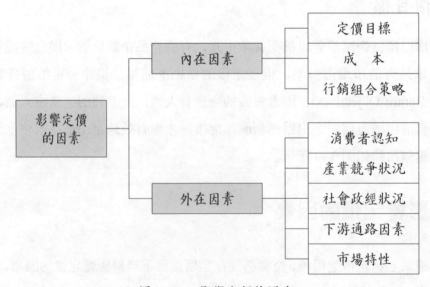

圖 3-10　影響定價的因素

黃志文 (1993) 認為，決定可能的價格範圍稱為價格彈性管理，這決策是定價政策的基礎，價格彈性的範圍取決於需求、成本、競爭等因素。公司在設定產品價格時，往往以需求的特性與水準作為定價上限，而成本則為其下限。定價時都希望在價位上能支付生產、配銷與銷售產品的成本，並獲得一合理的報酬來反映公司的風險負擔與營運努力。市場的需求狀況與產品成本分別在定價時界定了上下限的水準，競爭者的價位與可能的價格反應，則可輔助廠商界定其市場的價位。這同樣說明了成本是定價的基礎，而且我們可以知道，市場結構可以幫助我們分析競爭者的價位與可能的價格反應，透過市場結構的分析與定位，可以省卻很多廠商定價問題中不必要的麻煩。

葉日武 (1997) 認為影響價格決策的因素很多，包括內部因素：如組織目標、定價目標、成本、其他行銷組合變數、其他組織因素。至於外部因素：則如目標市場特性、中間商期望、競爭狀況、同業協議、政府管制。其中每一種因素在某些情況下都會成為關鍵事項，但一般而言，成本、需求、與競爭三者，對產品定價的影響最大。

林建煌 (2000) 認為影響價格的因素除了成本與需求外，還包括產品生命週期、競爭狀況、組織與行銷目標、其他行銷組合變數、通路成員的期望、政府與法令的規範、以及價格與品質的關係。嚴格來說，組織目標、定價目標、乃至於其他書籍所提示的「行銷目標」，其間並沒有明確的分野，都是假定組織可能有利潤最大、市場占有率最大、股價最大、甚或只求生存等不同的目標，因此其價格策略會反映此一目標。這種主張是「想當然爾」的推論，一般企業還是以營利為最高指導原則，因此價格策略理應尋求利潤最大化或市場占有率最大化，早期對企業定價目標的研究也證實此一主張，毛利率、投資報酬率 (ROI)、及市場占有率普遍被視為價格決策的主要考慮。

但是在執行層面，對於一些規範的事項，卻無法清楚的認定是否有違法的情事，這是在法令規範中的先天限制。綜合行銷學上對定價的看法，我們得知有下列因素會影響定價，包括：成本、需求、競爭、定價目標、組織目標、價格彈性、折扣及優惠、地理性定價條件、通路中的加碼鏈、產品線中其他產品的價格、其他行銷組合變數、目標市場特性、中間商期望、同業協議、產品生命週期、政府

與法令的規範、品質等等。但是，上述影響因素並非適用於所有的產品，綜合各家學者（林建煌，2000；葉日武，1997；黃志文，1993）的看法則一致認為，成本、需求、與競爭三個層面，對產品定價的影響最大，而且所謂的可能價格範圍，也是由成本、需求、與競爭三個層面所決定，如圖 3–11 所示。

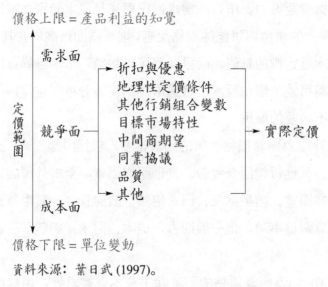

資料來源：葉日武 (1997)。

圖 3–11　價格決策觀念模式圖

　　價格規劃與管理問題錯綜複雜，不同的產品之間往往存在著不同的需求與成本線。雖然，非價格因素對於產品或服務在行銷的過程中影響日益深遠，但是定價因素仍是一項相當重要，不可忽視且十分具有挑戰性的工作。因此，當決策者在決定一個產品價格時，不僅要注意顧客的需求、公司成本上的考量，還必須要瞭解定價理論的經濟模式，以期能從中為公司獲得最大的利潤，而這種定價決策也正是許多決策者所努力追求的目標。

三、定價方式與定價策略

　　定價方式與定價的策略可謂千變萬化，企業依照不同的定價基礎，在不同的策略規劃下，考量影響定價的因素後，可發展出不同的定價方式，以下將整理一般常見的定價方式，如表 3–4。

表 3–4　不同定價策略下的定價方法

定價策略	定價方法
以成本為基礎的定價策略	・成本加成法定價 ・損益平衡點分析 ・經驗曲線定價
以需求為基礎的定價策略	・吸脂定價 ・滲透定價 ・聲望定價 ・系列式定價 ・差異化定價 ・奇零定價（心理定價法） ・倒推需求定價
以利潤為基礎的定價策略	・目標利潤定價 ・目標報酬率定價
以競爭為基礎的定價策略	・領導者定價 ・習慣式定價 ・競標及協商式定價

資料來源：姜仲倩 (1998)；謝耀龍 (1993)；江玫君 (1995)。

1. 以成本為基礎的定價策略

　　以成本為基礎的定價策略是以成本為出發點，考量產品生產到銷售中所有可能發生的成本，由於成本基礎定價沒有考慮市場因素，因而無法反映願意支付的價格，也無法反映價格對顧客關係的影響，但以成本為定價基礎方式易於實行，所以在實務上也常被使用。成本加成法或加成定價法是廠商在成本之外，再加上某一數量或比，成為該產品的售價；損益平衡點分析是分析銷售水平之方法，即在已知單位售價下，以總收入等於總成本求得企業必須賣掉的數量；經驗曲線分析法是以降低價格來增加銷售量，使廠商在生產過程中獲得更多的經驗進而使總成本降低，例如：Intel 公司瞭解隨時間經過，晶片成本將會下降得更快，因此在定價時就已採低價策略。

2. 以需求為基礎的定價策略

　　以需求為基礎的定價策略拋開傳統以成本或利潤為定價基礎的方式，站在消費

者的立場考量顧客真正的需求與偏好作為定價的基礎，其中吸脂定價及滲透定價主要應用於新產品的定價（比較如表 3–5），而聲望定價則是針對消費者會隨著價格增加而提高需求的產品訂定高價的策略，一般主要應用在奢侈品中；系列式定價通常實行之目的是為了使顧客能產生價格聯想，使在一系列產品中能得到強烈的價值差異與品牌認知；差異化定價則依時間、地點或顧客等不同因素訂定不同價格；奇零定價是一種影響顧客認知的定價方法，例如：399 和 400 元實際上只差 1 元，但消費者感受到的認知卻是不同；倒推需求定價是指行銷者先對某層次的需求定價，再依該價格來發展產品，例如：這兩年來國內休旅車市場大賣，馬自達汽車看準了中級以上主管的需求，在價格 80 到 120 萬之間，開發了數款休旅車。

表 3–5　吸脂定價法與滲透定價法的比較

定價法	吸脂定價法	滲透定價法
定　義	在產品上市初期，訂定一個非常高但是能被市場接受的價位，以便從願意付出高價的消費者中賺取高額利潤。等到銷售額下降時，則降價以吸引願意以比較低價購買的消費者	在產品上市初期，儘量以低價銷售，以儘速占有市場
比　較	相對而言，彈性較小 獨特性產品，較少替代品 市場可依價格敏感度劃分 以產生利潤為目的	相對而言，彈性較大 預期競爭者很快會進入市場 市場無法依價格敏感度劃分 以擴大市場占有率為目的

3. 以利潤為基礎的定價策略

　　在一個公司能改變價格之競爭性市場中，要準確地預測既定價格下的銷售量並不容易，加上環境變動快速無法完全掌握，因此要以最大利潤作為目標實際上很難達成，因此較普遍的做法是採行目標利潤定價或是以目標報酬率作為目標。而目標利潤定價法是指設定每單位利潤或是期間內的利潤作為目標，而目標報酬率則是以達到某個利潤衡量為基準，例如：銷售報酬率、資產報酬率及投資報酬率等。

4.以競爭為基礎的定價策略

在競爭基礎定價下，定價基礎是其他競爭者所制定的價格，企業依照本身的競爭條件調整定價策略，領導者定價法是零售商以極低之價格廣告某一產品以促使消費者也購買其他產品之定價法；習慣式定價是依據傳統或標準的價格方式來定價；競標及協商式定價是當顧客的要求或是廠商的價值是獨一無二時，競標或協商式定價可協助雙方對於此種非標準化的產品定出價格。

公司管理階層制定定價策略時，必須要有前瞻的眼光，預見未來的成本、需求與競爭情勢的可能變動，及預定應如何以價格因應這些變動。雖然說定價時，成本、需求與競爭情勢這三項因素均必須考慮，但實際上，公司的定價策略在實務方面通常都只有針對其中某一項因素作考慮，或對某一項因素考量比重較大。

四、價格調整管理

一個企業可能受到產業環境變化或產品生命週期變化，亦或是受到顧客需求變化等因素，使得定價模式受到衝擊。此時就有賴於價格調整管理策略來因應這些變化，而各種不同之價格調整策略內容將在以下分別說明之。

㈠折扣與折讓策略 (Discounts and Allowances)

折扣與折讓是在產品正式定價後，以特殊條件方式來減價的價格調整策略，而通常減價的條件都是鼓勵顧客採取對企業有利之行為，例如：現金交易、折扣期限等，而企業採用之折扣與折讓策略包括五種：

⑴按累積購買數量或大量購買數量給予折扣；

⑵依照行銷通路成員的不同給予交易折扣，這種又稱功能折扣；

⑶針對及時付款之消費者給予折扣，例如：「1/15，30 天」指付款期限在三十天內，但如果在十五天內付款，則給予 1% 的折扣；

⑷有些商品具有淡旺季的季節特性，企業對在非旺季購買的顧客，通常會給予折扣，以減少季節性波動；

(5)有時企業會以折讓的方式作為減價的策略，例如：推廣活動之促銷折讓或舊貨換新貨的折讓方式。這些折扣與折讓的策略都是因應特殊通路或特殊條件減價的方式，優點在於不會影響原有定價水準，也不會造成消費者降價的錯覺。

(二)區域性價格調整 (Geographic Pricing)

產品在通路流通中由於運輸成本的關係，造成產品成本上升，如果在售價中不考慮運輸成本，則會使原本設定的定價目標無法達成，因此，企業可針對不同區域採行不同定價的調整策略，做法包括：

(1) FOB 定價法：係將運費加上產品的基本售價，以決定產品的實際售價；

(2)統一交貨價格定價，為避免消費者感受到價差的影響，企業可將運費不高的成本攤銷在定價上，而採行統一交貨價格定價；

(3)分區定價法，與統一交貨價格定價相似，唯在不同區域中，採行不同的定價方式，而在同一區域內則採相同定價；

(4)運費補貼定價，直接由消費者負擔運費，但採補貼一部分運費的方式吸引消費者，以防距離較遠之顧客，受到運費過高的影響，而轉向其他廠商就近購買。

(三)價格促銷 (Price Promotion)

在某些特殊情況下，企業會出奇不意地採行另類的減價方式，來吸引消費者的購買意願，例如：

(1)犧牲打策略：提供某些產品超特惠活動，吸引消費者前來消費，連帶刺激消費者購買其他產品的意願；

(2)大拍賣活動：企業可於週年慶或特殊期間進行大拍賣的減價活動，以刺激銷售量；

(3)心理折扣術：利用一些宣傳或行銷的話術或策略，來吸引消費者的興趣，例如：屈臣氏推出「沒在屈臣氏買，別說你最便宜」的標語，來刺激消費者的購買欲望。

　　價格策略的應用非常多樣化，在行銷效果上，也常常達到不錯的成效，但是在進行價格策略時，必須謹慎衡量所有影響定價的因素，不可輕易的採行低價策略或降價活動，因為降價容易，但是抬高價格卻往往必須付出極大的代價。另外，在行銷手法上，誠實無欺的價格策略，才能真正獲得消費者的信賴，達到企業與顧客雙贏的局面。

五、價格管理機制

　　所謂價格管理機制為利用和價格有關之管理議題，例如：定價目標、定價方法、定價策略、定價因素等，從整個策略面重新思考公司定價的角色，而不是僅將定價 (Price) 視為行銷 4P 中的其中 1P，藉由管理的層面不斷地檢討與調整公司的定價，使公司的定價能真正為公司帶來效益。

　　而在價格管理機制的方法上，Shipley & Jobber (2001) 提出價格之輪 (Pricing Wheel) 的概念，所謂價格之輪指運用一有次序的多階段步驟，定價的決策基礎為一個全面系統性階段的流程，而藉由價格之輪的運作可以有效地提高價格的效率（圖 3–12）。

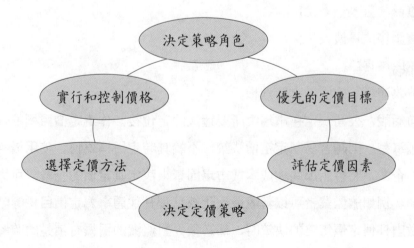

資料來源：Shipley & Jobber (2001).

圖 3–12　價格之輪

　　價格之輪的階段包括六個部分：決定策略角色、決定定價目標、評估定價因素、決定定價策略、選擇定價方法及實行和控制價格等。以下將運用這六個步驟，討論與服務業／旅館業行銷之相關定價議題，以下就分別說明之：

㈠決定策略角色

　　價格之輪的運作首於價格策略角色的決定。企業必須決定價格所扮演的策略角色為何，而價格策略的角色通常與企業整體經營策略或是短期目標有關，例如：企業以搶奪最大市場占有率為短期的策略目標，則行銷決策者即以這個目標決定價格的策略角色。

㈡優先的定價目標

　　定價目標可試圖從短期和長期的市場占有率、銷售額、獲利、技術或品質領導中獲致平衡，才能定出定價目標。一般而言，企業可以追求下列六大主要定價目標（陳琇玲，2000），包括：

　　⑴生存；

　　⑵讓目前獲利最大化；

　　⑶讓目前營收最大化；

　　⑷讓銷售成長最大化；

　　⑸榨取市場；

　　⑹成為產品品質領導者等六種。

　　換句話說，公司決定在市場中所要達成的定位後，作為定價目標的依據，定價目標越清楚，則越容易制定定價決策。不論其特定目標為何，使用價格作為策略工具的企業，將會比那些讓成本或市場因素來決定其定價的企業，可以獲得更多的利潤。例如旅館業者可以營收最大化或是提升住房率為定價目標等。

　　要做出任何定價策略的決策時，都必須先對組織的目標有清楚的瞭解，基本上服務業的定價目標主要包括三種：收入導向（追求利潤或減少成本）、作業導向（例如提高住房率）和顧客惠顧導向（強調服務品質為主）（周逸衡，1999）。

　　綜上所述，企業在選擇優先的定價目標，包括以下幾種指標（表3-6）：

表 3-6　可採行的優先定價目標之指標

目　標	內　容
利　潤	短期觀點，以邊際利潤、目標報酬及各種財務比率
存　活	低價去克服短期的環境逆境
銷售量	以最大的銷售量（住房率）為主
銷售額	以最高的銷售額為主
市占率	獲得市場中最大占有率
形象創造	建立良好形象以增加議價力或索取較高價格
相關性競爭	維持競爭價格公平、破壞對手優勢換取市占率、防止新進入者
進入障礙	建構或增加進入障礙，防止新進入者
公平認知	努力將提供的產品與服務和價格搭配

(三)評估定價因素

在定價因素的評估方面，國內許多業者針對臺灣觀光旅館業之經營概況與產業特性進行研究，經整理分析後，歸納六個評估定價因素之層面，包括需求層面、供給層面、成本層面、收益層面、環境層面及競爭層面等。

(四)決定定價策略

旅館業之定價策略可由瞭解顧客對價格的態度探討之，在某些顧客心中，高價策略可以確保其產品高品質的地位，有時候，價格提高代表是品質提升，因而讓銷售量大增，Shipley & Jobber (2001) 則將價格定位策略依供應者所提供的利益認知與價格兩因素，共分為下圖的九個區隔（圖 3-13）。

圖中愈向右上角的 Market Ruler 乃是最好的策略，其次為 Thriver，再者為 Chancer；而其餘左下角的四個區隔乃是沒希望的策略。

(五)選擇定價方法

在決定定價方法中，必須考量 3C，而所謂 3C 是指顧客的需求 (Customer's Demand)、成本函數 (Cost Function) 及競爭者的價格 (Competitor's Price)。

		低	中	高
價格	低	Chancer	Thriver	Market Ruler
	中	Bungler	Also-Ran	Thriver
	高	No-Hoper	Bungler	Chancer

低　　　　　　　中　　　　　　　高

利　益

資料來源：Shipley & Jobber (2001).

圖 3-13　價格－利益之定位策略

前述定價方法的目的在縮小選擇最終價格的範圍。不論如何，公司在選定最終價格時，尚需考慮一些因素，包括心理定價、其他行銷組合要素對價格的影響、公司定價政策、及價格對其他團體的衝突。當產品品質資訊獲取不易時，消費者往往會以價格作為品質的指標。當消費者在選購一個產品時，內心通常已先有一個參考價格 (Reference Price)，而這個參考價格往往來自於目前的價格、過去的產品價格或購買情境，消費者通常會操弄此一參考價格為其產品定價。

㈥實行和控制價格

從策略角色與定價目標的決定、評估定價因素、決定定價策略到選擇定價方法後，最後就是價格的實行與控制，此階段的重點在於實際落實公司的定價策略，並隨時評估定價策略與方法是否能達成公司所定的目標，並能適時掌握調整價格的時機，使價格管理機制能順利運作，以確實提高價格管理機制的效用。

第三節　小　結

生產出顧客需要的產品不但是生產的目標之一，也是行銷的主要目的。行銷的價值不但在於加強產品的價值，同時也是讓消費者更能對產品有所瞭解的主要方法。行銷組合中的產品與價格的決定，扮演了企業是否與消費者能達成共識的角色，即透過產品的包裝、品牌的塑造與定位、價格的決定與策略後，就看消費

者是否能認同企業的產品與價格，接著就會決定產品的存活。因此，一個成功的產品與價格行銷組合策略，可以從消費者接受程度與企業銷售量來決定，能讓消費者願意花錢購買產品，不但能達成企業的經營目標，也完成了行銷的階段使命。

　　關於行銷組合中的 4P，本章介紹了產品與價格兩者，另外兩者則將於下一章介紹。

1. 產品的品牌重要性為何？請舉出一個你覺得最有品牌價值的產品，分析其成功的原因為何？
2. 請問你認為價格戰的優點及缺點為何？對於屈臣氏推出「沒在屈臣氏買，別說你最便宜」這個促銷標語，為屈臣氏帶來了實際效益為何？
3. 請問你認為麥當勞的產品與價格策略為何？對於目前麥當勞銷售飯食產品，你有何看法？
4. 請問你認為一項全新的產品（全球首創型）應採取吸脂型或是滲透型定價法？各有何優缺點？請任舉一個產品為例。

1. 江玫君 (1995)，《行銷管理》，華立圖書。
2. 林建煌 (2000)，《管理學》，智勝文化。
3. 姜仲倩 (1998)，《行銷學──關係、品質、價值》，臺灣西書。
4. 高彬譯 (1999)，《行銷管理──全球管理法》，臺灣西書。
5. 周逸衡 (1999)，《服務業行銷》，華泰文化。
6. 于卓民、巫立宇、吳習文、周莉萍、龐旭斌 (2001)，《國際行銷學》，智勝文化。
7. 陳慧聰、何坤龍、吳俊彥 (2001)，《行銷學》，滄海書局。
8. 陳玉君 (2002)，〈高級中學品牌管理現況之研究〉，暨南國際大學教育政策與行政研究

所碩士論文。

9. 陳文賓 (2003)，〈品牌定位與建立品牌權益行銷策略探討——以自行車臺商於中國市場為例〉，國立臺北大學企業管理學系碩士論文。

10. 陳琇玲 (2000)，《行銷基本教練》，城邦文化。

11. 曾義民 (2002)，〈品牌聯合行銷對品牌聯想影響效果之研究〉，《管理學報》，第十九期，第 647-675 頁。

12. 曾光華 (2002)，《行銷學》，東大圖書。

13. 葉日武 (1997)，《行銷學：理論與實務》，前程企業。

14. 黃志文 (1993)，《行銷管理》，華泰文化。

15. 廖宜怡 (1999)，《品牌至尊：利用整合行銷創造終極價值》，美商麥格羅希爾。

16. 劉慧玉譯 (2000)， Bertil Torekull 著，《四海一傢 IKEA》，遠流。

17. 謝耀龍 (1993)，《基本行銷學——觀念與實務》，華泰文化。

18. 譚地洲 (2003)，《世界十大品牌王國》，彩舍國際通路。

19. 明碁網站：http://www.benq.com.tw (2004/1/22).

20. Aaker (1996), *Building Strong Brands*, New York: Gree Press.

21. Cooper, R. G., and E. J. Kleinschmidt (1993), "Uncovering the Keys to New Product Success," *Engineering Management*, Vol. 11, pp. 3–14.

22. Ennew, C. T. (1993), *The Marketing Bluepoint*, Great Britain: TJ Padstow Ltd.

23. Elena, D. B., and M. A. Jose Luis (2001), "Brand Trust in the Context of Consumer Loyalty," *European of Journal of Marketing*, Vol. 35, pp. 1238–1258.

24. Gobeli, D. H., and D. J. Brown (1987), "Analyzing Product Innovations," *Research Management*, 30 (4), pp. 25–31.

25. Lowry, James (1988), "Survey Finds Most Powerful Brands," *Advertising Age*, July 11, p. 31.

26. Joachimsthaler, E., and D. A. Aaker (1999), "Building Brands without Mass Media," *Harvard Business Review on Brand Management*, Boston, MA: Harvard Business School Press, pp. 1–22.

27. Doyle, Peter (1976), "The Realities of the Product Life Cycle," *Quarterly Review of Marketing*, p. 5.

28. Semenik, Richard J., and Gary J. Bamossy (1995), *Principles of Marketing: A Global*

Perspective, South-Western College Publishing.

29. Shipley, David, and David Jobber (2001), "Integrative Pricing via the Pricing Wheel," *Industrial Marketing Management*, 30, pp. 301–314.

30. Stanton, William J., and Charles Futrell (1987), *Fundamentals of Marketing*, 8th ed., New York: McGraw-Hill.

31. Wind, Yoram, and Henry J. Claycamp (1976), "Planning Product Line Strategy: A Matrix Approach," *Journal of Marketing*, p. 2.

第四章

行銷組合(2)──通路與推廣

學習目標

1. 瞭解行銷通路創造了哪些價值
2. 瞭解通路變革如何形成,企業應如何解決
3. 瞭解推廣策略中四種主要的活動
4. 瞭解各項推廣活動在行銷功能上之比較

▶ 實務案例

　　Wal-Mart 躍升世界第一大企業，聯強在「全球 IT 百強」勇奪臺灣第一，擊敗鴻海、台積電。通路稱王的時代，真的來了！看統一超商，如何以三千個門市串聯網路、郵購、宅配和大哥大，滲入餐飲、銀行、旅遊、與教科書市場。看富邦集團，加快投資台哥大、遊戲橘子，完成「百萬用戶級通路」布局。過去，我們說：生活的改變引發通路革命，從現在起，我們將看到：通路霸主帶來巨大的生活革命。

　　2002 年 3 月《富比士》雜誌出爐的全美四百大富豪排行榜，前十名得主中，沃爾瑪百貨創辦人山姆‧華頓 (Sam Walton) 後裔共五人，均以 188 億美元並列第四。另外，2002 年 7 月，美國《財星》雜誌依據年營收排行全球五百大企業。排名第一的不是英特爾，不是微軟，是美國最大的零售通路業者沃爾瑪百貨 (Wal-Mart)。自 2000 年擠下艾克森美孚石油 (Exxon Mobil) 後，這已是連續第二年沃爾瑪百貨蟬聯冠軍寶座。

　　同年 12 月的美國《商業週刊》，以收入、銷售成長率、利潤、股東報酬等為指標，公布全球 2002 年上半年的 IT 百強排名，結果可能更令人大吃一驚。

　　臺灣排名最前者，不是台積電，不是鴻海，而是資訊通路廠商——聯強國際。從 2002 年的排名一百一十三，到 2003 年中的排名六十，到 2003 年底的全球第四名，聯強的黑馬姿態，讓「通路」成了臺灣第一。

　　不止聯強、沃爾瑪百貨，2002 年臺灣上市櫃中幾檔廣義的「通路概念股」，在不景氣時節，成績同樣亮眼無比。還記得在 2002 年年中引爆的油價大戰嗎？其中有兩家油品通路商前三季營收成長率都相當驚人，全國加油站為 31.3%，北基加油站則是 29.1%，成長率都約三成左右。另外，展店數逼近一千三百家的全家便利商店，規模雖居於老二，成長卻明顯高過龍頭，2002 年前三季營收成長率為 21.2%，由於上半年營收與獲利都超越原定目標，因此也調高財測。此外，居房地產通路商角色的信義房屋，前三季營收成長率則有 42.2%，每股稅前盈餘為 3.92 元；而另一家以經營醫療器材等專業市場為導向的通路商博登，每股稅前盈餘為 3.42 元，前 3 季營收成長率更高達 62.1%。

　　Bernadette Tiernan 曾以含有「任何擁有多種來源，由多種元素組成」意義的 Hybrid 這個字，說明實體通路朝虛擬進軍成為多通路企業 (Hybrid Company) 時，將產生極大力量。Tiernan 認為，由實體出發的企業，由於擁有高知名度以及與顧客實質接觸的經

驗，朝多通路進軍時，遠比由虛擬轉進實體店面勝算更高。從這些案例中，這些開始發光發熱的通路商，為什麼能在不景氣年代獨占鰲頭？這些表現優異的企業，多半在競爭激烈環境中脫穎而出，除了掌握通路的關鍵外，促銷策略的應用也是加速成功的原因之一。

資料來源：《數位時代雙週刊》，第 47 期，http://www.bnext.com.tw/ (2003/1/23)

上一章介紹了行銷組合中的「產品與品牌」及「定價方法與策略」，行銷組合是以產品為基礎，進行發展產品定價，而通路 (Place) 與促銷 (Promotion) 的內容也與產品、定價息息相關，換句話說，4P 的應用是相輔相成，缺一不可。以下本章將介紹「行銷通路」及「促銷與廣告」的內容。

第一節　行銷通路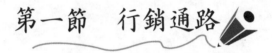

一、行銷通路的重要性與通路類型

行銷通路 (Marketing Placement; Marketing Channel) 是指生產者將產品或服務移轉至顧客所經由之路徑，由生產者與消費者之間行銷中介單位 (Marketing Intermediary) 所構成，黃思明 (1994) 認為通路成員必須負責執行下列一個或一個以上的通路功能，這些功能包括：實體持有、物權持有、促銷活動、協商功能、財務融通、風險承擔、訂購和付款作業等。因此行銷通路的功能包括：

⑴蒐集足夠資訊以供規劃促成交易；

⑵發展與傳播產品之說服性溝通訊息；

⑶尋找潛在購買者並與之接觸；

⑷提供符合消費者之產品；

⑸運送及儲存產品；

⑹財務融通；

⑺風險分攤等。

　　在大多數的市場中，生產者並不直接面對消費者，而是透過行銷中介商扮演連接橋梁，因此行銷通路的重要性可想而知，以下即探討行銷通路的重要性及行銷通路的類型（Roger, 1999；江玫君，1995）。

(一)行銷通路的重要性

　　由於行銷通路是由不同行銷組織及其間之互動關係所組成之系統，此一系統以促進商品或服務由生產者向企業及最終消費者之實體移動及物權轉移為目的，必須透過行銷通路，行銷者才能將所生產的產品或服務提供給最終的使用者（陳慧聰、何坤龍、吳俊彥，2001）。因此，在行銷通路中，我們關心的是這些行銷中介商扮演了什麼樣的角色（表 4-1），而行銷通路重要性為何？行銷通路的重要性有下列幾點：

1.創造效用

　　行銷通路同時帶給供應者與購買者地點、時間與形式效用；在地點效用方面，行銷中介商（例如：超級市場）將產品從生產地轉移到不同市場，使得在不同地方的消費者，都能消費到生產者生產的產品；在時間效用方面，行銷中介商（例如：物流中心）透過儲存及運輸的方式，調和供給與需求創造時間的效用；而在形式效用方面，行銷中介商（例如：包裝加工廠）可利用分類或組合來自不同製造商的產品，協助製造商銷售產品給消費者，並能方便消費選擇與購買，創造形式效用。

2.改善交易效率

　　行銷中介商的存在可以減少通路體系中的交易次數和成本，使交易效率可以有效地提升，在沒有行銷中介商的情形下，生產者面臨大量而分散的顧客，因而造成成本大幅上升，對消費者而言，在眾多的生產者當中，要一一地去尋找產品來源也必須付出極大的代價，而行銷中介商改善交易效率的方式可由圖 4-1 說明之。

3.提供行銷功能

由於生產者本身面臨著多變而廣大的市場,若透過本身的能力蒐集市場訊息,推行廣告、促銷活動及提供售後服務等工作, 可能必須付出極大的成本。而行銷中介商由於比較瞭解市場而且比較接近市場,因此能夠更有效地執行這些行銷功能,也可以提升行銷功能的成效。

表 4-1　行銷中介商在行銷通路中的角色

行銷中介商	在行銷通路中的角色
代理商、配銷商	撮合行銷者與批發商或組織市場之間的通路夥伴關係
批發商	透過代理商購買產品,並轉賣給零售商的通路夥伴
零售商	把產品賣給最終消費者的通路夥伴
附加價值轉賣者	從行銷者買進產品,藉修改或用其他方式改善產品,以增加其價值,並把產品轉賣給顧客通路夥伴

資料來源: 姜仲倩 (1998)。

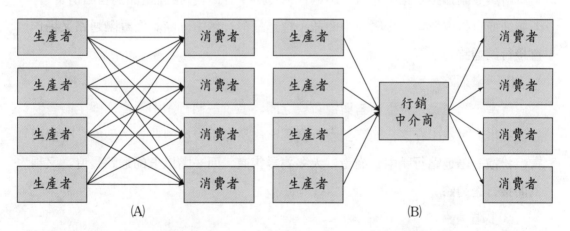

註: ⑴在(A)圖中, 交易次數為 4×4=16 次, 代表在市場中 4 位生產者總共須要 16 次的交易, 才能使 4 位消費者取得他們的產品。
　　⑵在(B)圖中, 交易次數為 4+4=8 次, 代表透過行銷中介商加入市場後, 4 位生產者只要將產品交由行銷中介商, 就可銷售給 4 位消費者, 有效地降低交易次數及交易成本。

圖 4-1　行銷中介商改善交易效率

㈡行銷通路的類型

行銷通路的類型涵蓋了行銷通路中包括了哪些階層、行銷通路中結構有哪些形式及行銷通路廣度與涵蓋市場之密度為何、通路權力來源等，以下就各別說明之：

1.行銷通路的階層

行銷通路階層是指在商品從製造商轉移到消費者手中的過程中，經過多少個行銷中介商的個數，用來代表通路的長度，如果產品從生產出來，要經過中間商轉手的次數越多，表示通路長度也就越長，若是由製造商生產出產品，然後直接到消費者手中，這就是所謂的直接通路。而通路長度大致上可分為零階通路 (Zero-Level Channel)、一階通路 (One-Level Channel)、多階通路 (Multi-Level Channel) 等。而各種通路階層說明如下（圖 4–2）（蕭富峰，1994）：

(1)零階通路

所謂零階通路是指生產者不透過任何行銷中介商,直接將產品銷售給消費者,即製造商直接與消費者接觸，中間並不透過任何行銷中介商。而零階通路又稱作直接行銷通路。

(2)一階通路

所謂一階通路是指生產者與消費者之間，多了一個行銷中介商，即生產者將產品提供給行銷中介商，而行銷中介商再將產品轉手賣給消費者的型態。一般而言，扮演一階通路行銷中介商者，大多為零售商。而一階以上的通路長度，又稱為間接行銷通路。

(3)多階通路

多階通路是通路長度超過一階通路，大部分的通路長度不會超過三階以上，因為過長的通路長度會提高成本（例如：運輸、儲存），反而降低消費者購買意願。

2.行銷通路結構

行銷通路結構可分為垂直型態與水平型態，過去傳統之行銷通路結構，大部分都缺乏一強而有力的結構型態，但因為通路的重要性日益彰顯，因此有架構性

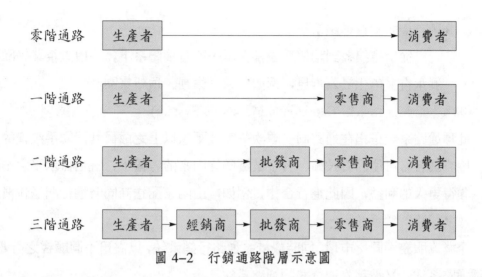

圖 4-2　行銷通路階層示意圖

的通路結構也隨之出現，而通路組織大致上可分為傳統行銷通路系統、垂直行銷通路系統、水平行銷通路系統及多通路行銷系統等。

⑴傳統行銷通路系統 (Traditional Marketing System)

　　在此系統中，通路成員的活動大多是獨立的，而且合作程度不高，也沒有存在任何合作協調的機制，彼此之間僅存在買與賣的關係而已。在這種系統下，如果通路或市場中出現惡性競爭的現象，通常會導致兩敗俱傷的結果，因為通路中並沒有任何機構可以有權利來解決問題。

⑵垂直行銷通路系統 (Vertical Marketing System; VMS)

　　此種通路系統中，所有的通路成員都非常重視末端的目標市場，因此，透過這種縱向通路關係的維持，可以有效解決傳統行銷通路系統面臨的問題，而垂直行銷通路系統有三種主要的形式 (Kinnear & Bernhardt, 1990)。

Ⅰ.管理式垂直通路系統

　　　　由系統中某一具規模或是權力之組織來達到生產及配銷各階段之協調，一般以產業中領導廠牌最為常見，例如：微軟、奇異電器。

Ⅱ.契約式垂直行銷系統

　　　　以契約為基礎，整合不同生產和配銷機構，即生產者和行銷中介商並不屬於同一個所有權，一般以連鎖系統最為常見，例如：便利商店、加油站。

Ⅲ.所有權式垂直通路系統

從生產擴散到配銷系統都在單一所有權體系下，一般以企業集團發展垂直多角化最為常見，例如：統一集團、頂新集團。

(3)水平行銷通路系統 (Horizontal Marketing System)

此種通路系統是指在通路同一層次一家或兩家以上之成員共同聯手經營的型態。雙方或各方可能因為技術、資金或經驗等因素的考量下，評估做水平之結合可以獲得更大的利益，因此進行合作，例如：由兩家配送商同時進行配送作業。

(4)多通路行銷系統

企業為服務不同之市場，同時設計多通路行銷系統，以滿足不同顧客之需要，這種通路系統，又被稱為混合式的通路系統。

3.行銷通路廣度與涵蓋密度

所謂通路廣度是指某一配銷階段的中間商數目，如果使用的中間商數目或形式越多，就表示通路的廣度較廣，例如：燦坤實業在日本市場就採用直銷通路與經銷並存，而安麗 (Amway) 在臺灣只用直銷的方式銷售產品，燦坤與安麗相較來看，燦坤的通路廣度較廣。

通路涵蓋密度 (Distribution Intensity) 是指在一個市場或銷售區域內，行銷中介商多少的程度。因此所謂通路密度是指企業在每一通路類型中，不同階段所使用的中間商數目，例如：SONY 的產品，可以在大賣場、百貨公司、經銷商、電子專賣店等地方買到，所以 SONY 所使用的通路密度較高，讓消費者很容易買到該產品。通路密度的高低，也要依照目標市場的消費者購買習慣來決定，例如：日本零售商 Yaohan 原本計畫 2005 年以前，在中國大陸開設一千家店，後來因為中國大陸人口雖多，但是年收入高的人並不多，且大多數人都只在櫥窗前瀏覽，因此，Yaohan 的計畫決定暫緩（于卓民等，2001）。通路涵蓋密度依行銷中介商之多少，可以分為三種，包括密集式配銷、選擇式配銷及獨家代理等 (Boone & Kurtz, 1999)。

(1)密集式配銷 (Intensive Distribution)

密集式配銷指在一市場或銷售區域內，盡量增加銷售通路，目的在於使市場

覆蓋範圍 (Market Coverage) 愈大愈好，而使用這種方式通常以便利品居多（例如：日常用品）。

⑵選擇式配銷 (Selective Distribution)

指生產者僅選擇一些行銷中介商作為配銷者，這種配銷方式的優點在於可以降低配銷成本及建立較好的市場關係，而使用這種方式的產品通常以選購品居多（例如：家電、唱片等）。

⑶獨家代理 (Exclusive Distribution)

指生產者在一定的市場範圍內，僅提供一家行銷中介商作為配銷的管道，這種配銷方式通常應用於特殊品中，尤其是以高價產品最為常見（例如：珠寶、名牌服飾等）。

4.通路權力來源

Lusch (1976) 指出通路權力來源反應通路領袖在行銷通路內的地位、經驗及獎賞或處罰其他通路成員的能力。權力來源又稱權力基礎，在相關通路研究中，一般採用 French & Raven (1960) 五種權力基礎來衡量通路權力。

⑴獎賞權

有能力給予其他通路成員獎賞，如較高利潤、促銷折讓、地區獨家經銷權、協助銷售活動等。

⑵強制權

通路成員表現無法達到預期或要求時，通路領袖會採取某些處罰措施。通路成員對於強制權的運用是否恰當，將會影響通路關係之優劣，不當運用將招致反感、抗拒或報復；長期而言，強制權的不當使用可能產生反效果，進而影響通路經營之成效。

⑶法定權

其他通路成員認同之內在價值。意指雖然在通路系統中沒有正式之權威層級，但通路成員覺得有某種層級存在，而願意接受通路領袖指揮和要求，如大廠商被其他通路成員擁為通路領袖。

⑷專家權

通路領袖具有專業知識而能協助其他通路成員或整個通路系統有效之運作，如專業技術、行銷能力、資訊等。

(5)參考權

通路領袖因具有良好信譽、形象、知名度等，使其他通路成員產生歸屬感，因而配合通路領袖的行動。在行銷通路中，信任是建立參考權之必要條件，信任是一種對團體語言或承諾覺得可以信賴的信念。

二、行銷通路管理

在行銷通路管理中，雖然行銷中介商可以帶來效用及減低成本等益處，但是可能造成不確定性，因此在通路管理的議題中，包括決策者必須瞭解在決定行銷通路長度時，會影響的因素有哪些；其次，行銷通路如何規劃，以及通路衝突和通路變革等議題。

(一)影響行銷通路長度之因素

企業在考量行銷通路之長度時，通常會分析通路階層多寡的優劣，並考量行銷通路涵蓋密度及評估行銷中介商的好壞等，因此，在設計行銷通路之長度時，可從公司本身、市場、通路及產品等構面來分析，以決定行銷通路之長度。而各構面所包含的內容如下 (Peter & Donnelly, 1991; Semenik & Bamossy, 1995)：

1.公司本身因素

(1)公司資源：公司應以其本身之資源能力（例如：人力、資本及專業知識等），考量本身所能負擔之範圍，以設計通路；公司財務資源能力愈低，通路長度應愈長。

(2)對通路的控制欲望：控制通路的主要原因是減少通路成員的牽制，並且能更直接掌握客戶資料；如果公司愈希望能控制通路，則通路長度應該愈短愈好。

(3)公司銷售能力：如果公司的銷售能力愈強，代表對通路成員的需求愈低，

則通路長度應該愈短愈好。

2.市場因素

(1)潛在顧客數量：如果市場的潛在顧客數量愈多，代表買方的購買量將會愈多，則通路應該愈短。

(2)競爭者特性：與競爭者鎖定市場愈接近者，通路應該較短，因為競爭愈激烈時，減少通路商以降低通路移轉形成的成本，可以有效提升競爭力。

(3)市場集中度：如果市場集中度愈高，則通路應該愈短愈好。

3.通路因素

(1)通路成員的素質：通路成員能執行較多功能時，通路較長，因為藉由通路成員技術或其他能力的支援，可以使生產者專注於生產，降低其他功能的支出，例如：行銷或物流功能等，因此當通路成員素質較佳時，即可以提供更好的功能時，通路長度就較長。

(2)通路獲利性：如果透過每個通路成員的移轉，都能產生較高獲利性時，通路較長。

(3)通路取得：通路取得愈容易及通路成本較低時，通路較長。

4.產品因素

(1)複雜程度：複雜的產品需要更多的生產者技術及售後服務，因此產品複雜度愈高，則通路應該愈短。例如：金融服務通常都是由企業直接面對客戶，因為客戶對金融產品的服務需求較大，因此通路短。

(2)產品大小：產品體積愈大，或是產品耗損情形愈嚴重者，通路應該愈短。

(3)產品標準化程度：產品標準化程度愈高者，通路較長，而產品客製化程度較高者，通路較短。

(二)行銷通路規劃

企業的行銷通路必須配合市場機會與情境條件而演變，因此通路分析與決策

必須具有目的。因此在通路規劃方面，必須分析顧客需求、設定通路目標與限制，在決定通路長度後，必須選擇通路成員夥伴，包括這些中介機構的型態及數目等，另外，還包括激勵通路成員及評估通路成員等。而通路規劃的步驟如下說明：

1. 分析顧客需求

行銷通路可視為顧客價值傳遞的系統。因此，通路規劃的第一步便是要分析顧客需求，瞭解在同目標市場區隔內的顧客對通路所要求的價值為何。例如：顧客是否希望送貨到家的服務，或是提供方便及快速的消費方式等，基於這些需求的考量，企業可以找出最符合消費者想要的通路方式。

2. 設立通路目標和限制

通路的目標應該以目標顧客所想要的服務水準來加以描述。通常，公司可以辨認出要求不同服務水準的數個目標顧客區隔，公司必須決定想要服務哪些顧客層，對每一顧客層應採用何種通路最適當，在各個區隔下，公司在滿足顧客服務要求之下，使通路成本最小（張逸民，1997）。

3. 選擇通路的型態

在瞭解消費者需求以及設立通路目標與限制後，企業依照影響行銷通路長度之因素分析，決定選擇通路長度（直接通路、間接通路等）、行銷通路涵蓋密度（密集式配銷、獨家代理或選擇式配銷）及通路的結構（水平或垂直行銷通路）等。

4. 選擇通路成員

在決定了通路的型態後，企業必須依照設立通路目標與限制選擇通路成員的合作對象，並決定通路成員的個數，例如：企業希望在市場占有率最大的目標下，選擇二階通路的長度，並希望以密集式配銷及垂直行銷通路的方式，選擇營運績效良好、財務能力穩定的大盤商十家及零售商一百家。

5. 激勵通路成員

在決定了通路成員後，企業為維持良好的通路關係，必須不斷地激勵通路中的行銷中介商，以期透過這些通路成員的功能，並大力配合企業，以發揮最大的成效。通常企業採行之激勵作法是透過高額利潤、獎金及津貼等方式，另外，企業也藉由建立長期夥伴關係的方式，提供通路成員誘因，以符合雙方之需求。

6.通路成員之考核

企業必須定期評估中間商之績效，考核之標準項目，包括是否達成銷售配額，平均存貨水準，對客戶交貨時間、服務績效、企業促銷方案之執行及配合程度等，而通路成員之考核目的在於檢討行銷通路的策略及未來調整行銷通路的參考依據。

(三)通路衝突

通路衝突是指通路成員知曉本身受到其他成員阻擾或妨礙其達成目標的行為。Walters & Bergiel (1982) 也指出通路衝突乃成員之間，在管理上對於目標、觀念或作法產生衝突。因此通路衝突可定義為：通路成員認知在追求目標的過程中，受到其他成員的阻礙，而導致對立或緊張的結果。

由於行銷通路體系中的通路成員是以合作的方式，使產品在流通的過程中，可以提高附加價值或使顧客滿意度上升。然而在此過程中，時常出現通路衝突的問題，而通路間可能存在的衝突型態，可能為水平衝突，亦可能為垂直衝突或系統間的衝突。而水平衝突是指通路中同一水平層級的通路成員彼此競爭產生的衝突，例如：不同零售商之間的衝突；而垂直衝突則是指通路體系中，不同層級的通路成員間所產生的衝突，例如：製造商與代理商之間的衝突；而系統間的衝突則是指不同通路體系的組織爭取相同顧客而導致的衝突，尤其當企業有意建構一套新的通路系統時，如果沒有明確地區隔市場時最容易發生。而通路衝突形成的原因為何？會帶來什麼樣的影響？企業如何處理通路衝突？這些通路衝突的重點，以下分述之。

1.通路衝突形成的原因

前面提過通路衝突是指通路成員因為某種原因而產生意見上、觀念上或是行

動上的衝突，而形成通路衝突的原因，大致上可分為以下五種：

(1)目標不相容：當通路成員中的各行銷中介機構的目標不一致時，容易產生
通路衝突，例：生產者以維持高品質、高價位的產品形象為目標，而代理
商卻希望以擴大市場占有率為目標時，便可能產生目標的衝突。

(2)定位、角色不一致：當通路成員對產品的定位與本身扮演的角色不一致時，
容易造成通路成員的衝突。

(3)訊息傳遞不良：資訊的傳遞錯誤或資訊不夠流通與不夠透明時就容易產生
通路成員的衝突。

(4)意識型態的不同：意識型態形成的衝突可能是因為不同公司文化或公司的
策略方向不同所造成的通路衝突。

(5)對市場看法不同：由於通路成員對市場景氣或是市場規模的看法不同，而
採取不同的策略目標而造成的通路衝突。

2.通路衝突的影響

通路衝突所帶來的影響可能是正面亦或是負面的，有些通路衝突反而無形中
刺激與擴大了市場的大餅，例如：網路行銷帶來的無店鋪通路，反而提供了更多
的行銷機會。當然，有些衝突會降低行銷通路預期的效益，甚至會危及企業的利
益，使得通路中的成員都受到傷害。

Brown & Day (1981) 認為通路成員間的功能存在相互依存的關係，當通路成
員彼此的目標、價值或興趣不一致時，衝突的現象就可能發生。而通路衝突有正
面與負面兩種意義，正面是使管理當局有強烈的刺激力量，促其主動檢討通路活
動，提供可信賴的目標、改變其政策或績效衡量；負面是通路效率降低，導致成
本提高。

3.通路衝突的處理

由於通路衝突帶來的影響可能是正負兩面都有，然而，有時衝突帶來的影響
會因企業處理方式而有所不同，因此通路衝突的處理方式就顯得相當重要。衝突
形成時的處理方式包括五種（曾光華，2002）：

(1)競爭：當衝突的形成是由於通路成員各自以滿足本身私利為目的，而忽略衝突對他人的影響時，可能就要以競爭勝出的方式來維持通路目標，但往往雙方都要付出相當的代價。

(2)統合：當形成衝突的雙方有意以溝通協調的方式以瞭解彼此的差異並解決問題，可達成雙方都有利的結果。

(3)退避：形成衝突的某一方可能考量本身經營條件或環境因素，因此採取退避的方式解決衝突。

(4)順應：為了維持彼此的關係或是基於契約的限制，某一方犧牲部分利益以解決衝突。

(5)妥協：衝突雙方都必須放棄某些事物而共同分享利益，以解決彼此間的衝突。

(四)通路變革

近年來，流通業的興起，使得傳統的通路受到嚴重的衝擊，稱之為通路變革或流通變革，而流通變革的結果，造成物流中心及專業批發商的興起，並對國內傳統的批發業者或是中大盤業者形成相當大的威脅，而形成這種流通變革的原因，來自於通路的成員不再單純扮演一種角色，或是許多業者開始跨足不同產業之間，而這些成員的改變或是投入，集結成一股強大的力量，不斷地將國內流通業向前推進，而這些成員大致區分為幾個大類別（蕭富峰，1994）：

(1)貿易商跨行轉進流通業；

(2)異業跨入流通業；

(3)流通業者跨行不同業種；

(4)製造商向前整合；

(5)大量的外商直接介入等。

通路變革的結果，不斷促進流通業的興起，更形成了許多新的商業模式，由此可見本章所介紹之個案，例如：聯強、沃爾瑪百貨及信義房屋等，這些公司之所以能傲視群雄，不無道理。

第二節　推廣管理

推廣活動是企業與消費者最密切的連繫方式之一，透過推廣活動中消費者的反應情形，可以有效地瞭解消費者對企業行銷活動的看法，而推廣活動的靈活變化，更是可以刺激市場活絡，以下本節介紹行銷組合的推廣管理。

一、促銷組合要素

推廣 (Promotion) 是賣方對於潛在買者或銷售通路中其他人之間的資訊溝通，以影響其態度及行為。狹義而言，推廣是指支援銷售的各種活動，而從廣義的角度來看，凡是以創造消費者需要或欲望為目的，企業所從事的所有活動，都屬於推廣的範圍（樊志育，1994）。

推廣組合 (Promotion Mix) 是為達成組織之促銷目標，所精心設計之廣告、人員推銷、促銷 (Sales Promotion; SP) 及公共關係等活動之組合。推廣組合要素如圖 4–3 所示，而針對這四種主要的促銷組合要素的詳細內容，將於後分別介紹之。

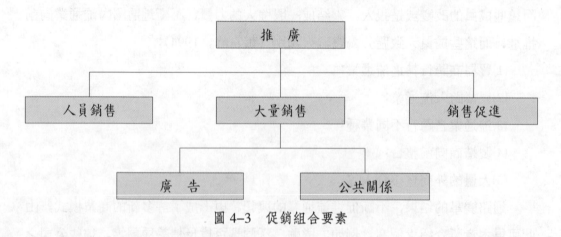

圖 4–3　促銷組合要素

1.人員銷售

以口頭說明的方式或與一人或多人的面對面溝通以達成銷售的目的。而銷售

人員扮演的角色可分成以下幾種 (Cravens, 1997)：

(1)新商業策略：銷售角色涉及獲得新客戶，購買者可能以前有購買過或重複購買。

(2)經銷商銷售策略：為提供或支持中間商而不是獲得銷售，一個製造者經由批發商、零售商或其他中介者可能提供經營、後勤、促銷及產品資訊協助，零售批發商銷售人員協助零售商經營或其他活動。

(3)倡導式銷售策略：和經銷商銷售策略相似，製造者的銷售人員鼓勵通路成員的顧客從通路成員中購買製造者的產品。

(4)諮詢或技術性銷售策略：此策略主要針對既有存在的顧客為基礎，並提供顧客技術上及產品使用上的協助。

2.廣　告

任何由特定提供者給付代價，藉由非人員的方式表達及推廣觀念及商品或服務者。因此產品廣告主要是處理特別商品或服務的非人員銷售活動，廣告的功用在於消費者看到廣告就會想起廣告所訴求的產品 (Boone & Kurtz, 1999)。而除了產品廣告外，另一種廣告的訴求指公司形象廣告，即強調公司的卓越處，此類廣告的訴求重點是比產品廣告更為廣泛的一種「形象」(Asseal, 1993)。

3.公共關係

乃在出版媒體刊登有關重要的商業新聞、或在廣播、電視及舞臺上獲得有利的推薦，使提供者不必付費，而以非人員的方式刺激產品或服務的需求。

在 90 年代中，除了推 (Push) 與拉 (Pull) 的策略外，還需要所謂的「過關 (Pass)」策略來突破市場的各種關卡與阻礙，因此行銷公關在這個過程中除了協助推與拉的策略外，更重要的就是協助企業與產品通過層層由新聞媒體、消費者、利益團體等所形成的關卡（駱焜祺，2001）。

行銷公關為一系列包含計畫、執行與評估在內的企業步驟，目的在提高購買者和消費者的滿意度，經由大眾信賴的傳播管道，傳達符合消費者的需求、期望、關心與利益的訊息及印象。因此 Kotler 也指出，處在現今複雜競爭又多元化的市

場中，必須把行銷從 4P 擴充到 6P，而除了產品、價格、通路與推廣外，加入了實力 (Power) 與公關 (Public) 兩個項目，而實力乃指推力策略，由內向外推動大眾對企業的支持，公關則運用拉力策略，建立關係，籠絡支持。

行銷公關的獨特能力在於能讓各種不同的媒體，不約而同地義務為產品宣傳優點，尤其在運用廣告同時，可以在相同的媒體上運用行銷公關去接觸主要和次要的目標群體，對廣告也是一項強而有力的支援。

4.銷售促進

不同於人員銷售、廣告及公關活動，而是具有刺激消費者購買及提高經銷商效能的作用。Schoell (1993) 提出銷售促進策略主要分為兩種：

(1)以消費者為目標：包括折價券的運用等；

(2)以公司銷售人員、中間商為目標：包含銷售會議、購買點展示、商展、商店展示及特殊服務等。

於此，以下將介紹推廣管理的一些基本概念，包括：推廣的功能與目標、影響推廣組合之因素及推廣策略設計之步驟。

(一)推廣的功能與目標

促銷的終極目標就是要達成銷售，而在促銷一連串的過程與活動中，也包括了一些其他的功能，因為消費者在購買產品之前，通常會經歷幾個不同階段的心理與行為，而針對消費者的這些過程中，形成了所有推廣的功能（圖 4-4）。

1.知名度

由於促銷本身必然有活動性質的存在，故經由各種不同的傳播管道散發訊息，以提升品牌的知名度。

2.試　用

有些產品可能有相當高的知名度，可是消費者卻對它不夠瞭解，消費者透過試用可以增加對產品的瞭解度。因此，當新產品上市，許多業者會以分送小包裝

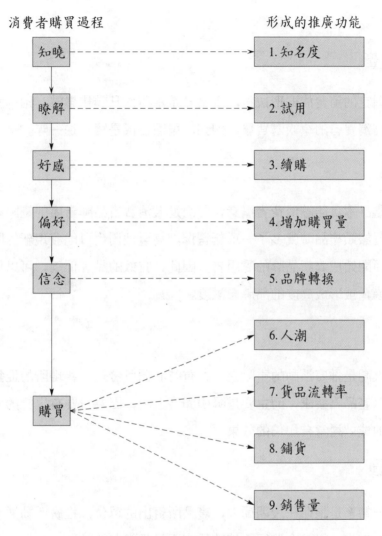

圖 4-4　消費者行為過程與推廣功能形成的關係

的免費試用方式，來大幅增加試用的消費者。

3.續　購

　　當消費者對試用的結果滿意時，便有可能進行續購的行動，但是購買行為卻不一定在何時發生，因此推廣活動可以催化下次購買行為的發生，並藉由此方式希望消費者形成購買習慣。

4. 增加購買量

當有固定的消費族群形成後，企業若希望再提升銷售量時，則應把焦點鎖定在如何提高消費者的單次購買量，例如：量販，或是買一送一等。

5. 品牌轉換

如果產品本身能讓消費者滿意，因而進入消費者品牌考慮的範圍內，以後消費者在購買該類產品時就多了一項新選擇，甚至他們也可能發現新的牌子比原來的好用，而開始成為新品牌的愛用者。因此，有效的品牌促銷，可以促進其他顧客品牌轉換，或形成高度的品牌忠誠度。

6. 人　潮

吸引人潮是推廣活動的重點之一，有時我們可發現一些場所的促銷活動並未很明顯地以產品為訴求，而主要是吸引顧客上門，因為只要有足夠的人潮，對於推廣活動的成效通常有加倍的效果。

7. 貨品流轉率

貨品流轉率是指在一段期間內，產品所賣出的單位，推廣活動通常可提高短期的貨品流轉率，對於企業短期策略的應用是相當有助益。

8. 鋪　貨

鋪貨是指產品在市場上流通的狀況，通常推廣活動是有助於鋪貨的陳設，而鋪貨愈多，則產品與消費者見面的機會愈大，而每家廠商也都希望爭取最有力的鋪貨條件。

9. 銷售量

上述八項功能都可引導銷售量的提升，而促銷的最終目的也在於銷售產品。

㈡影響推廣組合之因素

推廣組合的要素包括：廣告、促銷、人員銷售及公關等，而為了和目標市場溝通，企業必須整合這些推廣組合的要素，因此各種要素組合的搭配應考量市場／產品特性、產品生命週期、消費者心理所處階段及公司的推廣策略等因素的影響。

1.市場／產品特性

目標市場中的人數及市場型態會影響推廣的應用，使不同要素比重不同，而不同型態的產品，也會影響各種推廣工具所扮演之地位。例如：消費品通常著重廣告與促銷，而工業品則傾向採用人員推銷。

2.產品生命週期

產品生命週期中的四個階段各有其不同的產品策略，若能依照產品不同階段應用適宜的推廣策略，能使行銷組合更能發揮效果。而產品各階段可搭配的推廣策略說明如表 4-2。

表 4-2　不同產品生命週期推廣策略的應用

產品生命週期階段	市場概況	推廣策略
導入期	消費者對於產品認知不足	利用廣告及公關來喚起消費者市場對新產品的注意，並採取促銷手法接近消費者，其次銷售人員的推廣也可提高消費者對產品的認知
成長期	消費者熟悉及接受有關產品	廣告的應用仍屬重要，但應減少促銷的手法
成熟期	市場達到飽和	在短期內刺激消費者購買的促銷活動應用非常重要
衰退期	市場開始萎縮	應減少各種推廣活動

3.消費者心理所處階段

前述提及消費者購買階段（圖 4-4）分為六個階段，而在不同階段中，所採

取的推廣策略也應有所不同,例如:消費者處於瞭解階段,則適合採取廣告工具,以加深該產品在消費者心中的印象或地位。例如:大量的媒體廣告,提高產品的知名度,以刺激消費者購買。

4.公司的推廣策略

公司的推廣策略大致上可分為兩種:一種是推 (Push) 的策略,另一種則是拉 (Pull) 的策略,所謂推的策略是指將產品向外推動至行銷通路上,因此在推的策略過程中,資訊是由製造商往下游的批發商、零售商再到消費者;而拉的策略則是針對最終消費者,以廣告或促銷提高消費者對產品的認知及購買欲望,並藉此拉動上游行銷中介商對產品的需求,因此在拉的策略過程中,是先由製造商刺激消費者,再由消費者反應給零售商,再往上游的批發商,最後反應回製造商。而這兩種策略可由圖 4–5 說明之。

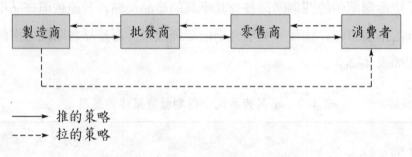

圖 4–5　推與拉的策略

㈢推廣策略設計之步驟

當企業在設計推廣策略時,必須依照一定的步驟,考量推廣組合之影響因素,以有次序的程序規劃推廣策略,才能使推廣策略的設計能更符合企業所需。江玫君 (1995) 認為設計推廣策略的步驟依序為:

(1)決定目標對象;

(2)決定預期之消費者反應;

(3)決定溝通之訊息;

(4)選定溝通之媒介;

(5)選定溝通訊息之來源;

(6)蒐集回饋等。

Burnett (1990) 則提出推廣計畫的設計步驟如圖 4–6 所示,包括:

(1)決定推廣策略的機會;

(2)決定推廣策略目標;

(3)組織推廣策略;

(4)選擇傳播媒體;

(5)選擇傳播之訊息內容;

(6)決定推廣組合;

(7)決定推廣預算;

(8)決定策略工具;

(9)評估推廣策略之結果。

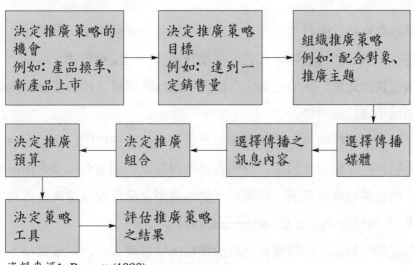

資料來源: Burnett (1990).

圖 4–6　推廣計畫的設計步驟

二、促銷活動

銷售促進 (Sales Promotion; SP) 又稱為促銷活動,是推廣管理的主要活動之

一，其可定義為：企業在一定期間內刺激消費者或中間商，希望對於銷售或公司形象等有所助益的一種行銷活動，主要特性為：以短期活動為主、彈性高、提供附加價值及刺激中間商或消費者的合作或購買。而促銷活動應該是企業與市場溝通的一部分，因此促銷活動必須有完善的規劃、選擇適當的時機、謹慎執行及符合行銷目標等 (Norman, Robert & Morton, 1985)，這種注重與市場溝通機制的推動活動，又被稱之為整合行銷溝通策略。促銷活動的方式可分為價格促銷與非價格促銷兩種方式，企業往往會採取組合式運用的方式，使促銷活動更多樣化。

㈠價格促銷

價格促銷是以降價或折價的方式進行促銷活動，透過價格的變動，讓消費者以實際獲得經濟誘因的方式刺激銷售的促銷活動。

1.降價促銷

降價手法有直接或間接的作法，直接作法指打折或是降價，而間接作法則是利用買一送一，或是加大包裝等方式，來提升銷售量的促銷方式。

(1)降價促銷的功能：降價促銷之功能包括增加購買量、提升產品的流轉率、抵制競爭者及試用等。

(2)適合降價之產品特性：降價促銷並不是可以任意使用的，必須配合特定的產品特性，才能發揮效果，否則容易適得其反，而適合降價之產品特性包括：處於成熟期的產品、低關心度的消費型產品及知名度高、占有率高的產品 (Balttberg, Eppen & Lieberman, 1981)。

(3)降價促銷的缺點：由於消費者對於價格的敏感度很高，只要價格一調整，銷售量可能就大受影響，例如：一漲價銷售量便大為降低，因此，不當的降價手法容易面臨幾個缺點，包括：容易破壞品牌形象及動搖消費者品牌忠誠度。

降價促銷的目標對象主要是產品的原有消費者，它最大的功用則是增加購買量或提升產品流轉率，而較難擴大既有的客層。

2.折價促銷

折價促銷是給消費者的一種憑證，透過這張憑證，消費者可以享有特定的價格折扣或產品的附屬優惠等。

(1)折價券的功能：折價促銷的功能包括鼓勵續購、提供試用的機會、鼓勵及改善鋪貨。

(2)適合折價之產品特性：有些產品特性適合進行折價促銷，包括通路短的產品、已具知名度或占有率高的產品。

(3)折價券分送方式：折價券主要透過五種方式進行分送，包括經由平面媒體傳送、以 DM 方式傳送、隨包附送、零售點發放及人員定點分發（江玫君，1995）。

降價促銷與折價促銷的目的雖相同，企業付出的行銷成本也大同小異，但兩者有三個主要的差異：

(1)降價促銷多為臨時性購買，而折價促銷則多為計畫性購買；

(2)折價促銷對品牌形象的傷害程度較低；

(3)折價促銷可藉由「拉」的方式讓消費者來採購商品（劉美琪，1995）。

㈡非價格促銷

非價格促銷是以試用、贈品及抽獎等方式進行促銷活動，這些不同活動的組成，可以構成多樣化的促銷方式，以下就以表格的方式比較這些非價格競爭活動（表 4-3）。

㈢促銷活動評估

由於促銷活動多半為短期性的，因此促銷效果的評估可以立即反映該次促銷活動之目標是否達成，進而加以改善或調整，使往後的促銷活動能發揮更大的效果。

1.不同促銷手法之比較

不同的促銷活動付出的成本與代價不同，而造成的結果與帶來的效益也不同，

表 4-3　非價格促銷活動之比較

促銷方式	目　標	方　法	優　點	缺　點
贈送樣品或試用	吸引消費者試用新產品	• 附於包裝內或包裝外 • 直接分送	• 分送成本低 • 吸引消費者興趣 • 可測試樣品促銷效果	• 有些樣品成本過高 • 送出樣品的對象，主要以原有購買者為主，不易開拓新市場
抽獎或遊戲	• 吸引多次購買 • 容易引起消費者注意	• 店內陳設 • 媒體傳播	• 容易取得中間商支持 • 可尋找合作對象降低成本 • 提供非產品本身誘因	• 影響力有限，因為不保證一定能獲得獎勵，例如：只有5%的人可以抽到獎品，或是只有遊戲勝利者可以獲得獎金等 • 對吸引新試用者效果較小

因此不同促銷手法應該從消費行為、購買模式及品牌形象來比較其影響及適用性（圖 4-7），如此一來，企業才能對各促銷活動的結果做更客觀的評估，而這些比較僅提供一般的參考，實際評估則需再考量產品生命週期或市場概況等因素。

　　在(A)圖中說明從消費行為的複雜性比較，不同的促銷手法應適用在不同的消費者身上，如果消費者願意花較多的心思或付出較多成本的方式消費，意即以較複雜的購買行為模式來進行採購，企業就可以分期特惠或是集點券等方式進行促銷，通常這種產品以高價的產品較為常見，例如：家電用品。反之，消費者如果是以較單純的購買行為，企業就可以立即揭曉之抽獎或是降價、折扣的方式進行促銷，例如：7-11 便利商店每年夏天都會推出思樂冰的抽獎及折價活動，也是以立即揭曉的方式進行促銷。

　　在(B)圖中說明不同的促銷活動對企業品牌形象的破壞力的大小，通常品牌形象強的產品，在價格上都有比較好的優勢，意即消費者會願意付出高價來購買產品，因此企業在促銷手法上，就應該避免價格促銷的應用，而應鎖定在非價格促銷上的使用，因為過多的降價策略，會扭曲原本消費者對該產品的形象認知，而破壞品牌的形象，尤其是奢侈品或是特殊品，例如：賓士汽車若是經常採取降價活動，會使得原本象徵高品位及具有高消費能力品牌形象受到影響。

　　在(C)圖中說明不同的促銷手法對消費者的購買習慣影響的大小，(C)圖上半部

說明習慣性購買的消費者會受促銷手法影響的強弱情形，通常習慣性購買的消費者對於產品多有一定的瞭解，因此降價或折扣是最立即見效的手法，而試用或贈品的影響力可能就較為薄弱，(C)圖下半部則反之。

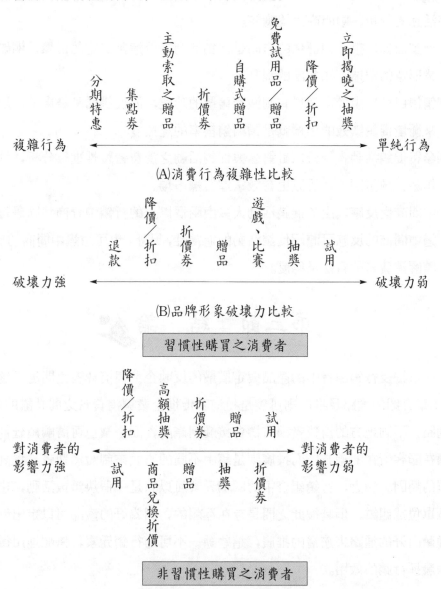

(A)消費行為複雜性比較

(B)品牌形象破壞力比較

(C)不同購買行為模式下之對消費者的影響力

圖 4-7　不同促銷手法之比較

2.促銷活動成效之評估

促銷活動成效之評估，必須包括四個方向，包括：促銷目標、銷售目標、參與促銷活動者分析、中間商之反應等。

(1)促銷目標：第一個評估的方向是促銷活動是否達到設定的目標，例如：企業形象的塑造，知名度的提升。

(2)銷售目標：由於促銷具有刺激銷售量的功能，而促銷活動結束後，最常用來衡量促銷績效的指標就是預期銷售率的達成度。

(3)參與促銷活動者分析：針對參與促銷活動之消費者屬性進行分析，例如：年齡、地區別等，可以更有效掌握目標市場。

(4)中間商之反應：由於促銷活動大多由兩個以上的行銷中介商共同舉行，透過中間商的反應可瞭解促銷活動的適當性，另外，也可透過中間商的反應，瞭解消費者的看法及態度。

第三節　結　論

上一章提及行銷組合中的產品與定價最能反映企業與消費者之間能否達成共識,而本章介紹的通路及推廣則可說是扮演著促進企業與消費者之間共識的橋梁，藉由通路，不同地方的消費者都有機會接觸到產品，而企業也可將觸角延伸到更多的潛在顧客所在的地方；而推廣則是藉由不同的方式來刺激消費者，提高消費者購買的誘因。總之，行銷組合中的四個元素可以只是一個決策或活動，也可以是一個單位或組織，但其彼此之間是存在互賴的，因為好的產品可以定出好的價格，並藉由好的通路來適當的推廣，這些缺一不可的行銷元素，搭配運用得宜才能有效發揮行銷的效用。

1. 請舉出一個令你印象最深刻的廣告或促銷活動，你認為這個廣告或促銷活動成功或失敗？原因為何？

2. 產品是否一定會經歷產品生命週期的四個階段？如果不是，可否舉出實際的例子？

3. 你認為如何評估推廣活動的成敗？與其他行銷組合要素相比，推廣活動是否更形重要？

4. 你認為通路衝突中，最常出現的衝突是哪一種？導致衝突的原因為何？如果你是主管，你會如何解決？

1. 江玫君 (1995)，《行銷管理》，華立圖書。

2. 于卓民、巫立宇、吳習文、周莉萍、龐旭斌 (2001)，《國際行銷學》，智勝文化。

3. 姜仲倩 (1998)，《行銷學──關係、品質、價值》，臺灣西書。

4. 陳慧聰、何坤龍、吳俊彥 (2001)，《行銷學》，滄海書局。

5. 曾光華 (2002)，《行銷學》，東大圖書。

6. 黃思明 (1994)，〈臺灣物流業之類型與核心管理技術〉，《物流管理系列學術研討會論文集》，第 124–130 頁。

7. 樊志育 (1994)，《促銷策略》，三民書局。

8. 張逸民譯 (1997)，《行銷學》，華泰文化。

9. 駱焜祺 (2001)，〈觀光節慶活動行銷策略之研究──以屏東縣黑鮪魚文化觀光季活動為例〉，國立中山大學高階經營研究所碩士論文。

10. 蕭富峰 (1994)，《行銷組合讀本》，遠流。

11. Asseal, H. (1993), *Marketing: Principles & Strategy*, 2nd ed., Dryden Press Series in Marketing.

12. Blattberg, R. C., G. D. Eppen, and J. Lieberman (1981), "A Theoretical and Empirical

Evaluation of Price Deals for Consumer Nondurables," *Journal of Marketing*, 45, pp. 116–129.

13. Brown, J. R., and Ralph L. Day (1981), "Measures of Manifest Conflict in Distribution Channel," *Journal of Marketing Research*, Vol. 18, Aug., pp. 263–274.

14. Boone, Louis E., and David L. Kurtz (1999), *Contemporary Business*, 9th ed., Orlando: Harcourt Barce & Company.

15. Burnett (1990), *Promotion Management*, Houghton Mifflin Company.

16. Cravens, D. W. (1997), *Strategic Marketing*, McGraw-Hill Charles Schorre.

17. French, R. P., and B. Raven (1960), "The Bases of Social Power," in Darwin Cartwright and A. F. Zander eds., *Group Dynamics*, 2nd ed., Evantston, IL: Row Peterson.

18. Govoni, Norman, Robert Eng, and Morton Gapler (1985), *Promotional Management*, New Jersey: Prentice Hall.

19. Kinnear, Thomas C., and Kenneth L. Bernhardt (1990), *Principles of Marketing*, 3th ed., Scott Foresman.

20. Lusch, R. F. (1976), "Sources of Power: Their Impact on Interchannel Conflict," *Journal of Marketing Research*, Vol. 13, No. 4, pp. 382–390.

21. Peter, J. Paul, and James H. Donnelly, Jr. (1991), *A Preface to Marketing Management*, R. R. Donnelley & Sons Company.

22. Best, Roger J. (1999), *Market-Based Management*, New Jersey：Prentice Hall.

23. Semenik, Richard J., and Gary J. Bamossy (1995), *Principles of Marketing: A Global Perspective*, South-Western College Publishing.

24. Schoell, W. F. (1993), *Marketing Essentials: Mastering Concepts and Practices*, Boston: Allyn and Bacon.

25. Walters, C. G., and Bergiel, J. B. (1982), *Marketing Channels*, 2nd ed., Glenview, Scott Foresman.

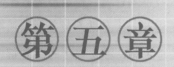

消費者行為分析與市場區隔

學習目標

1. 瞭解消費者行為之涵義與目的及購買行為模式
2. 瞭解影響購買因素與購買決策過程有哪些
3. 瞭解市場區隔之涵義與特點、方式、評估、選擇市場區隔之程序與選擇目標市場

▶ 實務案例

　　一直忘不了廣告場景末段那句「認真的女人最美麗」的詞句，熟悉的生活場景在輕柔溫馨的樂曲陪襯下，觸動每個人內心最深層的感動，久久無法散去。台新銀行以溫馨的廣告手法陸續錄製了「女醫師篇」、「天山農場篇」、「女攝影師篇」三則電視廣告，以「認真的女人最美麗」作為故事串聯的中心思想主軸，將玫瑰卡的品牌個性具體化。從1995 年 6 月開始發卡後，玫瑰卡憑藉著命名的優勢（玫瑰代表女性對愛情的憧憬，代表永恆愛情的誓言，具有浪漫的特徵、好聽、好記、容易聯想等特質）、深深打動人心的廣告文案（以「認真的女人最美麗」講出女性的心聲、釋放傳統價值觀對女性外表要求的包袱而給予女人新的定義），並應景地推出各種促銷活動（如配合情人節送玫瑰花、玫瑰花茶、巧克力、0.1 克拉的鑽石、健康美容 CD 與電臺合作舉辦「玫瑰卡的女人大聲說愛」call-in 活動以及相應婦女安全事件頻傳，為表達對女性關懷的產品立場，與臺北市政府、台北之音合辦 1997 年許願、跨年演唱會、捐款給婦女團體、印製「婦女安全手冊」現場免費發送等），以源源不絕的創意巧思從事促銷活動設計、引領同業的促銷活動風潮。從「最女人的信用卡」、到「尋找最認真的女人」的產品定位走向，深深抓住現代女人的心，到 1997 年已囊括了大部分的女性信用卡市場，短短三年內締造近二十萬張的發卡量，不僅成為台新銀行在信用卡市場的主力產品，更是台新銀行大大提升知名度的幕後功臣。

　　自 1992 年政府開放新銀行成立之後，由於政府業務上之侷限，加上國內信用卡發行潛在商機龐大，許多新銀行紛紛加入信用卡市場，並以活潑之行銷手法和活動，影響著市場上的領導品牌。1993 年，由於發卡狀況不甚良好，故台新銀行信用卡部針對其現有之資料庫作顧客分析，而由其中發現，其女性持卡人所占之比例已超過 50% 且女性和男性持卡人相比，其繳款正常且呆帳亦少，加上由於經濟發展，女性之經濟狀況較為獨立自主，且工作收入上亦較穩定，儼然有形成一主力消費群之趨勢。加上由顧客分析中可知，女性往往容易被教育（相對於男性市場）、容易被影響、容易衝動且較感性，而就當時信用卡競爭激烈下，尚無一專門針對女性消費群作訴求對象之發卡銀行，故在此種種考量下，台新銀行選擇了年輕女性（二十五至三十歲）作為其主要市場目標，專為女性設計的台新銀行玫瑰卡，強調女性的獨立意識及信用卡上的紅色玫瑰花，讓女性

覺得該卡屬性與其近似，突破傳統的信用卡市場依消費者財力及信用能力所區隔的「普通卡」、「金卡」及「白金卡」三個消費族群，使得該信用卡的發卡量大放異彩，為台新銀行創造優良的銷售業績。

消費者行為發展約從 50 年代開始，早期以研究購買動機為主，一直到 60 年代後半期開始有比較完整系統的消費者行為模型產生，後來消費者行為的發展以決策過程為主，而與消費者行為息息相關的另一個行銷重點則是市場區隔。本章主旨在探討消費者行為分析與市場區隔，其有助於瞭解消費者之特性，並幫助企業鎖定目標顧客群，以從事有意義之行銷活動。

第一節　消費者行為分析

消費者行為乃是針對特定的產品與情境而產生的，也就是說，產品不同，其購買與消費行為就會不同，甚至是相同的產品，其消費者行為也會隨使用者的不同而有所不同。因此本節主要在談論消費者行為，包括消費者行為之涵義、消費者行為之目的延伸至消費者購買行為模式、影響購買因素與購買決策過程、購買決策涉入、購買行為的類型等來探討消費者行為分析。

一、消費者行為之涵義

消費者行為乃是消費者在從事於消費項目上所表現的內在和外在行動，這些行動常受到個體因素，如動機、知覺、需求、欲望、態度、性格和過去經驗，以及人際互動、群體關係、組織、社會、文化與物理環境等因素影響 (林欽榮，2002)。

有關消費者行為 (Consumer Behavior) 的定義相當多，而針對一些學者所提出的定義，可整理如表 5–1。不同學術領域的學者，均以各學派研究重心為出發點提出相關論述，對當代的商業經營策略頗有助益，連德仁 (1996) 所歸納整理的觀點略述如下：

(1)心理學者觀點：心理學者假設每一消費者的行為背後必隱含著行為原因，

其論點較偏重於影響個人之內在因素，如認知、動機、學習及本能。

(2)社會學者觀點：社會學者認為人類行為具有社會性的傾向，亦即易受到社會性傾向的影響，形成消費行為上的差異，甚而著重社會性變數，如社會階層、參考團體等。

(3)人類學者觀點：以人類的族性作為分析行為的變數，著重在文化型態、文化差異及文化變遷等。

(4)經濟學者觀點：認為個人從產品的消費上獲得滿足，並假設個人會考慮到自己的所得水準及產品的價格，以獲得最大的利益與滿足，此外，個人亦能理智地評判個人的口味及偏好，以做出合理的購買行動，經濟學家乃以效用作為衡量消費者行為的基礎，較重視貨幣性因素。

(5)行銷學者觀點：提出一個階層性的效果來說明一個購買過程中，消費者行為可分為：知曉、瞭解、好感、偏好、信念、購買六個階段，而各階段間的差距並非是相等的。

故本書由行銷之觀點來探討商業的發展與行銷活動及策略之涵義，所以從行銷之觀點來解釋消費者行為之涵義與上述第五點行銷學者觀點較相符。

二、消費者行為之目的

研究消費者行為的目的在於瞭解消費者的行為特性及其選擇偏好，如何以自己擁有的資源，例如錢、時間、努力等，去作購買的決策，主要研究方向可分為六個「W」與一個「H」(Schiffman & Kanuk, 2000)

(1)是否購買 (Whether)；

(2)購買何物 (What)；

(3)購買原因 (Why)；

(4)購買時機 (When)；

(5)何地購買 (Where)；

(6)誰是購買者 (Who)；

(7)如何購買 (How)。

表 5–1　消費者行為的定義

學　者	定　義
Nicosia (1968)	以非轉售為目的之購買行為
Walters & Gordon (1970)	人們在購買和使用產品或勞務時，所做的決策與行為
Demby (1973)	人們評估、取得及使用具有經濟性的商品或服務時之決策程序與行動
Pratt (1974)	指消費者決定的購買行動，也就是以現金或支票交換所需的財貨或勞務
Engel, Kollat & Blackwell (1982)	狹義：為獲得和使用經濟性商品和服務，個人所直接投入的行為，其中包含導致及決定這些行為的決策過程。廣義：包括非營利組織、工業組織及各種中間商的採購行為
Willians (1982)	一切與消費者購買產品或勞務過程中，有關的活動、意見和影響
Engel, Blackwell & Miniard (1995)	直接地涉及產品與服務的取得、使用和處置，所從事的決策過程及實體活動
Kotler (1997)	研究關於個人、群體與組織如何選擇、購買、使用及處置產品、服務、構想與經驗以滿足需求
Schiffman & Kanuk (2000)	消費者為滿足其需求，對產品、服務和構想之尋找、購買、使用、評價和處置的行為表現

　　對於所有通路而言，上述之六個 "W" 與一個 "H" 是非常重要的研究方向，但是對於不同通路而言，所針對的研究重點就會有所不同，例如若針對網路行銷而言，我們可能知道消費者需要什麼，但卻不知道消費者何時會需要，亦即時間點 (Timing) 的問題，此時購買時機 (When) 就是非常重要的研究方向。

　　Porter 另外主張在六個 "W" 與一個 "H" 外，再加上市場的七個 "O" 以瞭解消費者及購買者行為的特點（沈青慧，1995）：

　　⑴組成人員 (Occupants)；

　　⑵購買標的物 (Objects)；

　　⑶購買目的 (Objectives)；

　　⑷組織角色 (Organization)；

　　⑸購買作業 (Operations)；

　　⑹購買時機 (Occasions)；

⑺購買通路 (Outlets)。

故 Schiffman & Kanuk 所提出之六個 "W" 與一個 "H" 及 Porter 所提出之七個 "O"，上述所提及之十四點為研究消費者行為之關鍵因素。

三、消費者購買行為模式

過去有關消費者行為之論述相當多，因此有許多的學者致力於將過去各家的理論加以整合，而發展出各種不同模型，其中比較完整的模式有以下幾種模式（Schiffman & Kanuk, 2000）：

1. Howard-Sheth 模式

從消費者之學習過程來探討消費行為。依此模式，購買消費行為的學習過程受到廠牌、社會環境、產品種類等內在投入因素以及個人因素、團體關係、社會階層、財務狀況、時間壓力、文化背景等外在投入因素的影響。

2. Bauer 風險負擔理論

從消費者所承擔之風險探討消費行為。Bauer 認為消費者的主觀知覺風險 (Perceived Risk) 都有一個可容忍水準，倘若此風險在可接納範圍內，消費者可能逕予購買消費，但如果風險過大時，消費者將會採取種種步驟來降低風險之後才採取購買行動。

3. Rogers 創新擴散理論

從產品之創新擴散來探討消費行為。此理論認為產品創新的效果，不但可以影響採用率，而且還可以透過媒體影響消費者採用與接受的速度，例如手機創新使用，剛開始可能從父母使用擴散到給小孩使用，也可能從年輕人使用擴散到給老年人使用。

4. Kotler 之七 "O" 論據

從市場特質探討消費者之購買行為。此論據認為應該廣泛的認識，包括市場主體 (Occupants)、商品 (Objects)、購買時機 (Occasions)、購買組織 (Organization)、購買目標 (Objectives)、如何購買 (Operations) 以及購買通路 (Outlets) 等七項，方能掌握真正的消費者購買行為。

5. E–K–B 模式 (Engel-Kollat-Blackwell Model)

從消費者的決策過程來探討消費行為。依照 E–K–B 模式，消費購買行為乃係決策行為，此一行為受到投入情報（如人員推銷、廣告、產品等）以及文化、參考群體、家庭等因素的影響 (Engel, Kollat & Blackwell, 1982)，將消費者行為模式分五個部分，分別為：

(1)訊息輸入；

(2)資訊處理；

(3)決策過程；

(4)決策過程變數；

(5)外界影響等。

這個模式的特色在於以決策為中心，並結合相關之內外因素交互作用而構成。

四、影響購買因素

不論是實務界或學術界，行銷研究人員都在積極探尋行銷刺激與消費者反應之關係，以建立刺激－反應模式，如圖 5–1 所示 (Kotler, 1997)：

由圖 5–1 顯示，當行銷以及其他刺激進入消費者的「黑箱」(Black Box)，會產生一連串反應。外在刺激分為二類，行銷刺激包括產品、價格、配銷、促銷等行銷 4P；環境刺激包括消費者總體環境的各種力量及事件，如經濟、技術、政治及文化。這些外在刺激通過消費者黑箱，即產生各種可觀察之消費者反應，如產品選擇、品牌選擇、零售商選擇、購買時機及購買數量。

外在刺激		消費者黑箱		消費者反應
行　銷	環　境	特　質	決策過程	產品選擇
產　品	經　濟	文　化	問題辨別	品牌選擇
價　格	技　術	社　會	情報取得	零售商選擇
配　銷	政　治	個　人	評　估	購買時機
促　銷	文　化	心　理	決　策	購買數量
			購後行為	

圖 5-1　行銷刺激與消費者反應之關係 (Kotler, 1997)

　　想要瞭解消費者潛在心理的黑箱作業，可從消費者的背景特徵與決策過程之中探討，而消費者特徵為研究消費者行為的重要因素之一。在消費者黑箱中之消費者特質，為消費者購買行為之主要影響因素，包括文化、社會、個人與心理因素等，當中大多是行銷人員無法控制但仍必須慎重考量的，詳細因素如表 5-2 所示：

表 5-2　影響消費者行為之購買因素

消費者行為因素	內容說明
文　化	文化、次文化、社會階級
社　會	參考群體、家庭、角色與地位
個　人	年齡與生命週期階段、職業、經濟狀況、生活型態、人格與自我概念
心　理	動機、認知、學習、信念與態度

資料來源：Kotler (1997).

五、購買決策過程

　　消費者在購買時一般會經過需求確認、資訊搜尋、購買前評估以及購買等階段（Engel, Blackwell & Miniard, 1995），需求確認即是不同通路所呈現的方式會刺激決策程序的知覺；資訊搜尋階段強調搜尋時間及資訊量多寡；購買前評估是透過產品內容、價格、品牌等各種內外部線索作為購買依據；而在購買階段，消費者要決定購買地點及品牌的次決策。

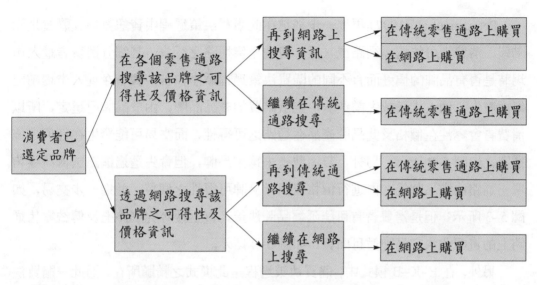

資料來源：Peterson et al. (1997).

圖 5-2　已選定品牌之購買決策過程

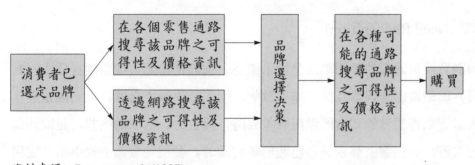

資料來源：Peterson et al. (1997).

圖 5-3　未決定品牌之可能購買決策過程(1)

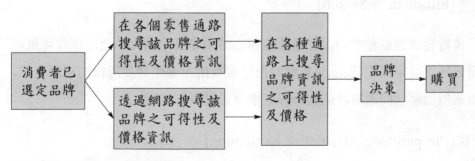

資料來源：Peterson et al. (1997).

圖 5-4　未決定品牌之可能購買決策過程(2)

　　Peterson et al. (1997) 再進一步描述在此購買決策過程中資訊蒐集及購買地點階段，消費者可能選擇網路或（且）傳統零售通路之行為。其細分消費者進入市場時是否有品牌的偏好而有不同的購買決策過程順序，若消費者在進入市場前已經由廣告、個人推薦或先前經驗決定欲購買的產品品牌，由於品牌已選定，所以消費者會專注在價格及此品牌產品在通路之可得性，而交易可能發生在任何一條通路，如圖 5-2 所示。另外，若消費者未選定品牌，但會先透過網路或傳統零售單一通路決定品牌後，再進行價格資訊及品牌可得性之搜尋，並進一步交易，如圖 5-3 所示；但是消費者有可能延遲品牌決策，直至搜尋完網路上及傳統零售通路上的資訊才決定品牌並且購買，如圖 5-4 所示。

　　另外，在 E-K-B 模式中，購買決策過程是此模式之精髓所在，而此一購買決策過程也多被廣泛應用，E-K-B 行為模式的購買決策過程分為五個階段，茲分述如下（鄭珮琳，1994）：

1. 需求確認 (Need Recognition)

　　任何購買決策過程的最初階段是需求確認，起因是當個人價值觀或需求（有個別差異）與環境影響因素互動，產生欲望，而引發決策之必要，或者說是發生於一個人感覺到理想狀態和實際狀況有差異時，換言之，需求的喚起，是問題確認的主要來源，特別當該需求是與自我形象有關時，動機便成為去從事某特定目的行為之持續驅策力（Engel et al., 1995）。

2. 資訊蒐集 (Information Search)

　　一旦消費者認定某種需要，並且極度關心該項產品的購買，此時就會展現積極的相關資訊之蒐集工作,資訊蒐集會從自己現有的記憶中尋找所需的相關資訊，若這些資訊無法解決問題時，則向外界尋求（黃瑞群，1999）。

3. 方案評估 (Pre-purchase Alternative Evaluation)

　　消費者通常會根據蒐集到的資訊，對每一項可行方案加以比較評估，以便作出最後之購買決策，消費者通常係以產品屬性或規格來評估可行方案，評估準則

的選定，又受到個人內在動機、生活型態與個性的影響。若消費者所知覺的績效與期望有相符，結果是滿意的，此會影響未來或下一步的評估與選擇；若是不滿意，許多購後後悔的人，會作進一步的資訊蒐集，尤其是購買很重要的產品。

4. 購買決策 (Purchase Decision)

當消費者完成評估階段之後，心中會產生方案偏好的優先順序，當消費者的信念、態度、意願與評估準則傾向於某產品品牌時，選擇該產品品牌的機會就愈大。

5. 購後評估 (Post-purchase Alternative Evaluation)

消費者可能滿意或不滿意所購買的產品，如果消費者滿意，再購的可能性會提高；如果不滿意，再購的可能性會下降。許多消費者對產品的期望來自廣告、銷售人員、朋友與其他資訊來源，如果廣告或銷售人員誇大其辭，使消費者的期望提高，最後將容易導致消費者的失望，而隨著網際網路的盛行，許多消費者也利用網路傳播購後不滿意的負面消息。

六、購買決策涉入

購買決策涉入是消費者對某購買活動的關注程度，包括個人對購買決策關心與注意的程度，以及選擇產品時可以反映個人價值與利益的程度 (Beatty & Smith, 1987)，例如：當人們認為其購買行為在生活上有相當的重要性時，則涉入程度較高，反之，若消費者認為購買行為占的重要性不大時，即涉入程度會較低。而不同涉入程度的消費者決策過程如表 5-3 所示。

七、購買行為的類型

消費者在作決策時除了受上述因素交互影響外，而且與購買決策的類型有關，Asseal (1987) 以購買者的涉入程度與品牌的差異程度為基礎，區分出四種消費者購買行為（表 5-4），而這種購買行為的區分，可以使廠商在行銷策略、計畫上獲得更

表 5-3   不同涉入程度的消費者決策過程

	低涉入程度購買決策	高涉入程度購買決策
需求確認	重要性由零增加到些許	重要性高且具個人意義
資訊蒐集	從內部到有限度的外部搜尋	廣泛的搜尋
方案評估	在少量的績效標準上評估少量的選擇方案	運用許多績效標準來考量許多選擇方案
購買決策	一階式購買，替代可能性大	到許多家商店購物，比較不可能有替代
購後評估	對績效作簡單的評估	大量的績效評估、使用與處置

資料來源：簡貞玉譯 (1996)。

多的相關資訊。而施錦雯 (2003) 也針對這四種消費者行為加以解釋，說明如下：

表 5-4   消費者購買行為的四種類型

	高度涉入	低度涉入
品牌間存在顯著的差異	複雜的購買行為	尋求多樣化的購買行為
品牌間存在差異甚小	降低失調的購買行為	習慣性的購買行為

資料來源：Asseal (1987).

1. 複雜的購買行為 (Complex Buying Behavior)

當消費者高度涉入某項購買活動，且認知到品牌之間存在差異時，即在複雜的購買行為下，消費者在不瞭解該產品的產品類別時，其購買行為包括二個程序。首先，購買者發展對產品的信念；其次，轉變成對產品的態度，成為明確審慎的購買抉擇。

2. 降低失調的購買行為 (Dissonance-Reducing Buying Behavior)

有時候消費者雖屬高度涉入者，卻感覺不出各品牌間存在任何差異，即消費者可能會感到認知失調的購買情形，因此，消費者為降低這種認知失調，消費者首先經歷某種行為狀態，獲得一些新的信念，最後以最有利的方式來評估自己的選擇。

3.習慣性的購買行為 (Habitual Buying Behavior)

當消費者涉入程度低且品牌差異又很小的情況，消費者就會習慣性的購買此類產品。對於這類產品，消費者行為並沒有經過正常的信念、態度與行為順序。即購買後，對於下次的購買行為會再度產生新的信念及態度。

4.尋求多樣化的購買行為 (Variety-Seeking Buying Behavior)

有些購買者情境的特徵是低度涉入但有顯著的品牌差異，此時消費者經常變換品牌，品牌變換僅是尋求變化而已，並不是對品牌不滿意。

消費者行為分析與企業行銷的關係非常密切，它提供許多行銷實務的知識與技術、策略服務等。而從行銷管理的角度來看，消費者行為分析主要有三個益處（蔡瑞宇，1996）：

1.滿足顧客的需求與欲望

企業體要永續經營，就必須持續地瞭解顧客的需求及維持公司的競爭能力，設計可以滿足這種需求的行銷策略，因此，公司必須注重探究顧客的需求和欲望，再調整所提供的產品服務，因此公司若能提供對顧客而言是獨特且具有價值和意義的產品或服務，便能達到公司設定的經營目標。例如：聯邦快遞 (FedEx) 提供即時同步的包裹遞送動態查詢，讓顧客隨時可以掌握包裹的動向。

2.開創新產品與新市場

由於環境的變化，社會的變遷，現有市場中顧客生活型態或所得水準也隨之改變，行銷者要以環境分析找出一些顧客尚未被滿足的需求和欲望，並開發潛在市場，而透過消費者行為分析則有利於找出這個值得開發的市場。例如：愛之味公司透過消費者行為分析及比照國外市場，成功地開發出愛之味鮮採系列，包括：愛之味蕃茄汁、愛之味蔬果汁及愛之味鮮採柑橙等，都獲得市場廣大的回響。

3. 有效區隔市場

　　企業除了滿足顧客的需求與欲望外，行銷者必須瞭解產品本身帶給顧客的是什麼樣的特點，以迎合顧客的某種購買動機，而且這種迎合的設計並不是針對一個人的喜好或口味，而是要針對某一特定的顧客群，這樣才使企業能夠在最大成本下，追求最大的目標。例如：航空業者依消費者的消費能力不同，將機位分成「經濟艙」、「商務艙」及「頭等艙」。而有關於市場區隔的部分，將於下節詳細介紹之。

<h1 style="text-align:center">第二節　市場區隔</h1>

　　市場區隔 (Market Segmentation) 是指消費者的需求和消費行為因人而異的狀態。在任何產品的市場中，不同的消費者往往存在相當程度的差異性，因此在企業行銷規劃與分析的過程中，必須確認不同顧客群的需求、偏好和消費等相關的行為，並且從許多顧客群當中進行評估，挑選目標市場，並針對每一個市場特性發展出一套獨特的行銷組合，以滿足個別市場的需要 (Raaij & Theo, 1994)，因此市場區隔是一種極具效力的區分異質消費群體以協助尋找市場機會的利器，其重要性也由此可見。本節包括市場區隔之涵義、市場區隔的特點、市場區隔方式、市場區隔的評估、選擇市場區隔的程序與目標市場的型態等來探討其市場區隔。

一、市場區隔之涵義

　　市場原本指一個買賣雙方為交易物品或服務所聚集的一個地方。經生活方式及型態的改變，如今市場對於經濟學家而言，是指所有交易物品及服務的買者與賣者，對於行銷人員則是指某一產品或服務的實際與潛在消費者的集合。而市場區隔的概念最先由 Wendell (1956) 提出，認為市場區隔的基礎是建立在市場需求面的發展上，並針對產品和行銷活動作更合理和確實的調整，以使其適合消費者或使用者之需要。例如：以資訊商品而言，「學生市場」對價格的敏感度普遍都很

高，因此採購行為的發生大多在集中賣場，如：光華商場、量販型連鎖門市或是資訊展；而對「家庭主婦」而言，事前解說、售後服務及方便性就很重要，因此「電視購物」反而很受歡迎。其後之學者，亦針對市場區隔提出不同之定義，以下就部分學者之定義加以說明：

(1) Alfred (1981) 將市場區隔定義為「將市場區分成不同的消費者群，使得每一集群均可成為特定的行銷組合所針對之目標市場」。

(2) Kotler (2000) 對市場區隔的說法為「乃是依據消費者對產品或行銷組合的不同需求，將市場劃分成幾個可以加以確認的區隔，並描述各市場區隔的輪廓，公司可選擇一個或多個所要進入的市場區隔」。

(3) Schiffman & Kanuk 將其定義為「市場區隔指將市場區分成幾個不同子集合的過程，各子集合中的消費者擁有相同的需求與特徵，行銷人員可選擇一個或多個區隔作為目標市場，並發展獨特的行銷組合」（顧萱萱、郭建志，2001）。

綜合以上各學者的說法，可知消費者對於產品的需求、購買動機、態度與行為等各有差異，為了獲得最大的利益，廠商必須進行市場區隔，選定適當的消費者群，作為目標市場。

二、市場區隔的特點

市場區隔將特定產品類別的消費族群，根據他們對該類別中產品不同的欲望與需求、不同的購買行為和購買習慣，劃分成不同的次消費族群。例如，我們可以將手機的消費族群，區分為「男性市場」及「女性市場」。市場區隔是新商品開發及行銷策略規劃的重要工具。同一市場區隔內的消費者購買行為，對產品及服務的價值認知，價格接受程度必須有一致性，這樣的市場區隔才有意義。而市場區隔的方法有很多，但並非所有市場區隔皆具有意義，一個有效的區隔化市場，其市場區隔必須具備下列五個特點（方世榮譯，2000）：

(1) 可衡量性 (Measurability)：指所形成的市場區隔大小、購買力及區隔特徵可被衡量的程度。

(2)足量或實質性 (Substantiality)：指所形成的市場區隔是否足夠大或獲利力的程度。

(3)可接近性 (Accessibility)：指所形成的市場區隔能被有效接觸及服務的程度。

(4)可差異化的 (Differentiable)：市場區隔在觀念上應是可以加以區別的，且可針對不同的區隔採取不同的行銷組合要素與計畫。

(5)可行動性 (Actionability)：指所形成的市場區隔足以制定有效的行銷方案來吸引並服務該市場區隔之程度。

舉例來說，March 汽車建立的市場區隔為都會區女性，亦即以單身女性為主，已有工作且月薪在 $30,000 至 $35,000 左右，作為其市場區隔之變數。

另外，市場必須區隔的原因，在於可瞭解市場的需求是什麼 (What)、在何時 (When)、在哪裡 (Where)、及為什麼 (Why)，以作為行銷決策的依據，因為有效的市場區隔是有助於銷售者更能明確地確認行銷機會，針對每一個目標市場發展適當的產品，並且可以有效地調整其價格、配銷通路及廣告等行銷策略，因此洪順慶 (1999) 整理出市場區隔的五大優點，包括：

(1)更加清楚、明確的定義市場；

(2)對競爭狀況作更好的分析；

(3)迅速地反映市場需求的改變；

(4)有效地分配資源；

(5)促進策略規劃的有效性。

三、市場區隔方式

市場區隔的方式主要依市場區隔的目標而定，也就是利用區隔變數基礎將市場上的消費者分成幾個不同的子體，根據 Wind (1978) 的整理，市場區隔一般有五種方式：

1.事前區隔模式 (A Priori Segmentation Model)

以人口統計、品牌忠誠度、產品使用量等變數，把市場劃分為數個子市場，再

用鑑別分析、複迴歸分析、自動交互檢視法等分析方法檢視各區隔之差異情形，以便選擇目標市場，這種方法在區隔變數選定之後，立刻能得到區隔的數目和型態。

2. 集群基礎區隔模式 (Clustering-Based Segmentation Model)

這種模式是利用受測者對於幾組選定變數的反應狀況，把相似的集合成一個區隔，因此區隔的數目和型態在事前並不知道，必須經過特定的研究分析後才能決定，常用的集群基礎區隔變數包括生活型態、利益尋求、需求或態度等心理特質變數。

3. 混合區隔模式 (Hybrid Segmentation Model)

這種區隔是結合事前區隔與集群基礎區隔二種方式，先以事前區隔把受測者分到不同的類別（如使用者與非使用者），再用集群基礎區隔法作第二次區隔，這種作法在概念上似乎結合了前二種區隔模式的優點，但在使用時卻需要相當多的樣本，因此不太方便。

4. 彈性區隔模式 (Flexible Segmentation Model)

用聯合分析和電腦模擬消費者行為而形成許多小的區隔市場，而這每一個小區隔之中分別包含了一些對產品特性有相似反應的消費者，行銷人員可以視需要彈性建立市場區隔。

5. 成分區隔模式 (Componential Segmentation Model)

重點在於預測哪一種消費者對哪一種產品特徵會產生最大的反應，這種模式是由聯合分析和直交排列發展出來的。

四、市場區隔的評估

公司在選擇目標市場時，須先考慮下列這些評估準則，並對每一個區隔加以評估，再從中選擇目標市場，並設計行銷策略，因此首先要將所有的市場區隔進

行排序，其影響排序因素如下（林建煌，2002）：

1.市場區隔的大小

市場區隔內的消費者愈多，購買力愈強，可支用所得愈高，則該市場區隔的吸引力愈大，因此行銷人員必須評估每一市場區隔內的市場潛力。

2.市場區隔的競爭強度

如果該市場區隔的競爭者很多或競爭者很強，則該市場區隔的吸引力便不高。

3.組織的資源與優勢

若是組織的資源與優勢相對較強，則該市場區隔的吸引力便相對提高。

4.接觸該市場區隔的成本

有些市場區隔不容易接觸，因此接觸該市場區隔的成本很高，所以該市場區隔的吸引力便相對減低。

5.市場區隔的未來成長性

評估市場區隔的吸引力要考慮市場區隔的未來成長性，市場區隔的未來成長性愈高，則該市場區隔吸引力便相對提高。

五、選擇市場區隔的程序

Wind (1978) 提出一般典型的市場區隔化程序大致包括八個步驟：

(1)定義所要解決、處理的問題或決定將如何使用研究結果。

(2)選擇適切的區隔變數，例如心理變數、行為變數、地理變數、人口統計變數等。

(3)選擇一組可以描述（或定義）區隔特性的描述變數。

(4)選擇足以代表整個母體的消費者樣本。

(5)針對此樣本蒐集相關資料。

(6)以適當的區隔方法將樣本區隔化。

(7)建立區隔剖面 (Profiles of Segments)，即描述每一區隔的剖面，亦即說明每一區隔的特性與成員成分。

(8)利用研究結果擬定行銷策略規劃。

Berman & Evans (1982) 認為進行市場區隔策略，包括下列六個步驟：

(1)決定區隔的基礎。

(2)分析消費者的同質性與異質性。

(3)分析消費群的輪廓。

(4)選擇適當的區隔。

(5)為公司與競爭者的產品進行定位。

(6)建立適當的行銷計畫與策略。

Gultinan & Peter (1988) 建議採行下列四個步驟：

(1)定義相關的市場。

(2)分析最主要的需求。

(3)分析選擇性的需求。

(4)定義市場區隔，確認區隔的目的、基礎，描述區隔內成員之特徵與行為。

Kotler (1997) 認為市場區隔化之程序包括三個階段：

(1)調查階段 (Survey Stage)

研究人員藉由對消費者非正式訪談與深度訪談，期能發覺消費者的動機、態度與行為，再根據這些調查資料，擬定正式的問卷，以蒐集有關資訊。

(2)分析階段 (Analysis Stage)

研究人員依所蒐集到之資料，應用因素分析統計方法，剔除相關性高的變數，再以集群分析，確立最大不同的區隔數目。

(3)剖劃階段 (Profiling Stage)

每個集群以其特有的態度、行為、人口統計、心理特質、媒體消費習慣等，一一加以描述，並將各集群依其特徵來命名。

故基於以上各位學者提出之選擇市場區隔的程序，可歸納為下列五個基本步驟：

(1)定義市場區隔、確認市場區隔的目的與基礎。

(2)分析消費者的同質性或異質性、消費者最主要或選擇性的需求。

(3)選擇適當市場區隔變數、足以代表消費者的樣本。

(4)建立市場區隔剖面、為產品進行定位。

(5)擬定行銷計畫、策略與規劃。

六、目標市場的型態

行銷人員在分析資料過程中，可利用不同的變數來找出最有利的目標市場，經過評估步驟之後，企業就必須決定要進入哪些區隔，而所謂目標市場係由一組擁有共同需要或特徵的消費者所組成，一般而言，企業可能有五種不同的目標市場選擇之型態（方世榮譯，2000）：

1.單一區隔集中化

在最簡單的情況下，公司只選擇一個區隔，此區隔沒有任何的競爭者，此區隔可作為公司日後擴展之基礎。

2.選擇性專業化

企業在選擇多個市場區隔時，每個區隔皆具吸引力，可預見為公司賺取利益，此多重區域涵蓋的策略比單一區域涵蓋更具優勢，因為它可分散風險。

3.產品專業化

係指專注製造某一產品供給各種不同的區隔。

4.市場專業化

係指公司專注於服務某一特定消費者群體的需要。

5.整個市場涵蓋

以所有的產品來服務消費者群體之需要，即大小通吃。

簡而言之，市場區隔是一種策略性的活動，不是制式的功課或規定，必須融入創意及巧思，才能產生有意義的區隔方式。有創意且合乎商業邏輯的市場區隔方式，才會帶給企業新的商機。

第三節 結 論

由於科技進步，行銷可經由各種管道提供消費者多元化的資訊以及購物選擇，除了傳統的逛街採買或型錄郵購之外，消費者可以透過電腦與網路，在家即可享受無遠弗屆的網路購物便利與樂趣，所以本書從消費者行為概論，包括消費者行為之涵義、消費者行為之目的延伸至消費者購買行為模式、影響購買因素與購買決策過程、購買決策涉入、購買行為的類型等來探討消費者行為分析，瞭解消費者之特性，並幫助企業鎖定目標顧客群，以從事有意義之行銷活動。

對於有關商品或服務市場的瞭解，是發展成功行銷策略的基礎，所以本章從市場區隔概論，包括市場區隔之涵義、市場區隔的特點、市場區隔方式、市場區隔的評估、選擇市場區隔的程序與目標市場的型態等來探討其市場區隔，商品必須符合不同消費者的生活型態、背景或收入狀況才容易成功，單一的行銷組合策略不太可能讓商品被市場的各個階層接受，故市場區隔可提供行銷者選定其目標市場，經由對目標市場的選定與評估，能讓行銷者有效開發市場潛力，以發展最佳的行銷策略。

1.消費者之購買行為模式與影響消費者的購買因素之間的關聯性為何？
2.消費者行為分析的五個決策模式中，你在購買產品時，是否一定會經歷這五個階段？

又在各階段中，你是如何考量及作出適當的決策？

3. 文中提到五個評估市場區隔的方法，請問有沒有其他指標可以評估市場區隔的適當性？

4. 請分析文中提及各種市場區隔方式的優缺點為何？

 參考文獻

1. 方世榮譯 (2000)，Philip Kotler 著，《行銷管理學》，東華書局。

2. 沈青慧 (1995)，〈半自助旅遊產品之消費者行為研究——定點旅遊為實證研究〉，國立臺灣大學國際企業學研究所碩士論文。

3. 林建煌 (2002)，《行銷管理》，智勝文化。

4. 林欽榮 (2002)，《消費者行為》，智揚文化。

5. 洪順慶 (1999)，《行銷管理》，新陸書局。

6. 連德仁 (1996)，《消費者對商品之報紙彩色廣告視覺化設計的認知研究》，建華書局。

7. 施錦雯 (2003)，〈消費者使用行動加值服務的影響因素之研究——以中部大學生為例〉，大葉大學資訊管理學系碩士論文。

8. 黃瑞群 (1999)，〈消費者購買行動電話之資訊搜尋行為研究〉，輔仁大學管理學研究所碩士論文。

9. 蔡瑞宇 (1996)，《顧客行為學》，天一圖書。

10. 鄭珮琳 (1994)，〈青少年在家庭購買決策過程中所擔任角色之研究——以臺北市家庭為例〉，國立中央大學企業管理研究所碩士論文。

11. 顧萱萱、郭建志合譯 (2001)，Leon G. Schiffman & Leslie Lazar Kanuk 著，《消費者行為學》，學富文化。

12. 簡貞玉譯 (1996)，Del I. Hawkins, Roger J. Best & Kenneth A. Coney 著，《消費者行為學》，五南文化。

13. Alfred, S. B. (1981), "Market Segmentation by Personal Values and Salient Product Attributes," *Journal of Advertising Research*, 21 (1), pp. 29–35.

14. Asseal, H. (1987), *Consumer Behavior and Marketing Action*, Boston: Kent Publishing.

15. Beatty, S. E., and S. M. Smith (1987), "External Search Effort: An Investigation Across Several Product Categories," *Journal of Consumer Research*, Vol. 14, pp. 83–95.

16. Berman, B., and J. R. Evans (1982), *Marketing*, London: Collier Macmillan Publishers.

17. Demby, E. (1973), *Psychographic and Form Where It Comes Lifestyle and Psychographics*, in William D. Wells ed., Chicago: AMA.

18. Engel, J. F., R. D. Blackwell, and P. W. Miniard (1995), *Consumer Behavior*, 8th ed., Orlando: Dryden Press.

19. Engel, J. F., D. Kollat, and R. D. Blackwell (1982), *Consumer Behavior*, 4th ed., Taipei: Hwa-Tai Co.

20. Gultinan, J. P., and G. W. Peter (1988), *Marketing Management*, New York: McGraw-Hill.

21. Kotler, Philip (1997), *Marketing Management: Analysis, Planning, Implementation and Control*, 9th ed., New Jersey: Prentice Hall.

22. Nicosia, F. M. (1968), *Consumer Decision Processes: Marketing and Advertising Implications*, New Jersey: Prentice Hall.

23. Peterson, R. A., B. Sridhar, and J. B. Bart (1997), "Exploring the Implications of the Internet for Consumer Marketing," *Journal of the Academy of Marketing Science*, 25 (4), pp. 329–346.

24. Pratt, Jr. W. Rober (1974), *Measuring Purchase Behavior, Handbook of Marketing*, in Robert Ferber ed., New York: McGraw-Hill.

25. Raaij, W. F., and M. M. Theo (1994), "Domain-Specific Market Segemtnation," *European Journal of Marketing*, Vol. 28, No. 10, pp. 49–66.

26. Schiffman, L. G. , and L. L. Kanuk (2000), *Consumer Behavior*, Englewood Cliffs, NJ: Prentice Hall.

27. Walters, C. G., and W. Gordon Paul (1970), *Consumer Behavior: An Integrated Framework*, Homewood: Irwin.

28. Wendell, R. S. (1956), "Product Differentiation and Market Segmentation as Alternative Marketing Strategies," *Journal of Marketing*, 21, July, pp. 3–8.

29. Williams, T. G. (1982), *Consumer Behavior Fundamental and Strategies*, St. Paul, Minn: West Publishing.

30. Wind, Y. (1978), "Issues and Advances in Segmentation Research," *Journal of Marketing Research*, 15, pp. 217–337.

行銷策略與規劃

學習目標

1. 瞭解公司與部門策略規劃
2. 瞭解行銷管理的規劃與行銷程序
3. 瞭解行銷企劃包括哪些重點

▶ 實務案例

「靠著 7-ELEVEN 二千多家門市店頭的海報強力行銷，單價高達 1,599 元的北海道帝王蟹，在推出的四週內，就銷售一萬四千多隻，是原先預期的 3.5 倍，更打破了便利商店只賣低單價民生用品的刻板印象，造成各方驚豔。」

「統一超商在 3 月份推出的『花東春之賞』活動中推出花東春之賞旅遊雜誌，『花東春之賞』突破傳統地出版每本 30 元的《花東旅遊情報誌》，賺取行銷經費，除了在門市銷售，更打入連鎖書店通路。十五萬本在兩週內銷售告罄。」

北海道的概念來自於 7-ELEVEN 最近成功發展的節令行銷 (Occasion Based Marketing)。在某一節令時期提供能夠滿足消費者當時的需求，是 7-ELEVEN 強調新鮮感 (Fresh) 的行銷關鍵。統一企業總經理徐重仁強調，Fresh 行銷就是「Season and Occasion（季節節令）的配合」，在門市通路上，就要特別明顯表現出季節節令感。連鎖便利商店並不同於單獨店，其經營規模與複雜性都相對增加，因此需要各種短期作業性計畫與長期策略性計畫等整體性規劃，來指導連鎖體系經營方向。便利商店行銷部門根據促銷年度計畫的綱要，並分析最近商圈內競爭店動態、消費者生活樣式變化、生活水準及行事活動後，擬定促銷活動之訴求重點及作法。促銷前必須先確定促銷目的，消極性目的有週年慶、對應競爭者的促銷、配合廠商的促銷等。積極性目的促銷，則有新開幕促銷、建立公關等，而促銷最終目的在於銷售及利潤的提升。便利商店的促銷計畫通常是以年、月來規劃，一旦經上級主管確認後，促銷管理的重點便落在促銷作業流程的規劃與掌握上。

由於便利商店每月配合節令、行事實施的促銷活動，通常每一次的時間都相當緊湊，所以必須按照作業流程掌握執行進度，以防效果不彰。促銷企劃的擬定可以從以下幾點原則掌握，一是顧客購買特性。便利商店的顧客多屬衝動性購買，如何在特定期間，安排特賣或其他促銷以提升各單價及來客數，是促銷計畫設計時應有的認知。二是掌握促銷計畫要素，一個良好的促銷計畫應考慮季節、月份、天氣、節令、促銷主題及方式、預期效益等。以便利商店而言，每日來客數約八百至一千人，許多廠商都已體會此通路力量，願意出錢投入，使得過去單純的產品行銷，在表現手法上能整合產品形象、企業的社會性、策略性行銷。

　　策略規劃為公司在推行重要行銷專案時的關鍵程序，策略規劃的好壞影響到未來公司策略執行的成效，因此公司在建構策略規劃時，應該要有系統的評估與衡量其策略的可行性。策略是由各部門來規劃的，所考量的策略規劃內容不外乎是以公司的使命、政策、願景與目標為主要的方向，因此界定出明確的公司經營使命及願景是行銷策略規劃的第一個步驟，當公司經營使命及願景能勾勒出來，並且讓部門中的所有員工瞭解其思維，亦是完成第一個步驟，接下來必須要讓策略規劃內容具有執行的可行性就要做內外部環境分析，內外部環境分析亦即採用 SWOT 的分析方式，找出外部環境的機會與威脅以及公司內部環境的優勢與劣勢，透過優勢、劣勢、機會與威脅交叉比對，找出應該建立持續性競爭優勢 (Sustaining Competitive Advantage) 之處以及防禦可能的威脅挑戰，如此描繪出策略規劃的藍圖 (Blueprint)，對於後續的行銷組合之執行力提升有其幫助。完成內外部環境分析之後，便進入到行銷傳送的程序；行銷傳送程序是一種價值創造的過程，透過價值鎖定的市場區隔、目標市場選擇、價值定位，建立價值的產品開發、服務發展、定價、配銷以及傳輸價值的整合溝通行銷等方式來形成行銷傳送程序，建立行銷傳送程序之後，接下來則要開始去管理策略行銷規劃的成效，透過組織、執行與控制的順序來運作，此種運作是個循環的回饋迴路，透過不斷的重複修正及調整以達到最佳的行銷執行績效，藉以產生具有學習效果的策略規劃。

　　在建構策略規劃的過程當中，行銷企劃的撰寫是相當重要的，行銷企劃書猶如行銷在執行時的攻略本，透過行銷企劃的規劃方向，指引公司下一步的運作方向，因此行銷企劃的好壞與否便決定了公司的未來發展潛力。因此本章的重點包括介紹公司與部門的策略規劃、行銷的程序與行銷企劃等。

第一節　公司與部門策略規劃

一、策略的組成要素

要進行公司與部門的策略規劃，首先要瞭解策略的組成要素，而一個完善的策略一般包括五個組成的部分，包括規模、目標、資源分配、確定切實的競爭優勢及協力作用等，而策略的層級可分為公司策略、事業單位策略與行銷策略等，而三個層級的策略均包含了上述五種要素，但由於策略在企業中有不同的作用，因此其重點各不相同，表 6-1 中列出了不同層級策略的重點及特性。

二、公司與部門的策略規劃

在策略規劃中，首先要確立公司的經營使命，接下來再針對經營使命的方向來探討公司與外在環境間的適配情形，透過優勢、劣勢、機會與威脅分析找出其適當的行銷策略方向。而就整體公司而言，策略規劃的架構如圖 6-1 所示。

(一)確立公司的經營使命

公司的成立必有其目的，建立經營使命即是讓公司的經營目的能夠實現與執行，有明確的經營使命，員工對於公司的經營方向才有清楚的輪廓，也才能在策略規劃時有個清晰的理念及方向，若公司無法有效的確認出所尋求的經營使命為何時，試著去問下列的問題 (Drucker, 1973)：

(1)我們是什麼樣的企業 (What is our business)？

(2)誰是我們的顧客 (Who is the customer)？

(3)我們能對顧客提供什麼樣的價值 (What is our value to the customer)？

(4)我們的事業將何去何從 (What will our business be)？

(5)我們的事業將來應變成怎樣 (What should our business be)？

表 6-1　公司、事業單位、行銷策略的組成要素

策略要素	公司策略	事業單位策略	行銷策略
規模	• 公司的業務範圍 • 公司發展策略	• 事業單位範圍 • 事業單位發展策略	• 目標市場的定位 • 產品系列的深度及廣度 • 品牌方針 • 產品市場開發計畫 • 產品系列擴充與淘汰計畫
目標	• 匯集各事業單位目標，包括：公司整體目標、收入成長額、利潤、投資收益率 (ROI)、每股得利、對股東的其他貢獻等	• 受公司目標的制約 • 匯集事業中各個產品市場目標，包括：銷售成長、產品或市場成長、利潤、資金流等	• 受公司、事業目標的制約 • 針對特定的產品市場目標，包括：市場占有率、毛利及顧客滿意度等
資源分配	• 公司不同事業間的分配 • 事業共享的功能性部門間的分配	• 在事業單元中的各個產品市場間的分配 • 在事業單元中各功能性部門間的分配	• 為特定的產品市場推廣，在行銷計畫的各個要素間的分配
競爭優勢的來源	• 來自於強大的經濟力、人力資源及其相對公司參與的行業其他對手而言，更合作的研發部門、好的組織程序或協同作用	• 來自於競爭策略，及其相對於行業中的競爭對手而言所具有的事業權能	• 來自於有效的產品定位，及其相對於該產品市場中的競爭對手而言，在行銷組合中一個或數個方面中所占的優勢
協同作用的來源	• 在公司的各個事業間，共享資源、技術及功能性部門	• 在一個行業中不同的產品市場間，共享資源（包括良好的客戶形象）或功能性部門	• 在產品市場推廣中，共享行銷資源、能力或活動

資料來源：張帆、鍾皓及錢華譯 (1997)。

　　透過上述所列出的問題，衡量公司可能的經營使命，進而建構出屬於自己的方向，以統一公司的經營使命為例：統一的經營使命為「三好一公道」，就是品質好、信用好、服務好、價錢公道，以提供消費者最體貼完善的產品與服務品質，並將贏得所有消費大眾的信賴與尊敬，作為企業永續經營發展的基石（統一企業網站，2003）。從敘述當中便可得知，統一是以銷售產品、服務為主的企業（我們

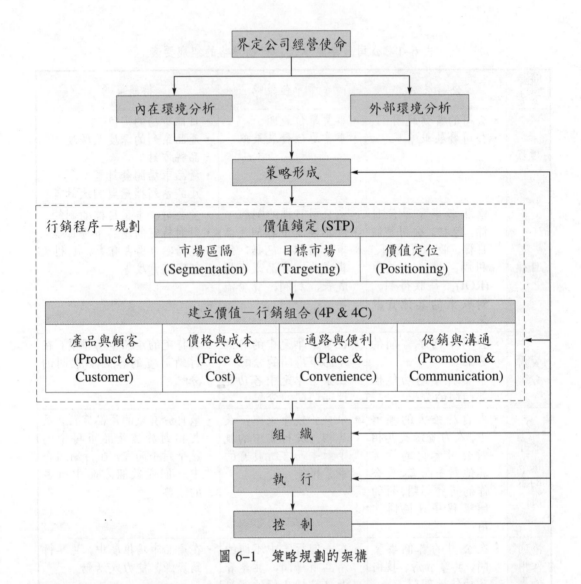

圖 6-1　策略規劃的架構

是什麼企業），以所有消費大眾為顧客（誰是我們的顧客），建立出品質好、信用好、服務好、價錢公道（我們能對顧客提供什麼樣的價值）的產品和服務，作為企業永續經營發展的基石（我們的事業將何去何從），並獲得信賴與尊敬（我們的事業將來應變成怎樣）。由於統一公司的經營使命明確，且切入到經營使命應有的核心所在，造就出目前如此輝煌的經營績效成績。

㈡內外部環境分析

公司在執行策略時，必定會受到某些潛在因素的影響，造成無法有效的達成應有的效果，為了避免這些潛在因素干擾到行銷策略的執行，因此建構 SWOT 的分析便是必要過程，透過 SWOT 分析來系統化的將內部的優勢與劣勢以及外部的機會與威脅加以評估，並且找出可行的方向以及目標，避免可能的影響因素，創造出策略規劃的可達成性。

SWOT 分析模式在商業界時常被廣為使用，由於分析的角度全面，由內到外皆能夠有效評估，再加上能夠清楚的將事件之情形有效的分類，因此時常被分析人員所運用。SWOT 代表四個構面，分別為：優勢 (Strength)、劣勢 (Weakness)、機會 (Opportunity)、威脅 (Threat)，其中優勢及劣勢是內部環境分析，而機會及威脅是外部環境分析。

1. SWOT 定義

所謂「SWOT 分析」主要是分析組織內部的優勢與劣勢以及外部環境的機會與威脅。對於需要快速釐清狀況而言，SWOT 是一個很有效率的工具，它的結構雖然簡單，但是可以用來處理非常複雜的事務。

2.分析步驟

首先在製作 SWOT 分析之前須注意的是，切記一定要將組織內部與外部的環境情形都列入考慮，因為 SWOT 是一種整體面的探討，因此在分析時必須要思考整個企業之內外部環境的概況；表 6-2 僅大致列出分析內部環境以及外部環境時，所須考慮的因素。

3. SWOT 分析圖

根據企業內外部環境分析後的結果，便可試著做出 SWOT 分析圖；首先先在紙上畫一個十字，將紙分為四個區域，然後將與狀況有關的優勢、弱勢、機會與威脅的情形寫下來，這就是製作 SWOT 表的步驟。舉個例子，圖 6-2 為 SWOT 分

析圖，根據內外部環境分析後的結果，試著回答每個區域裡的問題，答案的結果即為企業在該情境中的情形。

表 6-2　內外部環境分析時所考量的因素

內部環境	外部環境
·經營團隊 ·行銷及服務的能力 ·技術及研發能力 ·部門間的合作 ·財務資源 ·創新及創造力 ·人力資源 ·科技應用程度	·政治與經濟環境的走向 ·顧客及社會的趨勢 ·供應商 ·產業競爭情勢 ·新科技的產生 ·競爭者的威脅 ·文化的差異

S：優勢	W：劣勢
1.公司的核心技術是什麼？ 2.公司有什麼新的技術？ 3.競爭者無法模仿的地方？ 4.與競爭者差異化的地方？ 5.吸引顧客上門的原因？ 6.成功的關鍵因素有哪些？	1.有哪些是公司做不到的？ 2.公司欠缺哪些技術？ 3.競爭者有哪些地方比我們好？ 4.顧客流失的原因？ 5.過去失敗的可能原因有哪些？
O：機會	**T：威脅**
1.市場有哪些利基點？ 2.有什麼新技術可以學習的？ 3.可以提供什麼新的技術／服務？ 4.有哪些潛在顧客？ 5.怎樣可以產生差異化？ 6.組織未來的可能發展？	1.市場上哪些因素影響到公司運作？ 2.競爭者對於公司的攻擊有哪些？ 3.顧客對於公司的負面看法是什麼？ 4.政經環境的改變是否會傷害組織？ 5.有哪些事情會威脅到組織的生存？

圖 6-2　SWOT 分析矩陣

4. SWOT 分析後的應用

　　SWOT 分析後，並不代表分析已結束，反而是策略規劃要開始思考的時候，

由於分析後的結果可以得到公司本身的威脅及弱點，因此如何改善本有的缺點及外在環境威脅，才是 SWOT 真正核心的重點。利用公司的優勢來避免劣勢的影響，抓住外在環境的機會來抵抗不利的威脅，如此才是 SWOT 所能帶給企業經營時，最佳的助益，圖 6-3 繪出 SWOT 分析後的策略應用圖。

	O：機會	T：威脅
S：優勢	SO 策略 建立持續性競爭優勢	ST 策略 運用優勢來抵消外在威脅
W：劣勢	WO 策略 掌握機會，扭轉內部劣勢	WT 策略 建立防禦機制，避免競爭者攻擊

圖 6-3　SWOT 分析之策略應用圖

根據 SWOT 交叉分析之策略應用圖可以得到四個策略，分別為 SO 策略、WO 策略、ST 策略、WT 策略。其中 SO 策略是由優勢及機會所構成，代表公司內部環境與外部環境是相互契合的現象，若能有效發揮，勢必會成為核心競爭力所在，因此應該針對這樣的特點來建立起持續性的競爭優勢。ST 策略則是由優勢及威脅所組成，代表公司擁有這方面的優勢，但卻面臨到外在環境的威脅，此時應該要運用核心的優勢，適當的與外在威脅做調整，以降低可能的潛在威脅。WO 策略是由劣勢與機會所構成，這種現象乃指面臨到市場機會存在，但卻心有餘而力不足（內部劣勢）的窘境，這時應該要積極的掌握市場機會，調整內部因素的劣勢，改善內部的管理結構，進而順應市場機會。WT 策略是由劣勢及威脅所構成，這點很容易被競爭者攻擊，進而影響到公司的經營，因此當公司發現到這種情形時，應該要建立起防禦機制，預防可能的抨擊，降低不必要的傷害。

SWOT 分析的特點，就是它能強迫我們注意到弱點與所受的威脅，補強許多高階管理者在制定策略時，只看到光明面，忽略其潛在危機與缺陷的情況。透過 SWOT 的分析，不但可以分析企業目前的概況，更可以根據公司及市場的情形，規劃出企業未來的策略方向以及成功的目標，使企業在如此激烈的競爭環境中，拓展企業的競爭優勢，抵抗外在環境的威脅。

第二節 行銷管理規劃

完成公司經營使命的界定以及瞭解企業內外部環境分析之後，公司便會對於自身的關係與環境間的互動有著充分的瞭解，這樣的關係建構便會對於行銷手法應用的輪廓產生應有的想法及策略，這時候就必須開始運作行銷的核心程序。

一、行銷規劃──行銷程序

行銷核心程序主要包括三個步驟，依序為：價值選擇、建立價值以及傳送價值，如圖 6-4 所示。首先必須先選擇價值，亦即選擇符合企業經營使命以及具有優勢的可行市場區隔為目標，並塑造出符合該市場區隔的定位形象；市場區隔的選擇是決定企業未來營運方向的第一個步驟，亦是企業是否能在市場上成功的關鍵要素，由於每個市場區隔皆有其特性，若能有效的搭配市場特性及企業優勢才能夠真正使企業成功，再來要選擇定位形象塑造的方式，並瞭解如何才能吸引到目標市場區隔的顧客。如要深入瞭解有關於價值選擇的內容，請見第五章消費者行為分析與市場區隔。

當價值已選擇確定之後，接下來要去建立價值，包括產品的開發、價格制定、服務發展以及配送服務，若要瞭解建立價值的相關內容，請參考第三章行銷組合；最後則是傳送價值，透過各種傳送媒介將訊息傳送至目標顧客當中，包括：廣告促銷及公共關係等方式來吸引目標顧客的注意。

價值選擇、建立價值與傳送價值間彼此是相互連接的關係，也就是說彼此間是有相關性的，選擇何種價值對於後續的建立價值與傳送價值間是會相互影響的，選擇何種價值對於後續的價值建立以及傳送價值，都必需要跟隨著價值所選擇的特性來發展，如此才能夠建構出具有串鏈的價值體系，價值才能夠創造出來 (Lanning & Edward, 1988)。

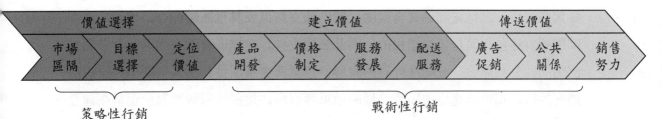

圖 6-4　行銷核心程序

　　然而，行銷程序的執行要達到有效率及效果的運作成效，必須仰賴於健全的管理機制來控制及建構。基本上，管理行銷的運作方式大致可分為四個階段，分別為規劃、組織、執行與控制，其中規劃的部分亦即為行銷程序當中所做的各種過程，規劃應選擇何種價值、建立應有的價值策略以及如何傳送價值等流程來建構出可行的方式及目標，這樣的步驟程序亦即為規劃；規劃完成之後必須要開始組織公司內部的各個資源。

二、資源整合

　　資源須組織的範圍包括行銷內部的資源、跨部門的資源以及公司外部的資源，其資源可再細分為有形資源以及無形資源，彙整如表 6-3 所示，行銷部門資源方面著重於行銷部門所具有的資源，較屬於人力及能力方面的資源，其中有形資源包含行銷人力資源、行銷資料及資訊以及行銷工具等，無形資源包括人員所擁有的行銷知識、行銷經驗以及行銷技術。

　　跨部門資源整合則著重於公司內部對於行銷策略規劃的支援程度，其中在有形資源方面包括公司人員支援、資金來源提供以及公司各部門的配合，行銷策略的執行最重要的在於是否有足夠的人力以及財力在後面支援，才能夠健全的發展既定的策略，因此除了行銷人力資源的投入之外，也常需要有其他部門的人力來提供協助；無形資源方面則是屬於公司內部其他的優勢所在，亦即能夠藉由其他的優勢來提升行銷的效果，這包括專利權、品牌商標、著作權、認證等資源，有了以上的無形資源，在行銷推廣上會更加順利及具有優勢。

　　公司外部資源整合則是著重於與其他利益團體間的互動關係，有形資源包括：

零售商支援、其他廠商的資金援助、贊助商支持以及其他團體配合，例如：環保團體認為綠色行銷是值得讚揚的，因此公開支持。在無形資源方面則包含各利益團體間的公共關係、公司在外界的聲譽、企業與企業間彼此的人情關係以及忠誠顧客的口耳相傳所產生的口碑傳播的效果等資源，這些無形資源對於企業在建立形象的過程當中，扮演重要角色，企業應該持續性的與外界人情關係建立起良好的互動，如此對於行銷推廣才能有顯著的加分效果。

表 6-3　行銷有形及無形資源整合

	有形資源	無形資源
行銷部門資源	・行銷人力資源 ・行銷資料及資訊 ・行銷工具	・行銷知識 ・行銷經驗 ・行銷技術
跨部門資源	・公司人員支援 ・資金提供 ・公司各部門的配合	・專利權 ・商　標 ・著作權
公司外部資源	・零售商支援 ・資金援助 ・贊助商支持 ・其他團體配合	・公共關係 ・公司聲譽 ・人情建立 ・口碑傳播

三、行銷執行

當資源整合之後，便可以開始針對行銷規劃所建構出來的策略來加以執行運作，然而即使有縝密的行銷規劃以及各方資源的支援，有時執行後的成效也會有不如預期的結果，主要的原因就是在於執行的過程不夠完善、執行的力量不足、半途鬆懈等，因此執行力的好壞是行銷執行過程當中的關鍵。

執行力 (Execution) 是近年來策略管理的新議題，受到全球化、產業聚合 (Industry Convergence)、電子商務、創新及成長、及客戶的變幻無常 (Fickleness) 等外力的影響，組織在策略成形的歷程中無法預測的不確定性因素日益提升，促使組織在進行每一項策略時應重視速度，避免重複，也形成新經濟時代下策略規劃的新挑戰 (Bigler, 2001)。因此，執行力成為新世紀策略管理的新典範。核心倡導者

前 Honeywell International 公司董事長 Bossidy 及 Harvard 大學商學院教授 Char-man 於 2002 年，以 "Execution: The Discipline of Getting Thing Done" 為題指出，唯執行有力，組織才有競爭力。兩位學者認為執行力是一種紀律 (Discipline)，與策略不可分割；執行力是領導人首要的工作，應成為組織文化的核心因素 (Core Element)。Bossidy & Charman (2002) 指出執行力的主要重心在於：

1. 人員流程 (People Process)

人員流程主要是和組織內部短、中、長程的階段性策略目標連結，企業必須定義出營運模式所需要的「基本必要能力」以評鑑及徵選人才，提供鑑別與培養人才的架構，建立領導人才儲備管道，決定該如何處理缺乏績效的人，將人力資源以組織績效為導向，找出關鍵性職務，派遣適當人選擔任。

2. 策略流程 (Strategy Process)

策略流程須要區分事業單位與公司層次的策略，不同的層次有不同的策略形式，而策略必須由負責執行的人來全權制定策略，如此才能發揮應有的效果以及達成目標的能力，此外應該要列出策略的具體事項，將其與人員流程及營運流程銜接起來。

3. 營運流程 (Operation Process)

營運計畫要以現實為基礎，並跟相關人員確認及討論，由團體對營運計畫的假設進行辯論，做出取捨，公開承諾，而預算編列方面則要以營運計畫為依據，而不是先編好預算，再去執行，此外亦須協調各個單位的步伐，以達成目標，提供員工接受指導的機會，最後要做後續追蹤的動作，記上備忘錄、事先規劃應變之道，並在每季進行檢討。

三個流程間的運作，彼此相輔相成，環環相扣，如圖 6-5 所示。

有良好的執行力能夠落實行銷規劃的內容,也才能夠確切的達成應有的成效，因此行銷執行力應多加以重視，以避免不必要的結果。

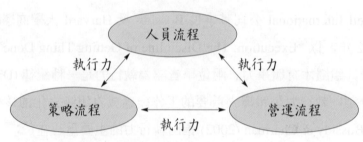

資料來源：Bossidy & Charman (2002).

圖 6-5　執行力三大流程

四、行銷控制

　　行銷執行之後，接下來就要開始作控制及評估績效的動作，行銷規劃的執行必定會有優點及缺點的產生，這時候就必須透過有效的控制程序來確保未來在執行行銷策略時能夠達到應有的成效，將執行規劃的過程中所學習到的經驗及知識加以保留儲存，將執行規劃所遇到的問題及缺失於下次運作時加以改善，這亦即為行銷控制的目的，因此行銷控制除了對於結果的檢討與改進之外，還必須要回饋 (Feedback) 到下一次行銷規劃的過程當中，避免不必要的錯誤重複發生，提升行銷規劃的效果。

　　在行銷控制評估上，成長─占有率矩陣模式以及產品／市場擴張矩陣理論是行銷規劃後，可行的評估及發展的兩個模式，前者是對於各事業單位或產品在執行完策略之後的效益評估，瞭解各事業單位或產品的執行成效，後者則是對於表現不錯的事業單位或產品提出未來可行的發展方向，以達到評估績效及發展的控制目的，兩種模式分述如下：

(一) BCG 波士頓分析模式──成長─占有率矩陣模式

　　波士頓顧問群 (Boston Consulting Group; BCG)，是由一家著名的管理顧問公司所發展的方法，簡單的說，BCG 分析模式是在衡量企業策略事業單位的表現，以市場成長率和相對市場占有率指標來評估，並將評估結果放置於矩陣，其整個 BCG 矩陣如圖 6-6 所示；BCG 的成長─占有率矩陣能夠有效的分析出各企業的

策略事業單位表現的情形，並且能與其他競爭者的策略事業單位比較，瞭解整個市場概況，以及策略事業單位的表現。

在圖 6-6 中，縱軸的市場成長率 (Market Growth Rate) 代表該事業每年的市場成長率。而橫軸表相對市場占有率 (Relative Market Share) 或毛利率，是指事業單位或產品相對於最大競爭者的市場占有率，由於是相互比較的結果，因此可以得知公司在市場上的強弱。

相對市場占有率

	高	低
市場成長率 高	明星事業	問題事業
市場成長率 低	金牛事業	狗（或稱苟延殘喘）事業

圖 6-6　BCG 分析模式

成長－占有率矩陣可分成四個方格，每一方格代表不同類型的事業：

1. 問題事業 (Question Marks)

係指公司處在高市場成長率，但低相對市場占有率的事業。公司大多數的事業在剛開始時都屬於問題事業，因為每家公司在選擇市場時，會優先選擇有潛力，市場成長率高的市場，但相對市場占有率低的市場。問題事業需要有較多的現金，因為公司要不斷增加工廠、設備和人事等方面的投資，才能跟上成長迅速的市場，甚至凌駕領導者，因此通常較為艱苦。

2. 明星事業 (Stars)

一旦問題事業成功了，則可以變成明星事業。明星事業是高成長市場上的領導者，由於正處在高市場成長率，及高相對市場占有率，因此在銷售及名聲上皆有不錯的成績，但並不表示它會給公司帶來較高利潤。公司仍須花費許多資金以

追隨市場的成長率，及應付競爭者。

3.金牛事業 (Cash Cows)

當市場的成長率下降時，而公司仍擁有較大相對市場占有率，則該明星事業將變成金牛事業；由於相對市場占有率仍處於高的，因此能為公司持續賺得許多現金故稱為金牛。由於市場成長率已減緩，故公司不須耗用現金於擴充市場，且因金牛事業是已有適度的投資在市場，因此享有規模經濟與較高的利潤加成。公司可利用金牛事業所產生的現金來支付各種費用與支持其他事業。

4.苟延殘喘事業 (Dogs)

係指公司處於成長率低之市場且相對占有率低的事業。這類型的事業利潤通常較低或甚至有虧損，若公司是處在這個位置時，必須思考是否要撤資，或者是轉型。要改善目前的情況，唯有創新思考及經營模式，才能避免這種處境。

舉個台鹽的實際案例，台鹽目前推出許多產品，包括：食用鹽、藻類產品、鹽類衍生產品、工業用鹽、美容保養品、生醫材料、科技產品及醫生物製劑等，然而每個產品所處的位置並不相同，以產品毛利率與營收成長率為縱、橫軸，進行 BCG 策略模式分析，如圖 6-7 所示。顯示公司在 2002 年並無低毛利、低成長率之「狗」類產品，營運尚屬健全。各項產品分析之後的分類如下：

(1)低成長、高毛利「金牛」類：食用鹽、工業用鹽、鹽類衍生產品及藻類產品，惟其中藻類產品占總收入比重甚低。

(2)高成長、低毛利「問題」類：感光鼓（科技產品）、微生物製劑、生醫材料以及醫生物製劑。

(3)高成長、高毛利「明星」類：美容保養品。

根據上述分析結果，從策略的角度看，公司應將營運的重心放在美容保養品，並設法提高感光鼓（科技產品）、微生物製劑及生醫材料之毛利。然因感光鼓科技事業與海水化學及生物科技較無相關，應於適當時機予以分割獨立，方符合資源之有效利用。

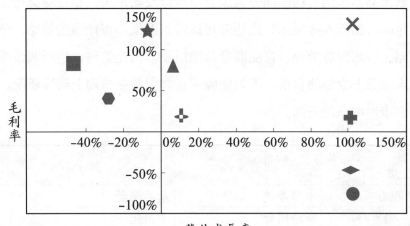

圖 6-7　台鹽 2002 年產品之 BCG 矩陣分析

BCG 矩陣分析將各事業策略單位或產品置於市場－成長占有率矩陣後，分析出哪些是較好的策略事業單位或產品，哪些是應該多加注意的策略事業單位或產品，藉以瞭解企業目前各事業單位或產品的營運概況，企業也該根據所在位置，應用可行的調整或擴張策略。

㈡安索夫 P×M 模式──產品／市場擴張矩陣理論

當企業的銷售利潤不斷上升時，企業往往會希望未來能夠繼續成長，但在市場飽和或與競爭者競爭後，市場利潤終究會有平緩或者衰退的一天，因此企業就必須思考如何能讓自己永續經營。維持利潤穩定成長的策略，利用創新的策略開發市場或產品，來開創企業的穩定成長。

安索夫 (Ansoff) 提出一個市場擴張策略架構，利用兩個構面交叉來形成一個矩陣，此兩構面分別為產品 (Product) 以及市場 (Market)；產品方面，劃分為現有

產品以及新產品，市場方面則細分為現有市場以及新市場，相互交叉形成產品／市場擴張矩陣，如圖 6-8 所示；此矩陣可以得到四個市場擴張的策略，分別為市場滲透策略、市場開發策略、產品開發策略以及多角化策略，這四個策略提供給企業在市場擴張上之協助在於，不但能瞭解企業目前在市場上開發概況，而且還能提供未來市場擴張的方向。

市　場＼產　品	現有產品	新產品
現有市場	市場滲透	產品開發
新市場	市場開發	多角化

圖 6-8　產品／市場擴張矩陣

產品／市場擴張策略

　　產品／市場擴張策略提供企業在擴張市場時，策略運用的藍圖；企業可根據目前的營運概況，以及企業的願景及目標來找出最適當的開發策略點，並加以規劃執行；市場擴張開發策略共有四個，分別說明如下：

(1)市場滲透策略

　　係指以現有產品在現有市場上，增加更積極之力量，以提高銷售量值之作法。運用此策略主要是針對企業現有的產品及市場，持續開發顧客；此策略並非維持現狀，而是利用現有的顧客及市場的資料來分析此真正忠誠的顧客，結合另一種創新的經營方式，繼續針對現有市場的各種特性來創造顧客價值，吸引其他游離的顧客，並與競爭者抗衡。

(2)市場開發策略

　　係指以現有產品在新市場上行銷，以提高銷售量值之作法。其策略運用的理由有二：第一為開發地理市場，吸收新顧客。第二為開發新市場區隔。由於原本市場的飽和，使得企業必須走向其他的市場，市場範圍不只是本國的其他市場區隔，還包括其他國家的市場，也就是朝向跨國市場來發展；由於市場開發策略能快速擴張銷售量，也促使現今國際商業交易頻繁，國與國間的商業往來也更為密切。市場開發策略最有名的例子即為康師傅方便麵進軍臺灣市場，以現有的產品

來開發臺灣的市場，擴張產品的銷售。

(3)產品開發策略

係指在現有市場中推出新產品，以提高銷售量值之作法。產品開發策略的方向有三種：第一為發展新產品特性或內容，來改變原來的產品外型或機能。第二為創造不同品質的產品。第三為增加原產品的模式及大小規格。由於產品的型式、外觀、口味等產品屬性，加以改變即可稱為產品開發策略，因此此種策略最常被企業採用。從市場面來看，由於市場的消費者需求非常多變，想法非常多元，因此，企業為了滿足消費者的需求，建立企業與消費者間的關係，往往需要有多方面的產品發展，來涵蓋消費者的需求。例如現今減肥風盛行，消費者在選購飲料時，往往會考量熱量的多寡，使得許多飲料都要強調無卡洛里，甚至連茶也是如此，推出低糖口味的選擇，滿足消費者多元的需求。此外麥當勞推出和風飯食套餐，推翻以往只賣西式速食的銷售模式，和風飯食在麥當勞是一個新的產品，為了要滿足成人的市場，而非兒童的市場，由於多數成人對於麥當勞油炸的食物較為排斥，但小孩又喜歡到麥當勞，使得家長勉為其難到店消費，而如今麥當勞利用新產品開發策略，有效結合整個市場，以達到市場需求滿足的目的，也提高銷售量額。

(4)多角化策略

係指公司開發新的產品及開發新的市場以增加市場銷售量。多角化的選擇可以有效的擴散市場風險，並增加市場的廣度。例如久津企業，以波蜜果菜汁來主打果菜汁飲料市場，但還開發另一個完全不相干的市場——網路相關設備市場，這讓久津企業達到多角化經營的境界，也增加市場的廣度。

第三節　行銷企劃

想要將行銷策略加以落實時，都必須要將策略訴諸成書面文字，亦即行銷策略要轉換為行銷執行方案時，必須要寫行銷企劃案來讓上級長官、團隊、員工瞭解行銷方案的內容，然而要寫一個好的行銷企劃必須要考量許多要素，否則容易受到他人對於行銷方案可行性的質疑。

Kotler (1998) 指出一個行銷企劃案所須涵蓋的範圍內容包括：

⑴執行摘要與內容目錄：行銷計畫要將計畫的主要目標與建議，以精簡的摘要作為開始。執行摘要可讓高階管理當局迅速地掌握計畫的重點，在執行摘要之後，應有一份全部計畫的內容目錄。

⑵目前的行銷情勢：此部分說明銷售、成本、利潤、市場、競爭者、配銷及總體環境的相關背景資料，這些資料大多可從產品經理所保有的產品商情記錄中獲得。

⑶機會與問題分析：在彙總目前的行銷情勢後，產品經理便要確認產品線所面臨的主要機會、威脅、優勢與劣勢等問題。

⑷目標：一旦產品經理彙總分析問題之後，必須決定計畫的財務與行銷目標。

⑸行銷策略：在擬定行銷策略時，產品經理必須知會採購與製造人員，以確保他們會採購足夠的材料與製造足夠數量的產品，如此才能符合目標銷售量水準。產品經理亦需知會銷售經理，以獲得銷售團隊的充分支援，並知會財務人員以獲得充足的廣告與促銷資金。

⑹行銷方案：行銷計畫必須能具體地說明達成企業目標的行銷方案，每一項行銷策略要素皆要能夠詳細地回答以下的問題：做什麼 (What)？何時做 (When)？誰來做 (Who)？成本多少 (How much will it cost)？

⑺預估損益表：行銷計畫可讓產品經理建立支持該計畫的預算，在收益方面，此預算指出銷售量的預測值，並以單位與平均價格表示，在費用方面，它指出生產、實體配銷及行銷等項目的成本，並以細目詳述之。收益與銷售二者之間的差額即為預估的利潤，一旦通過審核，該預算便可作為物料採購、生產進度、員工僱用及行銷作業等計畫與進度表的制定基礎。

除了以上各點之外，行政院開發基金管理委員會 (2003) 在評斷創業者的營運計畫書時，亦考量以下的各個因素：

1.產業定位、結構、特性、關聯性趨勢

⑴產業簡介

I.世界市場及國內市場現有或潛在市場需求。

Ⅱ.現有或潛在市場是否有地域性，法律性之特殊限制。

Ⅲ.現有或潛在競爭者市場供給能力及占有概況。

⑵對國內產業發展之關聯性

說明本計畫所生產產品或服務對國內產業之重要性及關聯性，及對可替代進口值、增加出口值及對相關產業之影響（如對上、下游產業產量、產值之帶動貢獻等）。並繪如下產業關聯圖（圖6-9）以方便瞭解。

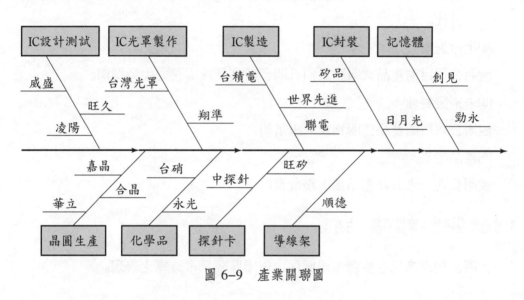

圖6-9　產業關聯圖

2.產品定位、規格、用途、生命週期、未來發展性及產品計畫

⑴產品定位

包含以下要點：

　Ⅰ.本計畫生產或服務之產品。

　Ⅱ.產品技術與國內現有技術及世界技術之比較（過去、現況及未來發展趨勢，並配合技術領先指標圖說明）。

⑵產品規格

　說明貴公司產品之

　Ⅰ.功能規格：工程規格及商品化規格。

　Ⅱ.細部技術規格。

　　　Ⅲ.如為通訊產品、航太產品、醫療器材或藥品等、或其他需認證產品，說明認證方式與證明之取得。

　(3)產品用途

　說明公司產品或服務之

　　　Ⅰ.產品或服務用途。

　　　Ⅱ.此產品或服務可能替代哪些產品或服務，及未來可能被哪些產品或服務替代。

　(4)生命週期

　說明公司目前產品或服務及預計開發新產品或服務之生命週期。

　(5)未來發展性

　說明公司目前產品或服務及未來前景。

　(6)產品計畫

　說明公司未來五年產品或服務計畫。

3.整個市場評估、市場區隔、占有率

　　說明公司之產品在整個市場評估，市場區隔及占有率之表現。

4.各產品或服務之目標市場及預計之占有率

　(1)過去三年

表6-4　過去三年的產量、銷售額與市場占有率

單位：新臺幣千元

公司主要產品項目	年			年			年		
	產量	銷售額	市場占有率	產量	銷售額	市場占有率	產量	銷售額	市場占有率
合　　計									
年營業額 (A)									

⑵未來三年

在未來三年的各產品或服務之目標市場、占有率的預估方面，同樣的運用表
6-4 來呈現。

5.行銷策略

⑴產品策略

包括未來擬發展出之產品說明。

⑵通路策略：包括主要客戶說明（含潛在之重要客戶），及行銷管道。

表 6-5　未來與目前主要銷售據點及分布

地　區	銷售量比例 (%)
合　計	

表 6-6　未來和目前主要銷售客戶

客戶類別	客戶類別比例 (%)
合　計	

⑶價格策略：包括售價、成本、毛利率、淨利率分析。

⑷推廣策略

包括平面及立體媒體的運用計畫。

6.競爭力分析

⑴國內外現有主要競爭者產品分析

表 6-7　國內外現有主要競爭者產品分析

主要產品	本公司	A 公司	B 公司	C 公司
1.				
2.				
3.				
4.				
5.				

(2)競爭優勢分析

表 6-8　競爭優勢表

公司名稱 項　目	本公司	A 公司	B 公司	C 公司	D 公司
1.價　格					
2.產品上市時間					
3.市場占有率 (%)					
4.市場區隔					
5.行銷管道					
6.技術優勢					
7.關鍵零組件之掌握					
8.品質優勢					
9.其他優勢					

(3) SWOT 分析

7.風險分析

(1)主要風險及因應措施。

(2)可能替代產品之技術說明及因應對策。

(3)開發產品因政治、環境、貿易、智慧財產權等因素，遭國內外政府干預之可能性分析及因應對策。

8.敏感性分析

本計畫案財務效益敏感度分析（請自行假設不同狀況）。

表 6-9 財務效益敏感度分析

項　目	息後稅後		
假設 條件狀況	現值報酬率 (IRR)%	投資回收年限（年） （自民國×年起）	淨現值 (NPV) （百萬元）
基本預估			
狀況 1			
狀況 2			
狀況 3			

註：假設狀況可視需要依營運收入（或價格）、成本變動等做不同狀況分析。

9.經濟效益

(1)本案可能產生之經濟效益。

(2)本案可能產生之非經濟效益。

然而，在撰寫企劃書時，必定會忽略許多細節因素，以下列出 60 個問題來檢核是否有達到應有的行銷企劃書內容（劉一賜，2000）。

(一)公司簡介 (Company Description)

(1)貴公司所有權：獨資？合夥？股權分配現況？是否具備相關經營執照？

(2)貴公司所屬之行業別：生產製造？貿易銷售？客戶服務？

(3)貴公司的公司型態：新開張的獨立事業？取得他人經營權？原有公司擴大經營？其他公司的授權代理商？

(4)貴公司提供何種產品或服務？

(5)貴公司為何可以獲利？業務成長機會與挑戰？

(6)貴公司營業時間為何（每週幾天、每天幾小時）？

(7)貴公司是否從內部管理（組織人事、生產銷售）或外界資源（貿易夥伴、銀行、授權代理商、媒體刊物）學習到經營相關的知識？

㈡產品／服務 (Product /Service)

⑻貴公司主要生產何種產品或提供哪些服務？需要哪些設備？

⑼貴公司產品或服務是否已有（或打算取得）某種專利？

⑽貴公司哪些產品或服務廣受市場歡迎？

⑾貴公司產品或服務對客戶有何好處？

⑿貴公司如何防止潛在進入者以較低的價格提供類似的產品或服務？

⒀貴公司產品或服務跟市場上其他類似產品或服務有何不同？

㈢業務行銷計畫 (Marketing Plan)

1.市場分析 (Market Analysis)

⒁貴公司所在行業的產業特性與趨勢？

⒂知名研究調查公司是否有關於貴公司類似的產品或服務的研究報告？

⒃現金增資是否曾經進行顧客行為模式調查？

⒄貴公司如何提高產業進入障礙 (Entry Barriers)？

2.競爭態勢分析 (Competition Analysis)

⒅貴公司的直接競爭者有哪些？

⒆貴公司的間接競爭者有哪些？

⒇競爭者的經營現況為何？穩定？成長或衰退？

㉑競爭者的經營現況與廣告行銷手法有何值得借鑑之處？

㉒貴公司是否瞭解這些競爭者的強勢與弱勢，並進行分析？

㉓這些競爭者的產品或服務與貴公司有何不同？

3.行銷策略 (Marketing Strategies)

㉔貴公司計畫採取哪些步驟以確保潛在客戶瞭解貴公司產品或服務，並且樂
於使用？

(25)貴公司的客戶是誰？目標市場何在？

(26)貴公司的目標市場現況：穩定？成長或衰退？

(27)貴公司市場占有率現況：穩定？成長或衰退？

(28)如果經營授權代理業務，貴公司的市場區隔為何？

(29)貴公司的目標市場是否夠大，可以容納貴公司擴張？

(30)貴公司如何取得、維持、增加市場占有率？如果經營授權代理業務，總公司是否提供協助？貴公司如何在授權總公司整體市場策略下推廣業務？

(31)貴公司在市場上採用何種價格策略？

4.廣告與公關 (Advertising and Public Relations)

(32)貴公司希望在消費者心中建立的形象為何？

(33)貴公司廣告訴求為何？

(34)貴公司廣告訴求與市場定位是否吻合？

(35)貴公司計畫使用何種媒體接觸潛在客戶？為什麼？

5.財務計畫 (Financing Plan)

(36)貴公司手邊現有多少資金？

(37)貴公司需要多少資金才能取得產品授權？

(38)貴公司需要多少資金才能開張營業？

(39)貴公司需要多少資金才能持續營運？

(40)貴公司希望資金分幾個階段投入？貴公司準備如何使用這些資金？

(41)貴公司需要投資多少資金購買固定資產？生財設備？

(42)貴公司每個月的收入預估？

(43)貴公司每個月的固定支出？變動支出？

(44)貴公司估計的損益平衡？

(45)為什麼投資人的資金將協助公司獲利？

(46)貴公司未來一至三年的銷售目標與利潤目標？如果經營授權代理業務，總公司所設定的銷售目標與利潤目標為何？

(47)貴公司的開辦預算、營運預算、現金流量、銀行貸款等財務預估?

(48)貴公司所使用的會計帳務系統?

(49)貴公司所使用的庫存管理系統?

(四)經營管理 (Management)

(50)經營團隊的背景與經歷對公司營運有何幫助?

(51)經營團隊有哪些弱勢?　貴公司如何彌補?

(52)經營團隊包括哪些人?

(53)經營團隊的優缺點為何?

(54)經營團隊的職責分別是?

(55)經營團隊的職責是否明確定義?

(56)如果經營授權代理業務,貴公司希望總公司提供哪些管理方面的協助?　是一次性的協助還是持續性的協助?

(57)貴公司現階段需要哪些人才?

(58)貴公司有哪些聘僱及培訓計畫?

(59)貴公司的薪資福利制度?　如果經營授權代理業務,總公司是否有統一的薪資福利辦法?

(60)貴公司現階段所能提供的員工福利為何?

第四節　結　論

　　行銷策略與規劃是公司在運作時的重要評估動作,在衡量行銷策略時,必須要透過 SWOT 分析來考量公司的資源技術以及外在環境的適配情形,透過策略性的創造優勢以及技巧性的防禦威脅來使公司避免不必要的損失,並進而獲得利益,這即為評估內外在環境的好處。其次亦即要進入到價值創造的過程,利用市場區隔、目標選擇以及產品定位的程序來建立公司產品或服務的形象與價值,再運用行銷 4P 來將產品之特性傳送給消費者知道,藉以獲得消費者的肯定與認同,整個運作的過程亦即為行銷策略與規劃的程序,但這樣的程序僅是規劃而已,並沒有

持續性改善的效果，因此還需要進一步去管理行銷程序。

　　行銷程序必須要仰賴各有形及無形資源的組織，如此才能順利進行推動；有了資源之後便須要有執行者來對於行銷規劃的內容加以推動，此時執行力便成為重要的關鍵，這時必須考量策略流程、人員流程以及營運流程的相互作用，並建立具有執行力的運作方式。最後則要對於行銷執行後的結果做控制的動作，可藉由BCG策略矩陣以及安索夫的產品─市場擴張矩陣來做進一步的策略應用及考量。

　　有系統的規劃行銷企劃案，對於公司在執行行銷策略時會更有幫助，因此在撰寫行銷企劃案時，應該要注意此行銷企劃案的可行性，透過產業分析、產品評估、財務預測、風險考量、4P策略等來加以衡量，以確保行銷企劃案是確實能夠具有獲利潛力的。

1. 公司經營使命應考量哪些要素？
2. 請自我評估你自己的 SWOT 情勢。
4. 何謂 BCG 策略矩陣與安索夫產品─市場擴張矩陣？有何策略上的意義？兩者應該如何配合應用？
5. 試著想出一個行銷的點子，並寫出一份行銷企劃書。

1. 行政院開發基金管理委員會：http://www.df.gov.tw/investment_4.htm (2003/12/15).
2. 統一公司企業網站：http://www.uni−president.com.tw/amain3.htm (2003/12/20).
3. 張帆、鍾皓、錢華合譯 (1997)，Orville C. Walker, Harper W. Boyed & Jean-Claude Larreche 著，《行銷策略》，五南文化。
4. 劉一賜 (2000)，〈60 個問題寫好經營計畫書〉，《創業創新育成雜誌》，12 月。
5. 鄭寶清 (2003)，〈公營事業執行力之探討──以台鹽為例〉，《2003 年提昇臺灣執行力

學術研討會論文集》。

6. Bigler, W. R. (2001), "The New Science of Strategy Execution: How Incomes Become Fast, Sleek Wealth Creators," *Strategy & Leadership*, 29 (3), pp. 29-34.

7. Bossidy, L., and R. Charman (2002), *Execution: The Discipline of Getting Thing Done*, New York: Crown Publishing.

8. Drucker, Peter (1973), *Management: Tasks, Responsibilities and Practices*, New York: Harper & Row.

9. Lanning, Michael J., and Edward G. Michaels (1988), "A Business Is a Value Delivery System," *Mckinsey Staff* Paper, No. 41, June.

10. Kotler, Philip (1998), *Marketing Management*, New Jersey: Prentice Hall.

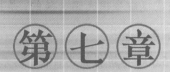

第七章

行銷研究

學習目標

1. 瞭解行銷研究意義與範圍

2. 瞭解行銷研究如何規劃

3. 瞭解如何進行資料蒐集及市場調查

4. 瞭解如何分析資料與撰寫研究報告

▶ **實務案例** ///////

　　2001 年喝掉 7.4 億公升、營業額達 130 億元的茶飲料市場上，異軍突起一個專為小職員代言的茶飲料品牌，將小職員心裡話拿到電視廣告裡大鳴大放的，是推出才 1 年有餘，就迅速成為台灣第三大包裝茶品牌的「茶裏王」。

　　茶裏王 2001 年 4 月中推出時，原本只以 5,000 萬銷售額為目標，結果年底卻以 2.5 億，高出原目標五倍的驚喜收場。2002 年茶裏王預訂向 7 億元的目標挑戰，結果才到 8 月底，就幾乎達成年度目標，而其成功的原因，都要歸功於完善的行銷研究帶動了成功的行銷策略。

　　在茶裏王上市前，經過研究，在臺灣，以青少年為目標客群的飲料很多，但沒有一種茶品是針對上班族設計的。而鎖定上班族市場，則是因為針對茶飲料口味做過消長的研究，市場資料顯示，臺灣的茶飲料市場，綠茶市占率從 2000 年的 15% 增加為 2001 年的 24%，一向占最大宗的奶茶，則從 2000 年的 33% 跌至 2001 年的 25%。「綠茶是成長中的類別，而且大家各據山頭，沒有真正的大品牌，機會很大」，所以茶裏王一開始就鎖定無糖、低糖的健康綠茶。

　　另外，由於上班族較有健康意識，能接受「無糖」與「低糖」的訴求，於是茶裏王兩款開路產品就此底定，無糖的「日式綠茶」與低糖的「臺灣綠茶」。剛好維他露也在 2001 年 4 月推出「御茶園」日式綠茶，兩相激盪下，無糖綠茶遂成為 2001 年飲料市場最熱門的產品。2002 年，綠茶已一舉超越奶茶，成為茶飲料龍頭，而且仍繼續成長。

　　茶裏王初期的行銷動作是不按牌理出牌的，為了打入 7-Eleven 以外的便利超商通路，首先得讓產品在市場上熱賣。據估計，全臺每天有二十五萬人以上購買便利商店的便當，粗估 7-Eleven 的客群至少有十三萬人上下，若搭配以上班族為主力的御便當，等於有最精準的試飲樣本，而原本預計送出的一萬箱（二十四萬瓶）提早告罄，7-Eleven 又自掏腰包買了一萬箱，活動結束時總共送出四十八萬瓶。

　　此一活動的熱烈反應，讓原本不甚屬意茶裏王的其他超商改觀，因此 2001 年 6 月 1 日，茶裏王終於正式踏進 7-Eleven 以外的通路。在茶裏王的消費群中，有六至七成的上班族，也準確抓到原先規劃的目標客群，而統一成功地開發出這塊全新的市場，即便 2001 年共有一百四十三種茶飲料問市，百家爭鳴，但從銷售 25 億元的麥香、15 億

元的純喫茶到 10 億元的茶裏王，市場老大依然非統一莫屬，成為飲料業者最大的贏家。

資料來源：《數位時代雙週刊》，第 44 期，http://www.bnext.com.tw/

第一節　行銷研究意義與範圍

　　為了要瞭解市場、顧客、競爭者、上下游業者等，企業必須持續不斷地進行行銷研究，而行銷管理者必須對行銷研究有充分的瞭解，才能以合理的成本獲得適當的資訊，行銷管理者若對行銷研究的認知不足，可能會蒐集到許多不適用的資料，或導致行銷研究之成本過高，甚至誤判市場的局勢。由於行銷決策有賴各種行銷資訊源源不斷的供應，而行銷研究的任務即在提供正確的行銷資訊，以增進行銷的效能和效率。本節即從行銷研究的基本面探討行銷研究的意義及行銷研究的範圍。

一、行銷研究的意義

　　行銷研究是由英文 Marketing Research 翻譯而來，簡稱為 MR。不過即使是現在，國內學者對於 Marketing Research 這個名詞，仍然有多種不同的譯名，包括市場調查、市場研究、市場營運研究、市場營運調查研究、市場經營研究等（黃深勳，1987）。不過由於 Marketing 這個名詞近來有漸統一譯成「行銷」的趨勢，因此認為似可將 Marketing Research 統一譯成「行銷研究」。行銷研究是為了解決行銷問題，協助行銷主管做好行銷規劃、執行和控制工作的一種研究活動；對於行銷研究的定義，學者有多種不同的解釋：

　　美國行銷協會 (American Marketing Association; AMA) 所給的定義是「行銷研究是透過資訊把消費者、顧客和大眾與行銷人員連結起來的功能──資訊是用來確認界定行銷機會與問題；產生、改進和評估行銷行動；監聽行銷績效；並增進對行銷過程的瞭解。行銷研究詳述處理這些議題所需的資訊；設計蒐集資訊的方法；管理和執行資料蒐集過程；分析結果；以及溝通研究發現它們的含義。」(Bennet, 1998)。Kinnear & Taylor (1996) 也將「行銷研究」界定為「以有系統的和客觀的方

法，發展和提供行銷管理決策過程所需的資訊」；Kotler (1994) 所認定的「行銷研究」為「有系統的設計、蒐集、分析和報導與公司所面臨的某一個特定行銷情勢有關的資料和發現」。

根據參考相關的定義後，我們將「行銷研究」界定為：

「為了作出相關的行銷決策，用科學方法有系統地去設計、蒐集和分析資料，並且將分析結果透過良好的溝通表現出來，以解決行銷管理所面臨的問題。」

從上面的定義也可知道，行銷研究應該具備幾個特性：

(1)行銷研究應該用科學的方法，進行應符合科學的精神和原則，有系統地去設計、蒐集和分析資訊。

(2)行銷研究本身不是目的，而是一種方法，其任務是在提供有關的行銷資訊，協助主管制定合理的行銷管理決策。

(3)需有良好的溝通來表達分析結果，使讀者或執行者知道應該怎麼做，也就是明確寫出可行的方案。

二、行銷研究的範圍

行銷研究的範圍甚廣，凡有關購買者行為或行銷活動的任何問題，進行系統性的資料蒐集、整理和分析，即屬於行銷研究活動，並無任何特定的限制。基本上，所有的行銷研究之所以被執行，主要是想要更深入瞭解市場，去發現為何策略會失敗，或去減少做決策時不確定的因素，所有有關於這類型的研究，我們統稱為應用研究 (Applied Research)，例如：便利商店中冷凍食品的價格是否應該提高 10 元？哪一種商標會給顧客較深刻的印象，是 A 還是 B？另一方面，基本研究 (Basic or Pure Research) 則是去擴展知識的領域，它並非要去解決某個特定的問題，只是進一步地確認現存的理論，或去學習更多的觀念或現象，例如：基本研究可以在消費者資訊處理上作假設檢定，長期而言，它可以幫助我們瞭解我們所存在的世界，而一般常見的行銷研究活動，根據黃深勳 (1987) 引述日本拓殖大學西村林教授的論點，將行銷研究分成產品研究、市場研究、銷售市場及價格研究等四大類，而除了這四類研究外，李育哲、楊博文及張朝旭 (1998) 將行銷研究的

範圍延伸到購買行為研究、廣告及促銷研究、銷售預測及產業及市場特性研究,
而上述八類的行銷研究具體內容分述如下:

1. 產品研究

產品研究主要針對有關產品的各種因素進行研究,而主要研究項目包括:

(1)產品計畫;

(2)新產品試銷;

(3)競爭地位及競爭產品的比較研究;

(4)原有產品新用途研究;

(5)消費者偏好研究;

(6)包裝研究;

(7)商標、標籤研究;

(8)產品線研究等。

2. 市場研究

市場研究是針對市場的狀態進行分析,而主要研究項目包括:

(1)市場規模分析;

(2)市場占有率研究;

(3)市場特性分析;

(4)消費者市場分析;

(5)地域市場分析;

(6)市場構造分析;

(7)市場潛力分析;

(8)市場競爭狀況分析。

3. 銷售市場研究

銷售市場研究是研究公司的全盤行銷活動,而主要研究項目包括:

(1)地區需要分析;

(2)銷售方式研究；

(3)銷售政策研究；

(4)推銷員績效測定；

(5)銷售預測；

(6)設定銷售分配；

(7)推銷員報酬研究；

(8)銷售地區研究；

(9)廣告研究；

(10)促銷研究；

(11)通路研究；

(12)存貨稽查等。

4.價格研究

價格研究主要的研究項目包括：

(1)地區需要分析；

(2)銷售方式研究；

(3)價格變更研究；

(4)批發商或零售商利益研究；

(5)成本／利潤分析等。

5.購買行為研究

購買行為研究主要研究購買者的購買動機及行為，分析購買者何以喜好某種品牌或通路等原因，而詳細的消費者行為內容，可參照第五章消費者行為分析與市場區隔之內容。

6.廣告及促銷研究

廣告及促銷研究是用來檢討及評估廣告或促銷活動的效果，促銷活動的研究主要分析對消費者促銷的效果或對經銷商促銷的效果衡量，而廣告研究則分析廣

告的訴求、媒體選擇及測定廣告效果等。

7.銷售預測

　　銷售預測是行銷研究的重點之一，因為銷售預測的結果，通常會影響行銷活動的決策，而銷售預測包括對銷售量及各種商情的短期及長期預測。

8.產業及市場特性研究

　　產業及市場特性研究主要研究市場或產業的變化或趨勢，而此類行銷研究通常可作為其他行銷研究的參考。

第二節　行銷研究規劃

　　行銷研究乃以系統化、客觀地蒐集、分析及評估行銷特定的問題，其目的則是協助經理人訂定有效的管理決策。現在企業複雜的決策過程必須掌握不同市場的可靠資訊，管理人員的經驗與判斷固然是決策過程中的重要決定因素，有系統的行銷研究規劃更是客觀的資訊來源，更可以有效地增強決策的可信度。而要有系統化、客觀地蒐集、分析及評估行銷特定的問題，可藉由完整的行銷研究規劃來完成，因此本節即探討行銷研究規劃的步驟及探討研究計畫書的內容。

一、行銷研究規劃的步驟

　　科學的行銷研究應該包括哪些程序，研究人員彼此間的意見雖然不盡相同，但基本上似乎大同小異。一般而言，行銷研究的程序，大致包括以下六個步驟：

　　⑴界定問題；

　　⑵決定研究設計類型；

　　⑶決定資料蒐集方法；

　　⑷設計抽樣過程；

　　⑸蒐集與分析資料；

⑹提出研究報告。

㈠界定問題

　　研究過程主要由確認行銷的問題或機會開始執行，當一個公司的外在環境改變時，行銷經理會面對一些問題，例如：「我們應該要改變目前的行銷策略嗎？」如果需要，那「應該怎麼做？」首先應先進行情勢分析 (Situation Analysis)，一方面蒐集和分析組織內部的紀錄以及各種有關的次級資料 (Secondary Data)，一方面訪問組織內外對有關問題有豐富知識和經驗的人士（黃俊英，1996）。而行銷研究也可用於評估產品、通路、分配或定價選擇上的方法，目的是要去創造一個新的市場機會。McDaniel & Gates (2001) 曾經提及在 *Business Week* 中曾提及一例子：自從 1990 年代開始在美國超過三千萬的嬰兒出生，這是自嬰兒潮後最大的一群世代，較令人印象深刻的倒不是這個人口數據有多大，而是他們的消費能力，因為當他們年紀夠大，他們便可以決定自己的消費行為，伴隨著零用錢、獎金或禮物，十四歲以下的小朋友每年約可直接帶來 20 億的商機，而透過這種購買風潮的影響，更可創造市場中 2,000 億的收入。

　　當市場資訊被誤解或沒有經過系統性的闡述時，很多的時間、金錢、精力就會被浪費，以下有一些活動可以幫助經理人確實瞭解問題 (McDaniel & Gates, 2001)：

　　⑴討論哪一些資訊可以被使用、哪些決策可以當作結論，詳細的運用例子列出來。

　　⑵試圖在問題中設定什麼是最重要的事，這可以藉由客戶或管理者幫助釐清中心主題。

　　⑶運用不同的形式再次表達這個問題，並且討論差異性。

　　⑷產生樣本資料後檢視是否可以幫助解決這個問題，並模擬決策過程。

㈡決定研究設計類型

　　研究設計的目的是接著研究目標或假設，設計出一套計畫來回答行銷的問題。根據研究的基本目的，一般可將研究設計分為兩大類型，即探討性研究和結論性

研究。探討性研究的主要目的是在發掘初步的見解，並提供進一步研究的空間；結論性研究的主要目的在幫助決策者選擇合適的行動方案（黃俊英，1996）。沒有所謂最好的研究設計，每個研究設計會同時存在著優點與缺點，於是設計時都需要做一些取捨，最常見的就是研究成本與作決策時的資訊品質，也就是說當你想獲得越精確的資訊，相對的成本也越高。

㈢決定資料蒐集方法

　　行銷研究的第三個步驟是選擇初級資料的方法和設計蒐集資料的工具，蒐集初級資料的方法主要有訪問法、觀察法及實驗法。

1.訪問法

　　訪問法是訪問員透過面對面、電話或郵寄問卷等接觸後，得到有關受訪者的社會經濟背景、態度、意見、動機及外在行為；問卷可以提供往後在整理資料時，當作一個具有步驟或架構性的工具，而面對面的訪談可以發生在受訪者的家中、購物商場或任何一個商業性的場所 (McDaniel & Gates, 2001)。

　　訪問法也可以分為個人訪問法 (Personal Interview) 與集體訪問法 (Group Interview)，前者即所謂的一對一訪問，指訪員每次只單獨接觸一位受訪者，此法使用機會最為普遍，如一般的民意測驗 (Public Opinion Survey) 及市場審查 (Market Survey)；後者是指將樣本集合在一個地方，分別發給問卷，統一說明問卷做答的方式，使在一定時間內，同時完成多數的調查（黃深勳，1987）。不過各種訪問方式優劣互見，各有其適用場合，各有其缺點，在選擇時應就成本、時間、訪問對象、調查時可能發生的偏誤、問題的性質等因素加以比較。

2.觀察法

　　顧名思義，觀察法就是由訪員實際觀察，但不直接接觸受訪對象。通常工業用品如機器使用狀況調查等，利用觀察法的機會較多，不過一般商店顧客流動量、道路汽車流動量，以及利用單面玻璃觀察特定刊物閱讀情形等，也常使用觀察法。觀察法的長處是所需經費不多，而且實際觀察，具有「百聞不如一見」之效，唯

觀察法究竟止於表面，無法深入探測問題，因此常被視為輔助性的調查，屬於探索性研究之一種（黃深勳，1987）。

3.實驗法

訪問法和觀察法因未控制受訪者或被觀察者的行為及環境因素，因此無法證實各變數間的因果關係，而實驗法則對行為及環境加以控制，故可易於瞭解各變數間的因果關係。舉例來說，我們可以將市場分成實驗群 (Test Group) 及控制群 (Control Group)，實驗群和控制群的人口構成、地區面積、購買力、生活習慣、生活水準、氣候等要相近，然後在實驗群中施以某一行銷活動，而控制群則保持原有的做法，經過一段時間後，兩相比較，藉以瞭解行銷活動的效果（黃深勳，1987）。

當我們決定了蒐集資料的方法後，接著應設計蒐集資料所需的各種工具。假設決定利用訪問法來蒐集初級資料，應設計問卷 (Questionnaire)；如欲利用觀察法，應設計記錄觀察結果的登記表或紀錄表；如決定採用實驗法，則應設計進行實驗時所需的各種道具。

(四)設計抽樣過程

根據調查的範圍，採用市場區隔化的理論決定某一個地區需要哪些調查對象，這就是抽樣的意義所在，而行銷研究的第四個步驟是設計抽樣過程，研究人員應根據研究目的確定研究的母體 (Population)，明定抽樣架構 (Sampling Frame)，然後決定樣本 (Sample) 的性質、大小及抽樣方法。至於要採取何種抽樣方式，就要看實際的需要，及誤差率的大小，換言之，要考慮實行上的簡便及正確性，抽樣的方法大致可以分為機率抽樣及非機率抽樣兩種，詳細內容已另闢後面單元來說明。

(五)蒐集與分析資料

大部分的資料蒐集是由專門執行市場研究的公司所提供，也就是我們可以透過轉包契約的方式，由專業的公司提供我們整個城市中個人或電話訪談的資料，在國外正式的資料蒐集過程中，通常行銷研究公司主管還會再與 15% 的人聯繫，來確定受訪者真正有被訪問 (McDaniel & Gates, 2001)，這是當研究計畫有能力支

付的情況而言，不過假如需要自行蒐集初級資料，則應對訪問員、觀察員或實驗員的選擇、訓練及監督特別重視，即使研究計畫如何周詳，在實地蒐集資料時，往往會發生一些預料不到的問題，因此需與人員保持密切的聯繫（黃俊英，1996）。

在所有的資料都已經蒐集完成後，接著就是分析資料，分析資料主要的目的是要從一堆雜亂的資料中，整理或歸納出結論，研究人員應能夠證實樣本的有效性或可靠性，方能增加行銷主管對研究結果的信心。證實樣本有效性的方法有好幾種，如利用隨機抽樣 (Random Sampling)，可估計樣本本身的統計誤差，若採用配額抽樣 (Quota Sampling) 方法，應先決定樣本是不是夠大，然後和其他來源相對照，以查看樣本的代表性。最後就是將蒐集的資料以最易懂最有用的方式表列出來，同時利用統計方法分析資料，並解釋結果（黃俊英，1996）。

㈥提出研究報告

最後在研究結果中，提出有關解決行銷問題的建議或結論。這個彙整的工作，主要是將統計結果，輔以二手資料進行分析，並將結果圖表化，使之一目了然，繕寫書面報告除了考慮措辭外，也要顧及報告書的格式，一般報告書的內容如下：封面（含研究題目、日期、作者等）、調查目的、調查方法、調查對象、抽樣方法、樣本數、回收率、調查結果、結論，及建議事項等，並須附上輔助資料及空白問卷，儘管整個調查過程做到完美無缺，如果沒有詳實的分析及具體的結論，調查活動仍然沒有意義（黃深勳，1987）。

綜合上述步驟，我們可以將行銷研究的目的以簡略的圖形來表示，詳見圖 7-1，任何一個研究，都是為了達到目的而執行，而我們也可以由兩方面齊頭並進；其一是在有限的預算條件下，以期達到最大的目標，其二是在某一目標下，以求預算金額之最小消耗（樊志育，1976）。

二、研究計畫書

要做任何行銷研究之前應該要提出研究計畫書，目的在於勾勒出屆時研究的主題、方向、內容、方法、人員、成本、擬解決問題等資訊，提供給企業決策者

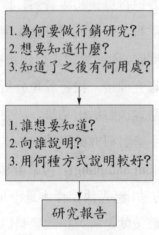

圖 7-1　行銷研究目的

來對於此研究計畫的可行性做評估，尤其是對於執行上的效益做進一步的考量及確認，並且透過審核的程序機制來讓企業間的各個單位瞭解目前企業正要籌措的研究計畫之目標及內容。一般正式的研究計畫書包含了十六種基本的內容，這些組成的內容，可以依研究之種類與特殊需求而加以增減修正，這十六種內容包括：

(1)執行摘要；

(2)問題描述；

(3)研究目的；

(4)文獻探討；

(5)研究的重要性及其價值；

(6)研究設計；

(7)資料分析；

(8)預期研究成果與格式；

(9)研究者之資格；

(10)預算；

(11)進度；

(12)設備與特殊資源；

(13)專案管理計畫；

(14)參考書目；

(15)附錄；

(16)測量工具介紹（古永嘉譯，1996）。

而歸納其重點，研究計畫書的重點在於能夠明確的點出可解決的問題及預期的效益，因此，研究計畫書格式的關鍵資訊，包括以下的事項：

(1)研究主題。

(2)研究的動機與目的：說明研究此主題之主要原因，並且探討如此的研究之主要目的為何。

(3)擬解決問題：說明如此的行銷研究可以為企業解決何種的問題。

(4)研究方法：應用何種方法來分析探討此研究主題。

(5)預期的效益：預期此研究計畫完全執行後將可以為企業帶來何種效益。

(6)預算評估：對於此研究所需之費用做評估，以作為經費的考量。

(7)設立時間里程碑 (Milestone) 檢核：評估此研究所需時間，並且建立里程碑來評核進度，例如：研究計畫預計一年完成，里程盃可以設為四個季，在每個季皆有季報告。

(8)所需人力評估：針對研究報告所須支援的人力做評估，尤其是對於跨部的人員更須要考量到。

第三節　資料蒐集與市場調查

行銷研究的重點是在所蒐集的資料及問卷的設計，而一個不好的問卷可能會讓受訪者覺得錯亂，也會使得整個研究的主題迷失方向，因此在問卷的發展中需要有哪些步驟，如何決定訪問的型態，我們將在以下探討。

一、資料的蒐集與分析的必要性

如果把企業看成是一個系統的話，那麼，企業就是一個和外界有密切關係的開放式系統，也就是說，企業一方面受到來自於外界的影響，另一方面也採取一些活動與外界溝通。而這些與外界的溝通活動，通常就是行銷活動，然而對於這

些行銷活動而言，資料的蒐集與分析的必要性大概可從以下三點說明之（張希誠，1997）：

1.市場資料不易取得

市場資料的一大特點就是資料不易取得。企業內部的情報由於可就近取得，不必經過什麼特別的努力，而且要取得各部門的合作，提供資訊也很容易。不過，市場的資料如果不特別用心地蒐集，就不容易獲得。即使偶然地獲得了某些資料，也往往是不完全，甚至會有偏差的資料，因此，情報必需以有組織的方式去努力取得。

2.市場變化快速

由於市場變化的速度快，尤其是最近大眾傳播、交通及通訊等的發達，使得市場變化有加快的傾向。在短短的兩三個星期之內，市場狀況出現一百八十度轉變的情形，已經是屢見不鮮。因此，一度蒐集過的資料，並不能長期地作為判斷市場的根據，必需隨時不斷地蒐集最新的資料，以察覺市場變化的方向。

3.行銷活動成敗受市場影響力大

企業行銷活動的成敗，受到市場的影響力很大，而且市場狀況並不是企業可加以控制的，必需採取隨時準備應變的態勢。因此，市場變化狀況的掌握和企業的行動及其成果有非常密切的關連。從此來看，也可以認知到用於掌握市場狀況資料的重要性。

二、資料蒐集方法

蒐集資料是行銷研究當中非常重要的部分，資料的好壞影響到後續的分析及決策的品質，更影響到行銷人員對於研究的看法，因此蒐集資料的正確性、可靠性及實用性是蒐集資料時的重要考量。

一般來說，資料的型態可以分為次級資料（Secondary Data）以及初級資料

(Primary Data) 兩種，此兩種資料型態皆相當重要，分述如下：

㈠次級資料蒐集

凡是藉由調查資料、研究成果、他人所闡述內容來引導出本研究主題之相關的資料，皆為所謂的次級資料。要取得次級資料，可以透過以下幾種來源：

1.企業內部來源

指從企業內部自行蒐集的資料，諸如顧客消費資料、顧客檔案、財務報表、庫存資料等，透過企業內部資料來做行銷研究上的考量之資料。

2.企業外部來源

次級資料外部來源包括：圖書、報紙、雜誌、官方出版品等資料，這些資料可以細分為：

(1)政府資料，例如：統計年報。

(2)學術研究資料期刊。

(3)工商研究機構的資料。

(4)圖書資料。

(5)其他方面的資料。

田志龍 (1998) 指出次級資料的優點在於成本低，且蒐集過程所花的時間短，但由於次級資料是為其他目的而蒐集的，因此在使用於某個特定目的時會有限制，這表現在資料原來蒐集時的搜集方法（樣本、資料、蒐集工具等）、時間與目前的研究主題有差別。因此研究者在使用次級資料時一定要判斷有效性。

㈡初級資料蒐集

初級資料蒐集是研究人員直接針對受訪者蒐集資料，透過各種方式來將受訪者的資料蒐集，並自行編碼整理成可用的資料。蒐集初級資料的方法主要有四種：

(1)調查法；

(2)觀察法；

(3)實驗設計；

(4)抽樣法。

分述如下：

1. 調查法 (Survey Method)

調查法是針對受訪者，以詢問問題的方式來蒐集初級資料，在問問題之前會先針對問題的內容做設計，想好結構性的問題，以進行系統性的調查，基本上，調查法有三種方式，分述如下：

(1)電話調查法

透過電話的方式來進行調查，其運作方式通常都會先取得受訪者的電話，然後以隨機或者是分層抽樣等方式來選出合適的受訪者，再打電話進行訪問的一種調查方法。田志龍 (1998) 指出，電話訪問具有以下的優點：調查研究費用低，即使是有地區或全國性的單位在內，亦不受限制、時間短，也不會損失要等待問卷的時間。然而電話訪問也有下面的缺點：母體不完全，並非可以取得所有受訪者的資料、沒有視覺的幫助、受訪時間過長時，受訪者易感到不耐煩、調查者很難判斷所獲得信息的有效性。

(2)人員訪談

人員訪談是調查者與受訪者進行面對面的詢問及調查，其訪談的地點可以是在家中或是在馬路上等地方，訪談內容屬於非正式、對話式的資料搜集方法，允許受訪者在較不受限制之下來表達其對訪談主題的觀點及看法。榮泰生 (1998) 指出，人員訪談的優點有：比逐戶訪談更合乎成本效益、有機會展示實際的商品或搬動不易的設備、比較能監督訪談、所花的時間不多等。

(3)郵寄訪談

郵寄訪談是將研究者所設計的問卷寄給填答者，並要求他們寄回填好的問卷，郵件訪談的成本較低，適用在地理位置分散的樣本中。黃俊英 (1996) 指出，郵寄問卷調查有下列優點：a.可做全國性的調查，b.分布偏差較少，c.沒有訪問員偏差，d.較能提供深思熟慮的答案，e.省時，f.集中控制，g.節省成本。而相關的限制例如：無法獲得有用的郵寄名冊、問卷太長遭受訪者丟棄、問卷由別人代填

等。通常在進行郵寄問卷調查時，最好要把名單寫在卡片上，每個名單用一張卡片，並編上號碼於卡片及問卷上，以便於將來對未回件者寄出追蹤函件 (Follow-up Mailing) 時可節省時間及減少誤差，再者也應該要先進行預試（Pretest 或 Pilot Studies），目的除了可以發現問卷用語所造成的偏差而加以改進外，並且能測定事前通知、激勵及各種追蹤技術之效果。

而無論是哪一種調查法，若能發展一套好的問卷來協助調查，對於調查出來的結果，通常能為行銷研究帶來相當大的助益，而在問卷設計上，可以透過一定的步驟來協助問卷的設計，使問卷的內容可確實與行銷研究的方向互相配合。所謂問卷 (Questionnaire)，是為了完成某個目的而設計來產生所需資料的問題集合，問卷設計要有一定的步驟，否則設計不佳，必然影響到調查的結果，而要獲得好的問卷，就必須經過一定的過程，以下將步驟分成八個階段（黃深勳，1987）：

(1)決定所要獲得的資訊

研究目標要盡可能表達愈清楚愈好，也就是問卷設計要先瞭解問卷的主題，例如：「臺北市居民對於 101 購物商場開幕的看法」，「年輕人對於數位相機品牌的偏好調查」等，主題必須明確，才能使問卷不致太零散離題。

(2)決定問卷的架構

如寫作文章，須注意分段，尤其是論說文，更要兼顧到所謂的起承轉合、首尾相應的原則。而問卷有了主題之後，就要設定若干副題，也就是小主題，當然副題不能脫離主題而獨立。資料蒐集的方式，隨著不同的場合需要設計不同的問卷，例如到火車站做問卷，則可能要把握簡潔的原則，避免受訪者感到厭煩；而如果是用郵寄的方法，則問卷稍微長一點倒是無所謂 (McDaniel & Gates, 2001)。

(3)決定問卷的內容

同樣的，每一個副題又要分幾個小項目，而這些項目必然也與副題有緊密的關係，簡言之，主題是大項目，副題屬中項目，而小項目不能脫離中項目，例如：「年輕人對於數位相機品牌的偏好調查」是主題，「青年男女對於數位相機偏好的不同」為副題，而「女生對於數位相機造型及功能的選擇」，則可列為副題中的一個小項目。

(4)決定問卷的形式

　　問卷設計有多種不同的方法，如單項選擇法、多項選擇法等，重點是要先決定每一個問題的問法。問題的形式主要有三種：開放題、選擇題、是非題或二分題。

I.開放題

　　　　開放式問題不提供可能的答案，允許受訪者用他們自己的話自由答覆，例如：「你最喜歡吃哪一牌子的泡麵？為什麼？」「你每天看電視看幾個小時？都看什麼節目？」「您有幾張信用卡？當去百貨公司買東西結帳採用何種方式？」這些都是開放式的問題。開放題比較不影響受訪者的答覆，因其不提示任何可能的答案，允許受訪者自由答覆，故容易引起受訪者的興趣，取得他們的合作。不過開放題也有幾個缺點，包括容易發生訪問員假設上的偏見、不合理的加權現象、答案整理及編表的困難。

II.選擇題

　　　　選擇題提供一些可能的答案，讓受訪者從中選擇其一，選擇題列舉所有可能的答案，故不會發生研究人員解釋上的偏差，整理及編表工作也比較簡單，是其優點；但問題中所建議的答案可能影響答卷者的選擇，在問題中若未給予提示，很容易被忽略掉。此外各項可能答案出現或排列的順序也可能影響答卷者的選擇，一般而言，排在第一項的答案被選出的機會較大。

III.二分題

　　　　二分題只有二個選擇，研究人員容易整理編表，受訪者也易於答覆，不過有些問題表面上看起來只有兩個選擇，事實上並非如此。例如：「你明年是否準備購買一臺數位相機？」這個問題表面上看起來只有兩個答案，不過卻會包含可能買、可能不買或者不知道的情況。而且有些問題雖然只有兩種選擇，這對某些答卷者而言，或許並不會互相排斥，例如：「請問您在家聽廣播時都聽 AM 還是 FM？」在這種情況下，題目中若加入「兩者皆有」這個答案會比較好。

(5)決定措辭

　　措辭的良否，直接、間接影響到調查的結果，針對預計調查的對象，設計符合各該受訪者對象的措辭，較能取得合作。問話的技巧上，有三個重點必須要強

調，第一點是措辭須清楚表達問題，例如：「你住在離這裡五分鐘的距離嗎?」這種措辭會讓受訪者搞不清楚該回答走路或者是開車的距離。第二點是須避免訪問員的偏見，例如：「你常去像家樂福這種定價較便宜的量販店嗎?」「你在過去六個月內有買過像國際牌一樣好的保溫罐嗎?」這會讓受訪者認為這項研究是家樂福或國際牌公司委託研究的，因而傾向對問題有正面的反應，這種過分的解釋將會讓結果產生誤差 (McDaniel & Gates, 2001)。

(6)決定問題的順序

設計問卷要注意到問題的順序，主要是考量到受訪者回答問題的能力，例如有一些問題是很容易忘記的，像「你上次在戲院看電影的男主角姓名?」「買爆米花時你付了多少錢?」面對這種問題，循序漸進或許才能喚起受訪者的記憶 (McDaniel & Gates, 2001)。當問題順序安排良好，才可以引導受訪者朝一定的方向去思考，使調查工作順利進行。

(7)預 訪

問卷設計初稿完成後，不能馬上實施調查，應當先作試探性的訪問，探討問卷之得當與否，例如：發現受訪者對問卷某一題不解其意，或對問卷某一題之措辭感到不滿，就應當修正。而每次預訪的人約二十人左右，預訪時的樣本與正式調查時的樣本在某些重要特徵方面應力求相似，在預訪時也應儘可能利用第一流的訪問人員，只有那些經驗豐富能力高強的訪問員才能夠看出受訪者對問卷的微妙態度和反應（黃俊英，1996）。

(8)定 稿

問卷的完整建立在所欲做決策資訊的基礎上，一連串形式、內容、過程的修改後，才能蒐集到正確並有效率的訊息，然後接著付印，正式實施調查 (McDaniel & Gates, 2001)。

2.觀察法 (Observation Method)

觀察法是透過調查員直接對於受訪者的行為或舉止做觀察記錄的動作，並不與受訪者接觸，顧萱萱及郭建志 (2003) 指出，觀察法可以運用下列的方式來進行：

(1)機械觀察 (Mechanical Observation)

在特定街道上，計數逛街的人數，或是計算道路上車輛的來往數。

⑵行為觀察 (Behavioral Observation)

記錄消費者購買或使用處理的過程，例如在商店觀察消費者如何挑選品牌，或是在工作場所觀察產品的使用過程。

⑶非正式的觀察 (Informal Observation)

對市場情況保持高度警覺，例如參與商品展示會，並注意活動的競爭水平。

⑷網路觀察 (Internet Observation)

透過電腦與網站的連結，可用來辨別使用者特徵，觀察消費者並追蹤其未來的消費行為。

3.實驗設計

在行銷研究中，經常會看到有人利用橫切面調查的結果或根據時間數列的資料，來推論變數與變數間的因果關係，事實上利用敘述性研究來建立變數間的因果關係是不適當的，因為它們並未提供要推論因果關係是否存在所必須的「控制」。敘述性研究用途甚廣，也是行銷研究中最重要的一種研究設計，但要推論變數間的因果關係時，還是要借重因果性設計——實驗設計。

實驗法是指在控制的情況下，操縱一個或以上的變數，以明確地測定這些變數之效果的研究程序。為了實驗的目的，實驗者通常要設法創造一種假造的或人為的情況，希望能取得所需的特定資訊，並正確地衡量該資訊。實驗法包括四個要件：

⑴一個實驗單位，即被實驗者，如一家商店、一群消費者等等；

⑵一個實驗變數 (Treatment)，實驗變數可以是公司的行銷策略變數，如價格、廣告、商品陳列等，也可以是環境因素，如所得水準、經濟成長率等；

⑶一個準則變數，如銷售量、對廠牌的記憶或偏好等等；

⑷測定實驗變數對準則變數之效果的方法。

以下便直接針對統計的實驗設計方法，以分析實驗的結果，這四種統計實驗設計分別是：

⑴完全隨機設計 (Completely Randomized Design)；

⑵隨機區集設計 (Randomized Block Design)；

⑶拉丁方格設計 (Latin Square Design)；

⑷因子設計 (Factorial Design)（黃俊英，1996）。

⑴完全隨機設計

假定研究人員想測定某一實驗變數的效果，而該變數為名目尺度，可分為若干個水準，此時可利用完全隨機設計。例如：某公司為了試驗紅色 (A)、黃色 (B)、綠色 (C) 這三種色調的包裝對產品之銷售量是否有影響，亦即以色調為實驗變數，此變數有 A、B、C 三個水準，而以產品的銷售量為準則變數。

完全隨機設計的特點是各個實驗變數的水準係以完全隨機的方式指派給實驗單位，假設紅色、黃色、綠色這三個色調均在臺中市的三家不同商店販售，然後去分析這三家商店的平均銷售額，以找出該產品最適宜的價格水準。

⑵隨機區集設計

在完全隨機設計中，如果各組的實驗單位在某些重要的特徵上有顯著差異，則將可能導致錯誤的結果。例如，上述三家商店的規模如果有顯著的差異，則所獲結論將難以信賴，此時就適合利用隨機區集設計。

隨機區集設計係先依據某些外在的變數將實驗單位分成若干「區集」(Block)，使區集因素能吸收準則變數的某些變異，從而縮小抽樣的誤差。如實驗變數有 m 個水準，每個區集中也應有 m 個實驗單位。例如在上例中，可先將商店的地區別分為北部、中部、南部三個區集，每區集中抽選出三家商店（因有紅色、黃色、綠色三個水準），然後將各區集中的商店隨機選出一家出售紅色包裝的產品，隨機抽取另一家商店出售黃色包裝的產品，最後一家出售綠色包裝的產品，然後分析紅色組、黃色組及綠色組商店的平均銷售量，則所獲結論自然比較可信賴。

⑶拉丁方格設計

所謂拉丁方格設計是眾多集區設計 (Block Design) 的一種，可由其行列兩方向分區，以消除偏誤（顏月珠，2000），同時其實驗變數的水準數目必須要和外在因素的類別數目相等，這是拉丁方格設計的一個要件。

舉例來說，假設今天有三行三列共九個攤位要去試銷紅色 (A)、黃色 (B)、綠色 (C) 三種不同顏色包裝的產品，運用拉丁方格設計，可以得到以下的銷售量表，

試檢定不同的包裝、不同位置（行、列）是否會影響銷售量：

列＼行	實驗設計			銷售量		
	1	2	3	1	2	3
1	B	C	A	69	63	72
2	C	A	B	63	63	72
3	A	B	C	48	66	51

H_0 及 H_1 為統計假設檢定命題。

H_0：包裝顏色不同不會影響銷售量

H_1：包裝顏色不同會影響銷售量

先計算平均銷售量：

列：

$$\overline{X}_{1..} = \sum X_{1jk}/3 = (69 + 63 + 72)/3 = 68$$

$$\overline{X}_{2..} = \sum X_{2jk}/3 = (63 + 63 + 72)/3 = 66$$

$$\overline{X}_{3..} = \sum X_{3jk}/3 = (48 + 66 + 51)/3 = 55$$

行：

$$\overline{X}_{.1.} = \sum X_{i1k}/3 = (69 + 63 + 48)/3 = 60$$

$$\overline{X}_{.2.} = \sum X_{i2k}/3 = (63 + 63 + 66)/3 = 64$$

$$\overline{X}_{.3.} = \sum X_{i3k}/3 = (72 + 72 + 51)/3 = 65$$

實驗變數（產品包裝顏色）

A（紅色）$\overline{X}_{..1} = \sum X_{ij1}/3 = (48 + 63 + 72)/3 = 61$

B（黃色）$\overline{X}_{..2} = \sum X_{ij2}/3 = (69 + 66 + 72)/3 = 69$

C（綠色）$\overline{X}_{..3} = \sum X_{ij3}/3 = (63 + 63 + 51)/3 = 51$

總平均銷售量　$\overline{\overline{X}} = \sum X_{ijk}/9 = (69 + 63 + 72 + \cdots + 51)/9 = 63$

在求得各行列及實驗變數和總平均銷售量之後，接著計算離均差平方和：

列 $SSR=p\sum_{i=1}^{p}(\overline{X}_{i..}-\overline{\overline{X}})^2=3\,[(68-63)^2+(66-63)^2+(55-63)^2]=294$

行 $SSC=p\sum_{j=1}^{p}(\overline{X}_{.j.}-\overline{\overline{X}})^2=3\,[(60-63)^2+(64-63)^2+(65-63)^2]=42$

實驗變數 $SST_r=p\sum_{k=1}^{p}(\overline{X}_{..k}-\overline{\overline{X}})^2=3\,[(61-63)^2+(69-63)^2+(59-63)^2]=168$

總變異 $SST=\sum_{i=1}^{p}\sum_{j=1}^{p}\sum_{k=1}^{p}(X_{ijK}-\overline{\overline{X}})^2=(69-63)^2+(63-63)^2+\cdots+(51-63)^2=576$

誤差變異 $SSE=SST-SSR-SSC-SST_r=576-294-42-168=72$

以檢定包裝不同是否會影響銷售量為例（亦即檢定 H_0 是否為真）：

則 $F=\dfrac{MST_r}{MSE}=\dfrac{SST_r/df}{SSE/df}=\dfrac{168/2}{72/2}=2.333$

由於小於 0.05 的顯著水準（$F_{\alpha=0.05,\,df=2,2}=19$），是故接受虛無假設，意即沒有證據證明包裝不同會影響銷售量，此外，這個題目同時也可以檢定在不同的行與列是否會影響銷售量。

⑷因子設計

與上述的概念相同，差別在於隨機區集設計與拉丁方格設計皆假定區集因素之間沒有互動關係，只有因子設計才能處理互動現象。

舉例來說（張子傑、徐銘傑，2001）：假設某個公司的人事部門要進行一個研究，探討該公司之職員的教育背景和性別，對其工作滿足感的影響，以工作滿足問卷對公司二十名職員測驗，其結果如下（每組五名，分數愈高表示工作滿足感愈高）。

性　別	學　歷	
	大學畢業 (B_1)	高中畢業 (B_2)
男 (A_1)	3, 0, 2, 1, 3	6, 5, 4, 3, 3
女 (A_2)	5, 4, 4, 2, 3	7, 6, 5, 6, 3

因此我們可以做的假設如下：

H_0： 教育背景和性別之間沒有顯著的交互作用

H_1： 教育背景和性別之間有顯著的交互作用

先計算各格的平均數：

$\overline{A_1B_1}$=1.8、 $\overline{A_1B_2}$=4.2、 $\overline{A_2B_1}$=3.6、 $\overline{A_2B_2}$=5.4、 $\overline{A_1}$=3、 $\overline{A_2}$=4.5、 $\overline{B_1}$=2.7、 $\overline{B_2}$= 4.8、 $\overline{\overline{X}}$=3.75

接著計算離均差平方和：

$$SST=\sum\sum\sum X_{ijk}^2-N\overline{\overline{X}}^2=343-20\times(3.75)^2=61.75$$

$$SSC=rn\sum_1^r[\overline{B_i}-\overline{\overline{X}}]^2=10\,[2.7-3.75]^2+10\,[4.8-3.75]^2=22.05$$

$$SSR=cn\sum_1^r[\overline{A_i}-\overline{\overline{X}}]^2=10\,[3-3.75]^2+10\,[4.5-3.75]^2=11.25$$

$$SSE=\sum\sum\sum X_{ijk}^2-n[\sum\sum\overline{A_iB_j}^2]=343-5\,[(1.8)^2+(4.2)^2+(3.6)^2+(5.4)^2]=28$$

$$SSI=SST-SSC-SSR-SSE=61.75-22.05-11.25-2.8=0.45$$

以檢定教育背景和性別之間有無交互作用為例（亦即檢定 H_0 是否為真）：

則 $F=\dfrac{MSI}{MSE}=\dfrac{SSI/df}{SSE/df}=\dfrac{0.45/1}{28/16}=0.257<F_{(0.05;\,1,16)}=4.49$

是故接受 H_0，亦即表示性別與教育程度之間沒有顯著的交互作用。

4.抽樣方法

由於普查並不經濟，有時甚至根本行不通，必須利用抽樣調查來代替普查，抽樣的程序包括：

(1)界定母體；

(2)選擇資料蒐集方法；

(3)確定抽樣架構；

(4)選擇抽樣方法；

(5)決定樣本大小；

(6)對於所選擇的樣本要素來發展執行過程；

(7)執行抽樣計畫 (McDaniel & Gates, 2001)。

⑴界定母體

抽樣設計者應根據研究設計界定抽樣的母體，亦即界定目標母體 (Target Population)，通常母體可以由不同的特徵來區分，例如：地理區位、人口特徵、認知衡量等，對目標母體的特徵或屬性應能明確定義，通常這個步驟我們都採取刪除法為多，例如：首先問卷幾乎都會問到過去有沒有接受過類似的訪問，如果沒有，接著可能會問在過去六個月中有沒有使用過所要調查的產品，如果又沒有，最後也可能提到受訪者本身的職業，或是其家人是否從事與訪問產品相類似的產業，這就是一道典型的「防衛性問題」(Security Question)，因為如果不這麼篩檢，很有可能會影響研究結果，更嚴重的是使競爭者知道公司內部所進行的研究。

還有其他排除非相關母體的方法，例如：可口可樂公司要進行一個研究，目的是要調查每週喝超過五罐軟性飲料卻不喝可口可樂的人，因為瞭解為何這些重度軟性飲料者不去購買他們的產品，才能夠改變行銷策略來增加業績，因此那些過去一週內喝過可口可樂的人就不是在研究調查的範圍內了 (McDaniel & Gates, 2001)。

⑵選擇資料蒐集方法

資料蒐集的方法可以利用人員訪問、電話訪問或郵寄問卷調查等方式蒐集所需的資料，這是行銷研究採用最廣的一種資料蒐集方法，許多行銷資訊，不容易甚至不可能用觀察法或實驗法來蒐集，通常是利用訪問法來蒐集，當然各有優缺點，詳見前面章節所述（黃俊英，1996）。

⑶確定抽樣架構

發展抽樣計畫的第三個步驟就是去確定抽樣的架構，抽樣架構是對母體定義的一種說明，也就是要去界定一個母體的範圍，最好的情況是抽樣母體和抽樣架構一致，但通常很困難，例如某個研究想要找過去三十天中打過高爾夫球三次甚至是 18-hounds 的人，很明顯的我們並沒有辦法找到具有這些特徵的人的名錄，於是我們只能透過代表性的樣本來取得我們想要獲得的資料，例如從電話簿中來搜尋，這個方法可以找到研究中所要訪問的對象，不過也有些人家中並沒有電話，或者沒有刊錄電話於電話簿中，這都說明了抽樣母體和抽樣架構很少完全一致的情況 (McDaniel & Gates, 2001)。

(4)選擇抽樣方法

抽樣方法大致可分為機率抽樣 (Probability Sampling) 和非機率抽樣 (Non-probability Sampling) 兩大類，機率抽樣基本上是指每個人被抽到的機率是均等的，而非機率抽樣原則上就是以研究者自己的方便為主，例如大部分問卷的樣本都以自己的同學為主，這樣不但節省成本而且蒐集資料的時間也快，不過倒是很容易產生抽樣誤差 (McDaniel & Gates, 2001)，而每一類的抽樣方法又各有種種不同的型態，研究人員應視研究目的及採用之抽樣架構而選擇適合的抽樣方法。

(5)決定樣本大小

在決定完抽樣方法後，接下來的步驟就是要決定適當的樣本大小，樣本數越多，其調查結果之正確性越高，但調查費相對的增加，如前面所言，調查方法既然是用抽樣調查，就難免有誤差，但誤差大小須按樣本大小以及抽樣方法等而不同，例如：從事一項零售店商品銷售量的調查，如果所需調查的零售店，其銷售量大小差距十分大，且混雜在一個母體，就需要較多的樣本，但如果銷售量沒有很大差異時，只以較少的樣本即可（樊志育，1976）。

(6)對於所選擇的樣本要素來發展執行過程

對於所選擇的樣本要素來發展執行過程，須視研究中所採用的是機率抽樣或是非機率抽樣，就一個成功研究而言，機率抽樣過程是會比非機率抽樣過程來得嚴謹的，機率抽樣過程要注意細節、要清楚並且應該要斟酌所抽樣的受訪者是否具有研究中所重視的重要特性 (McDaniel & Gates, 2001)。

(7)執行抽樣計畫

最後對抽樣結果加以評估後，看看所得到的樣本是否適合所需，抽樣計畫是否忠實地被執行。同時也要比較樣本結果及一些可靠的獨立資料，看看兩者之間是否存有重大的差異。

第四節　資料分析與研究報告

本節想要探究的是如何透過資料的分析、整理以及運用統計的方法，提出一份完整的研究報告，資料如何整理才讓人易於瞭解，應該採取何種統計方法以至

於到最後如何去評估一個研究報告的好壞，在本節中對這些問題來做探討及處理。

一、資料的整理

資料分析的第一步工作是要做資料的整理、檢查和改正蒐集到的資料，將問卷的問項加以編碼，並處理不知道、不正確、矛盾、不完全和空白的答案，讓蒐集到的資料能夠減少誤差。

(一)編　輯

對蒐集來的各種資料應先加以檢查，首先要對資料進行編輯 (Editing)，在編輯過程中可能遇到的項目包括：

(1)受訪者的回答模糊，難以理解；

(2)受訪者回答的不完整；

(3)字跡是否清楚；

(4)回答不正確；

(5)答案產生矛盾不一致的現象；

(6)不知道以及沒有答案。

遇到這些問題時並非只說這些問卷已作廢，而需進一步的去研究探討回答的背後可能意義，不完整的問卷可能還是存在有用的資訊。例如在面對不知道的答案時，可以將不知道的答案計入反應總數，單獨列項，計算其在反應總數中所占的百分比，與其他答案的百分比並列或是從問卷中的其他資料來估計「不知道」的答案。

(二)編　碼

編碼 (Coding) 是將資料加以分類的技術程序，經由編碼程序，可將原始資料轉變成可予編表和計數的符號 (Symbols)——通常是數字 (Numerals)；這種轉換過程並不是自動的，它需要編碼者的判斷 (Selltiz, Wrightman & Cook, 1976)。編碼包括兩個步驟：

(1)決定類別──就是決定到底要把所有的反應或回答歸併成哪幾類？

(2)指定號碼──為每一類別指定一個號碼。

㈢製　表

編輯及編號之後應進行製表,這個步驟即將特定資料轉換成可以理解的格式,使得資料可以顯示出調查後的特性，例如：將蒐集回來的數筆資料，依照公司的需求分類，並累計次數，製成相關表格。

二、分析資訊

接下來步驟就是從資料中擷取適當的發現，研究人員將資料列表，並編製表格形式的次數分析，然後計算主要變數的平均數與離散量數，研究人員應用一些高等的統計技術與決策模式來找出更多的發現，在面對不同的分析型態下需使用不同的統計分析方法，此為分析資訊時所需注意的地方。

三、研究報告

研究本身並不是目的，而是一種管理手段，有效的研究必須具備兩個條件，一個是良好的資料蒐集和分析，一個是良好的溝通。研究工作最可悲的情況之一就是在資料蒐集和分析方面無懈可擊，但最後卻因溝通不良而前功盡棄，讓整個研究工作的心血都白費了。因此一位優秀的研究人員除了要具備蒐集和分析資料的能力之外，也應具備溝通的能力。

研究報告的主要目的就是呈現研究的成果，而撰寫研究報告必須掌握以下幾個要點（高子梅譯，1996）：

(1)研究報告形式應切合看報告者的需求；

(2)調查報告撰寫必須符合文法原則；

(3)調查報告採用的圖表必須予以標示圖表頭，測量單位應予詳細註明；

(4)文章上下文是否須佐以圖表多半視個人的判斷，通常報告本文可以將冗長

的表格摘要陳述，完整的資料則在附錄中呈現；

(5)研究報告的印刷與裝訂形式應與研究者商討；

(6)在報告時，必須掌握專業的溝通技巧的運用；

除了用明確的圖表清楚地表示研究報告成果外，Leedy (1974) 指出，一份好的研究報告中應能達成下列三個目的：

(1)應使讀者認識研究的問題，並充分解釋它的含意，使所有讀者都能對研究的問題有共同的瞭解。

(2)應充分展示有關的資料，使報告本身的資料能支持研究者的所有解釋和結論。

(3)應為讀者解釋資料，並說明其在解決研究問題上所具有的涵義。

第五節　結　論

現今外界環境競爭激烈，企業面臨到許多行銷執行的議題，包括消費者購買意圖與決策、滿意度、產品策略、通路選擇等，企業選擇哪一種行銷組合對於消費者是最合適的，這關係到企業是否能夠獲利，這時就需要透過行銷研究來解決此類的問題。在做行銷研究時，必須要有明確的步驟及程序，包括六個步驟：首先先確定

(1)界定研究問題，再來要決定

(2)研究設計的類型，根據研究類型來

(3)選擇資料蒐集方法，蒐集方法上則需要

(4)設計抽樣過程，確定抽樣程序之後即可

(5)蒐集與分析資料，最後

(6)提出研究報告。

整個過程須透過研究計畫書來事先評估及界定研究問題，以提供給組織內的決策者以及員工瞭解行銷研究的內容。

行銷研究有許多的方法，諸如：調查法、觀察法、實驗法、抽樣法等，不同的方法皆有其特色，此時必須根據行銷的問題，來選擇適當的行銷研究方法，利用各種方式來蒐集次級資料以及初級資料，分析解決企業所面臨的行銷議題。行銷研究

最終宗旨亦是要協助企業運作行銷組合,適切的配合消費者需求並創造其行銷價值。

思考與討論

1. 傳統的行銷研究偏向於生產導向，但現今越來越多的營利組織或非營利組織朝著使用行銷研究，為什麼會有這種趨勢？行銷研究為什麼那麼重要？

2. 舉一個假設的例子，在什麼情況下運送服務公司 (Logistics Company) 會得到你的信賴，或是會喪失你這個顧客？

3. 如果一個公司目前沒有什麼問題，那他們還需要去執行行銷研究嗎？

4. 假使你被指派去負責一個方案，目的是吸引表現優秀的學生到你們學校就讀，試說明你會採取什麼步驟，包括抽樣過程等，以完成這項任務。

5. 想想看用文字或圖表來展示研究結果有什麼樣的不同？在什麼情況下用圖表會優於僅用文字的敘述？

參考文獻

1. 田志龍 (1998),《行銷研究：基本方法、應用與個案》, 五南文化。

2. 古永嘉譯 (1996), Donald R. Cooper & C. William Emory 著,《企業研究方法》, 華泰文化。

3. 李育哲、楊博文、張朝旭 (1998),《行銷學理論與個案模擬》, 華立圖書。

4. 高子梅譯 (1996), Peter M. Chrisnall 著,《行銷研究》, 桂冠圖書。

5. 黃俊英 (1996),《行銷研究：管理與技術》, 華泰文化。

6. 黃深勳 (1987),《行銷研究》, 臺北市行銷管理協會。

7. 張子傑、徐銘傑 (2001),《應用統計學》, 鼎茂圖書。

8. 張希誠 (1997),《行銷實務》, 書泉。

9. 榮泰生 (1998),《行銷資訊系統》, 華泰文化。

10.《數位時代雙週刊》, 第 44 期, http://www.bnext.com.tw/ (2004/03/15).

11. 樊志育 (1976),《市場調查》, 三民書局。

12. 顏月珠 (2000),《商用統計學》, 三民書局。

13. 顧萱萱、郭建志合譯 (2003), David Stokes 著,《行銷學理論與實務》, 學富文化。

14. Bennet, Peter D., ed. (1998), *Dictionary of Marketing Terms*, Chicago: American Marketing Association, pp. 117–118.

15. Kotler, Philip (1994), *Marketing Management: Analysis, Planning, Implementation and Control*, 8th ed., Englewood Cliffs, NJ: Prentice Hall.

16. Kinnear, Thomas, and James Taylor (1996), *Marketing Research: An Applied Approach*, 5th ed., New York: McGraw-Hill.

17. Leedy, Paul (1974), *Practical Research; Planning and Design*, New York: Macmillan Publishing.

18. McDaniel, Carl Jr., and Roger Gates (2001), *Marketing Research Essential*, South-Western College Publishing.

19. Selltiz, C., L. Wrightman, and S. Cook (1976), *Research Methods in Social Relations*, 3rd ed., New York: Holt, Rinehart and Winston.

第八章

產業競爭分析與策略行銷

學習目標

1. 瞭解企業內部分析的價值鏈分析、資源基礎理論

2. 瞭解產業結構如何分析及五力分析

3. 瞭解企業如何建立持久的競爭優勢及競爭策略

▶ 實務案例

波音是一個響亮的名字，提到國際航空業，人們言必稱波音，說起「美國製造」產品，同樣不能不提到波音，波音公司自 1916 年創建以來，製造出一個又一個神話。自從 20 世紀開始，波音飛機便是世界航空業的驕子，從波音 707、727 到 767 及 777 等一系列新機型的問世，使波音公司逐步成為國際商用航空業的主宰者。1997 年 8 月，波音公司正式兼併麥道公司，從而世界航空業產生了強烈的震盪。2000 年，波音收購了休斯航太和通訊業務分部。波音公司的歷史反映出一部世界航空發展史，波音不僅是全球最大的民用和軍用飛機製造商，更是美國航空總署 (NASA) 最大的承包商，以銷售金額計算，波音還是美國最大的出口商，1999 年的銷售額達到 580 億美元。

無論在民航、軍用飛機研發與製造等方面，自與麥道公司合併後，波音公司更成為不可撼動的航空業霸主，瀏覽其網站 (www.boeing.com) 就可看出，波音在網路上推行的是強式行銷策略，即突出宣傳其企業及各項產品的優異性能，強調其在戰略防護、尖端武器研發和航空事業中的領先作用，營造出本行業中「當今之世，捨我其誰」的龍頭氣勢，以期在國際商務競爭中達到「先勝而後戰」甚至「不戰而屈人之兵」的目的。而波音公司的強式行銷策略大概包括以下幾種：

「企業網站定位及宣傳策略」：對身居行業盟主地位的企業，最有效的行銷策略之一，就是不斷向公眾宣揚其強勢地位，突出其在技術、研發、市場的優勢，波音網站的立意便是如此，波音的網路形象直接讓人感到其存在就代表威懾，其網站首頁一開始就擺出咄咄逼人的氣勢，血色黃昏的襯托下，一架巨大的波音 777 正昂首起飛，其後是一座翱翔太空的飛行站，緊接是一架滿載武器迎面而來的武裝直升機；然後是兩架新型雙尾直翼戰鬥機，一架整裝待發，另一架正在飛行，尾部噴出巨大的氣流。右側波音徽標及公司名稱下，稍亮的「世界航空業的領航者」文字在紫暗色背景反襯下顯得格外耀眼，畫面氣氛蕭殺，充滿擴張的敵意。另外波音也在網站上展示強大的科技研發能力，包括波音在承接項目、尖端科技、新材研究、製造技術等許多科學研究、工程與技術領域的最新進展等，並聲稱「凡稱新聞者，均在波音處」。

「服務促銷」：綜觀波音的客戶服務，有非常顯著的特色，包括：「龐大的客戶服務體系」、「波音服務的細緻入微」及「快速的服務」等，這些都在在顯示波音不只是一家

以科技及品質著稱的公司，其在產業的定位下所採行的策略行銷也是波音成為世上最大航空公司的重要原因。

資料來源：邵亦年、張蔚慈 (2003)。

www.boeing.com (2003/3/10)

　　企業在經營時所面對的層面相當廣泛，除了公司內部本身的人力、管理、資源之外，還必須要考量外在環境的因素，包括像是顧客、供應商、競爭者、替代品以及潛在競爭者等，任何組織或企業都會身處在特定的產業結構當中，不同的產業有不同的結構型態，也就是會有不同的顧客、供應商的類型，其競爭的方式亦會有所差異，企業在資源有限的情況下，面對這些外在環境的壓力以及威脅，往往需要有企業自身的持續性競爭優勢 (Sustainable Competitive Advantage) 才能夠在產業中獲得一席之地，然而在這些複雜的結構之下，如何創造出自身的持續性競爭優勢以及如何將優勢發揮，這就有賴於各種策略行銷的運用。

　　本章在探討產業競爭分析與策略行銷，將企業的各種資源及核心技術，運用策略來發揮出競爭優勢，企業產業結構分析架構如圖 8-1 所示，因此第一節首先會針對企業內部環境分析做說明，探討資源基礎模式以及價值鏈的意涵及扮演的角色；第二節會說明外部環境分析，包括五力分析以及產業結構分析，瞭解外在環境的各種因素及其影響情形。當企業將內部環境以及外部環境分析之後，便會對自身企業的內部結構以及外部環境有所認知，此時便要將分析結果整合成 SWOT 表，由於 SWOT 已於第六章說明過了，因此本章不加以詳述，建構完 SWOT 表之後，便要針對可形成優勢的方案來確認出關鍵成功因素 (Key Successful Factor)，找出可以加以改善學習的方向來與標竿 (Benchmark) 企業學習，面對威脅及弱勢之處則要建立起防禦策略，最後選擇一般性的策略——成本領導、差異化以及集中策略來作為未來策略性行銷的方向，此部分為第三節主要探討的內容。

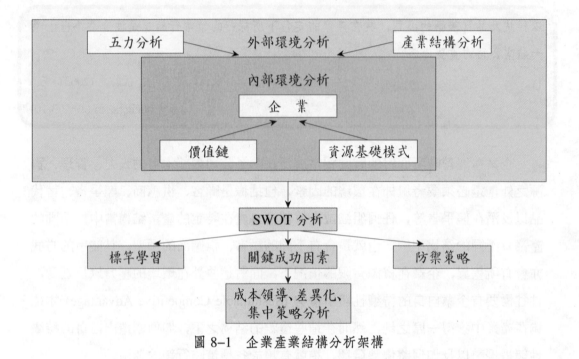

圖 8-1 企業產業結構分析架構

第一節 企業內部分析

　　企業內部分析主要是要瞭解企業的價值活動以及資源，價值活動是以系統化的觀點勾畫出各種企業功能，並且串連起來，把行銷價值創造出來；資源則是存在於企業內部，透過企業內部的運作來達到行銷策略的執行，本節即針對價值活動與資源來說明。

一、價值鏈

　　每個企業的經營運作都是由許多活動所組成，透過各項活動的運轉使得企業得以為顧客創造出有利的價值產品或服務，這些活動的組成可以用一個價值鏈 (Value Chain) 來表示，如圖 8-2 所示，由圖可知價值鏈由價值活動 (Value Activity) (即主要活動) 以及利潤 (Margin) 所構成。

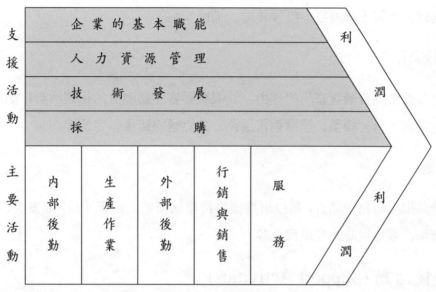

資料來源: Porter (1985).

圖 8–2 價值鏈

㈠主要活動 (Primary Activities)

指企業中產品實體的生產、銷售、配送、及售後服務等活動，其主要目的是為了增加企業之價值。

1. 內部後勤 (Inbound Logistics)

指企業中有關於接收、儲存、以及採購項目的分配；如物料處理、倉儲、庫存控制、車輛調度、退貨等。

2. 生產作業

這類活動與原料轉化為最終產品有關；如加工、包裝、裝配、設備維修、測試、印刷、和廠房作業等。

3. 外部後勤 (Outbound Logistics)

指企業中有關於產品蒐集、儲藏、並將實體產品運送給顧客；如成品倉儲、

物料處理、送貨車輛調度、訂貨作業、進度安排等。

4.行銷與銷售

企業提供顧客購買產品的理由、並吸引顧客主動購買的相關活動；如廣告、促銷、業務人員、報價、選擇銷售通路、建立通路關係、定價等。

5.服　務

企業提供服務予顧客，藉以增進或維持產品價值之相關活動；如安裝、維修、人員訓練、零件供應、產品修正等。

㈡支援活動 (Support Activities)

指企業藉由採購、技術發展、人力資源管理、以及各種整體功能的提供，來支援企業的主要活動與各部門之間的協調，其主要目的是為了讓企業內部流程更加順暢。圖 8-2 中虛線部分可顯示：採購、技術發展、人力資源管理，都是支援企業內部特定的主要活動，同時也促進整個價值鏈的正常運作。至於企業內的基礎建設則與特定主要活動無關，它支援的是整個價值鏈。

1.採　購

指企業為維持正常營運，所需購買的相關原物料、半成品等，企業之採購行為得以讓主要活動順利運作。採購項目包括了原物料、零配件和其他消耗品，以及生產機械、辦公設備、房屋建築等資產。因此，企業應該多加注意，採購活動本身的成本在總成本中，即使不算無足輕重，也只占了一小部分，但它卻對企業的總成本和差異化具有重大影響。

2.技術發展

每種價值活動都會利用到所謂的「技術」，其可以是專業化技術、作業程序、生產設備所運用的技術。大多數的企業所應用的技術範圍非常廣泛，如從文件準備、產品運送到產品本身的技術等。

3.人力資源管理

指涉及到企業內部之人員招募、僱用、培訓、發展、與各種員工福利津貼的不同活動。故一個企業內部，人力資源管理不但支援企業中個別的主要活動以及輔助性活動，同時也支援整個價值鏈。

4.企業基本職能

企業基本職能包含一般管理、財務、會計、法律、企劃及政府關係等，因此基本職能與其他支援性活動不同之處在於,企業基本職能通常是支援整個價值鏈，而非支援個別價值之活動。

每個企業都各擁有其價值鏈，其價值鏈的活動項目也各有所不同，若企業與企業之間彼此為相互合作的供應商，其資訊的分享、溝通、表單整合、行銷策略的制定等皆有關聯，若能有效的整合，可以強化價值鏈的連結，價值鏈得以有效發揮。Porter 認為價值鏈是相互依存的價值活動所組成的一個系統，並藉由價值鏈內的各種連結相互聯繫。故連結 (Linkages) 的定義為：價值活動的執行與另一個價值活動的關係建立，例如：生產作業與外部後勤間的連結，使生產出的產品，透過縝密的後勤網來配送。而價值活動間形成連結的因素有：

⑴以不同的方式執行相同的功能；

⑵支援活動的強化，例如人力資源的提昇，技術發展的健全，將可改善直接活動的所需成本以及執行的績效；

⑶加強企業內部活動；

⑷品質保證的功能可用不同的方式來達成。

經由連結達成企業間的整合並且創造競爭優勢的方法有二，即「最佳化」(Optimization) 與「協調」(Coordination)，因為連結通常反映出企業為取得整體性成效時，在個別價值活動之間的權衡取捨，若要取得競爭優勢，就必須讓可以反映企業策略的連結產生最佳效果。而連結也會反映出企業協調各種活動的需求，連結不僅存在於企業的價值鏈內部，也存在於企業的價值鏈與供應商、銷售通路的價值鏈之間。

二、資源基礎理論

(一)資源基礎結構

　　競爭優勢之探討方式可以從資源基礎 (Resource Base) 觀點來分析，資源基礎之定義根據 Barney (1991) 的說法，他認為在探討廠商持續性競爭優勢時，由於要素市場（例如：勞動、土地）的不完全競爭，使廠商可以藉由本身資源及能力的累積，形成長期且持續的競爭優勢，稱之為「資源基礎模式」；而資源基礎模式所創造出來的競爭優勢，其衡量方式根據 Aaker (1989) 指出，事業競爭優勢之衡量分為三個步驟：首先，辨識攸關的資源與能力，顧客的消費動機和較高附加價值的產品，以及流動性障礙。其次，在攸關市場上選擇支持策略的資源及能力，建立持續性的競爭優勢。最後，發展及實行計畫，以發展、提高及保護資源和能力。藉由企業的資源來瞭解企業「能力」所在，而能力之強弱判斷係以四個關鍵因素來判斷，此四個關鍵因素包括：價值性、模仿成本高、稀少性及難以替代來加以衡量。Porter (1985) 認為「資源基礎觀點」是指：「核心能力或無形資產的強調」，是以廠商本身為分析標的之內省觀點，此方面所關注的是廠商內部擁有哪些異質性資源，而這些資源之間的配合，以及如何培養其持續性競爭優勢 (Sustainable Competitive Advantage; SCA) 是考量的重點。

　　Barney (1991) 發展出「資源基礎模式」的理論架構，如圖 8-3 所示，來詮釋企業競爭優勢的來源，他提出兩項相對於環境模式的假設：

　　⑴在同一產業或策略群組中，廠商可能握有異質性的策略性資源；

　　⑵這些策略性資源未必具有完全移動性，因此異質性可以長久存在。

　　也就是說，Barney 認為企業之所以具有持久性競爭優勢，是因為擁有異質性且不完全移動的資源；由於這類資源所具有的四項特性（有價值、稀有性、無法完全模仿、不可替代性），企業因而可以享有持久的競爭優勢。從 1960 年代以來，學者多數以 SWOT 結構探索產業結構特性所帶來的超額利潤，在「資源基礎模式」的理論架構被提出後，學者們轉變為重視企業內部異質資產所帶來的效益。

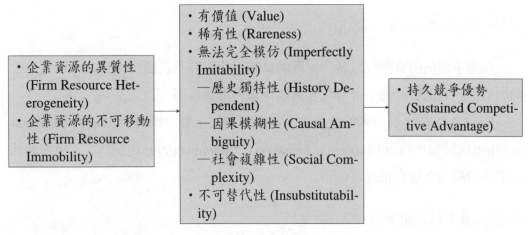

資料來源：Barney (1991).

圖 8-3 資源基礎模式的理論架構

㈡資源特性

資源特性對於廠商間資源的異質性及企業為何獲取競爭優勢扮演重要的角色，不同的資源有不同的資源特性，對企業的貢獻也有所不同。Barney (1991) 認為資源具有異質性 (Heterogeneity) 與不可移動性 (Immobility)，且其認為可獲得競爭優勢的資源必須具備下列四個屬性：

1.有價值 (Value)

資源的價值決定於其是否能增進公司執行策略時的效率與效能。

2.稀有性 (Rareness)

指公司現有或潛在競爭者並未擁有該有價資源。即在該要素市場中，需求者多於擁有者，則此資源可謂稀有。

3.無法完全模仿 (Imperfectly Imitability)

其來源主要有歷史獨特性 (History Dependent)、因果模糊性 (Causal Ambiguity) 與社會複雜性 (Social Complexity) 等三個因素。

4.不可替代性 (Insubstitutability)

如果不相同的資源可以執行相同的策略，則廠商不需經由模仿，亦可達到相同的效果。因此資源的不可替代性為競爭優勢的重要因素。

Reed & DeFillippi (1990) 主張持久競爭優勢的主要來源為「模糊性」(Ambiguity) 所形成的模仿障礙 (Barriers to Imitation)，Simonin (1999) 更指出，此種模糊性所形成的模仿障礙包括有：

1.不可言傳性 (Tacitness)

指由做中學習而來的隱含及未編撰的技能累積，因行動者之「非知覺性」產生行動與結果間的模糊性。

2.複雜性 (Complexity)

指多種技能及技能與資產間相互依賴而來的一種「組合能力」。其複雜性為大量技術、組織常規、個人及團體經驗等之綜合函數。

3.專屬性 (Specificity)

指某些技能與資產，僅可在某特定情況下使用，或是僅能服務某特定對象。

㈢資源類型

Barney (1991) 將企業資源 (Firm Resources) 分成實體資源、人力資源及資本資源三類：

　⑴實體資本資源 (Physical Capital Resources)：包括機器設備、廠房、地理位置及原物料取得途徑等。

　⑵人力資本資源 (Human Capital Resources)：包括管理者與員工的訓練、經驗、判斷、智慧、人際關係與洞察力等。

　⑶組織資本資源 (Organizational Capital Resources)：包括組織正式的結構、正式與非正式的規劃程序、控制及協調系統，也包括組織內群體間或組織間

的非正式關係。

Grant (1991) 將資源分成六類，即將 Barney (1991) 對資源的分類，再增加財務資源 (Financial Resource)、科技資源 (Technological Resource) 及商譽 (Reputational Resource) 三項。

Hall (1992) 對資源的分類，提出「無形資產管理模型」，主張廠商競爭優勢的差異取決於組織能力，並把資源的內涵明確地區分為兩類：

⑴資產 (Having)：指廠商所擁有或可控制的要素，透過廠商的行動，將公司的資產、技術、管理資訊系統、組織信任等轉換成最終的產品或服務。此為公司所有權的觀念，包括已建立的商譽、品牌、智慧財產權、資料庫、優越的地理位置等。

⑵能力 (Doing)：指廠商配置資源的能力，以資訊為基礎並配合組織程序達成預期目標。而這些能力均屬無形資產，因此不易被組織成員帶走，如員工的知識、技能、組織文化、網路等。

本書將資源類型整理成有形 (Tangible) 以及無形 (Intangible) 的資源，有形的部分包括：財務資源、組織資源、實體資源。無形的部分包括：技術資源、人力資源、創新資源、名聲資源。其衡量內容彙整如表 8-1 所示。

資源是運作行銷策略的基本元素，因此擁有豐富的資源才能夠有效的執行出行銷的效果，掌握資源是行銷成功的關鍵。

第二節　外部環境分析

企業在經營時必然會面臨到外部環境，企業的外部環境是由許多因子所構成，包括：顧客、供應商、競爭者、供給面、需求面等，這必須透過產業分析來加以瞭解，產業結構分析的瞭解對於企業所處的位置會有所認知，在行銷策略的應用上才能夠更加的成功以及具有效果。本節即探討外部環境分析工具，包括：五力分析以及產業結構分析。

表 8-1　資源類別

資源特性	資源類型	內　容
有形資源	財務資源	借債能力
		內部資金
	組織資源	正式規劃、控制、協調
	實體資源	廠商設備和建築物
		原料獲取能力
無形資源	技術資源	專利、商標、著作權
	人力資源	知　識
		信　任
		管理能力
		組織例行性
	創新資源	想　法
		科學知識能力
		創新能力
	名聲資源	品牌名稱
		產品知覺品質、耐用、可靠
		有效率、效能、互動關係

資料來源：本研究整理。

一、五力分析

五力分析係由 Porter (1985) 所提出，其整個架構是有系統的將產業各結構考量進來，包括：新競爭對手的加入、客戶的議價能力、供應商的議價能力、替代的威脅、既有競爭者的競爭，如圖 8-4 所示。

五力分析主要是分析產業的外在結構，當產業不同時，此五種競爭力的重要性會不同，亦隨著產業發展而改變。當產業的五種競爭力呈現良好情況時，此產業廠商大多都能賺取可觀的利潤，若是有一種或多種競爭力表現不佳的產業，對企業獲利情況不利。對企業而言，五力分析指出產業競爭之關鍵因素，利於企業競爭優勢策略之擬定。

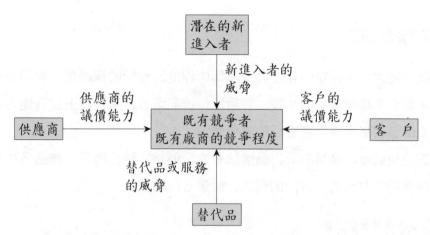

資料來源：Porter (1985).

圖 8-4 五力分析架構

　　此五種競爭力決定了產業的獲利能力，因為它們影響投資報酬率的重要因素，包括：產品價格、成本、必要的投資等。而每一種競爭力的強弱由產業結構或經濟與技術等特質所決定，以下說明產業結構的元素 (Porter, 1985)：

1. 進入競爭者的威脅

　　企業應建立進入障礙，利用規模經濟、品牌知名度、取得專利保護、移轉成本、取得通路、絕對成本優勢（專屬學習曲線、專有的低成本產品設計）、資金需求。

2. 供應商議價能力決定因素

　　產業內供應商與企業的移轉成本、是否有替代品、供應商之集中程度、供應項目是否具有差異性、產業內總採購量與成本的關係、供應項目對成本或差異化的影響、向上或向下整合對產業內企業的影響。

3. 替代品威脅的決定因素

　　替代品的相對價格、移轉成本、客戶使用替代品的傾向。

4.決定客戶實力之因素

(1)議價能力：客戶集中程度與企業集中程度、客戶的採購量、客戶的移轉成本與企業移轉成本的比較、客戶取得資訊能力、客戶向上整合能力、市場上的替代品多寡影響客戶的議價能力。

(2)價格敏感度：產品差異、品牌知名度、價格／總採購量、產品價格彈性愈高客戶實力愈強、客戶的利潤、決策者的動機。

5.既有競爭者強弱決定因素

產業的成長、固定成本／附加價值、產品差異性、品牌知名度、資訊複雜度、間歇性產能過剩、集中與平衡、企業對於風險的看法、退出障礙。

這五種競爭動力除了決定產業的競爭態勢，也決定產業未來的獲利力。透過五種競爭動力的分析除可瞭解目前產業之結構，也可以瞭解企業本身在產業中所處之地位與優劣勢，並進而擬定適當之行銷競爭策略。

二、產業結構分析

一般所謂「產業」(Industry) 是指一群從事類似經營活動、彼此有競爭性的企業群體，而在群體中的各個企業體生產或販賣相關的同類產品，提供相似的服務，並擁有相近的客戶群。而有這些特性的組合群體，則可稱之為產業群體（李仁芳、洪子豪，2000；余朝權，1991）。「產業」之定義亦可就「一群特定顧客之需求」面向來看，如此的市場界定則可形成確認競爭者的基礎，而市場內「所有競爭者」亦可作為定義產業的另一個面向，例如生產或提供上述特定顧客所需之產品或服務的所有企業 (Aaker, 1992)。Porter (1985) 認為產業就是一個市場，在此一市場中產業以相同或高度代替產品銷售給顧客，企業在產品與顧客之間扮演製造、銷售、運輸、服務等價值活動之角色。所以，產業領域是隨產品、顧客之變化而有所消長，不論企業之產品創新或顧客購買行為之變化等，對產業疆界均影響深遠。因此，產業即是反映目前產品與顧客組合的總稱。

產業經濟學或稱產業組織學 (Theory of Industrial Economics or Industrial Organization) 在分析產業上，主要應用個體經濟學中之理論與工具，並以總體經濟學中之經濟政策目標，作為評估產業發展或市場運作是否健全，以及資源是否有效利用之標竿。產業經濟學中的產業組織分析法乃在於分析影響市場結構的因素，及在不同市場結構下，對廠商行為及市場績效之影響，並探討政府如何透過公共政策來規範產業之行為。Scherer & Ross (1990) 在產業經濟學理論中的產業分析架構如圖 8-5 所示：

吳思華 (2000) 認為，產業環境和企業經營的關係密切，一般而言，在進行產業分析時需考慮的項目包括產品狀況、競爭狀況、市場狀況、生產及原料來源狀況等四方面，茲分述如下：

1.產品狀況

主要為產品線相關程度與產品類型等。

⑴產品線相關程度：在相同產業中，各廠商所生產的產品線並不盡相同，產品線間的相關程度可由生產技術、技術工人、原材料、生產設備、原材料供應商、銷售對象、銷售地區、配銷通路、行銷活動等的相同程度及淡旺季的互補效果情況加以評估。

⑵產品類型：各產業所生產之產品其用途均不相同，購買產品的客戶所表現出之消費行為自然亦不相同。產品類型可以不同的標準加以區別為三種主要的分類方式。

　I.耐久品、非耐久品與服務：主要是考慮產品的耐久性與有形性，依這個基礎可分成耐久品、非耐久品及服務三大類。

　II.便利品、選購品與特殊品：主要是將消費品根據消費者的購物習慣予以分類。

　III.原材料、資本材與附屬物料：主要是將供生產用之工業產品，按其進入生產過程的程度以及相對成本來加以劃分。

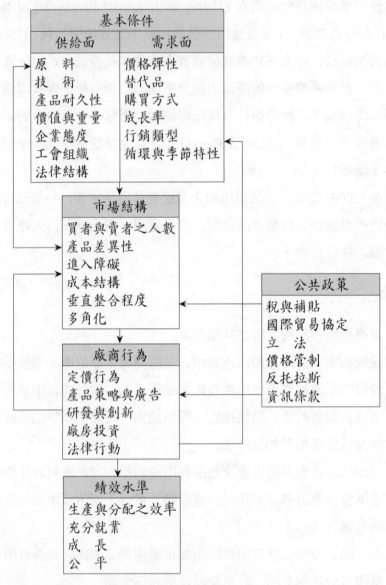

資料來源：Scherer & Ross (1990).

圖 8-5　產業分析架構

2.競爭狀況

　　各個產業的競爭狀況並不相同，產業的競爭狀況可區分為產業內廠商競爭狀況及潛在競爭者的加入。

⑴產業內廠商競爭狀況：有以下二個構面。

　Ⅰ.產能利用率：產業中之競爭關係，取決於同業廠商間的互動關係以及廠商與顧客之供需關係。一般而言，產業之產能利用率低，表示該產業出現供過於求的情形，廠商間的競爭情況自然激烈。反之，則競爭較為緩和。

　Ⅱ.產品差異程度：產業內產品差異程度的大小，可視為同類產品間替代程度的高低，當差異大時，代表各個廠商的產品有特性，均分別擁有特定的消費者，則彼此間的競爭較緩和，反之，則較激烈。

⑵潛在競爭者的加入：如果有很多潛在競爭者可能且很容易加入本產業時，則本產業的競爭狀況必然激烈。其是否會對本產業產生威脅，取決於該產業進入障礙之高低，當進入障礙高時，潛在競爭者加入本產業的可能性低，自然減緩了本產業的競爭壓力。下列幾項因素將會提高產業的進入障礙：

　Ⅰ.產業具有明顯的經濟規模。

　Ⅱ.產業中的產品差異化程度高，顧客有強烈的忠誠度。

　Ⅲ.產業中顧客的轉購成本很高。

　Ⅳ.進入產業需要相當大的資本支出。

　Ⅴ.產業中產品的配銷通路極重要，同時已被少數廠商所掌握。

　Ⅵ.政府法令規定，限制其他廠商進入。

3.市場狀況

　市場是企業生存的命脈，沒有廣大的市場吸收廠商生產出來的產品，則廠商將無法生存。市場狀況分析可從下列四個構面分別加以說明之。

⑴產業成熟度：依據生命週期理論，產業發展之各個不同階段具有不同的特色，對產業之影響亦各不相同。

⑵銷售對象與買方談判力：各產業對市場之獨占力量決定於廠商和顧客間之相對競爭地位，因此，各產業之銷售對象及其所擁有之談判力亦是市場狀況分析的重要構面。買方的談判力在下列的狀況或條件時具有優勢：

　Ⅰ.買方購買數量很大，且銷售很集中時。

　Ⅱ.銷售的產品是買方主要的支出項時，買方將會重視供應來源及供應價格。

Ⅲ.所生產之產品，標準化程度甚高。

Ⅳ.買方轉購成本低，隨時可改變供應來源。

Ⅴ.買方的利潤低，非常重視投入成本。

Ⅵ.買方具有向上整合的能力與意願。

Ⅶ.買方消息靈通，對成本、市價及供需量瞭若指掌。

(3)銷售地區與進出口狀況：一產業的銷售地區如果很分散，則受制於特定廠商之可能性較低，企業經營的彈性亦較大。反之，企業的經營則將受到較大的限制。尤其是臺灣地理幅員小，屬淺盤型經濟型態，國內市場之競爭狀況劇烈，自不在話下。

(4)政府政策：政府對各個產業銷售狀況的介入程度高低會影響到本業和銷售對象間之相對競爭地位。一般而言，政府對各個產業銷售狀況之介入度可從對產品出口之限制、對同類產品進口之限制、對市場價格之干涉程度及法令管制與促進產業升級獎勵措施四個構面觀察之。

4.生產及原料來源狀況

每一個產業均具有特殊核心技術，將投入的原料轉化為產品產出，此一轉換過程，關係到產業的基本運作方式，是分析產業環境時的關鍵之處。生產及原料來源狀況分析可從下列四個構面分別加以說明：

(1)生產類型

最常使用的區分方式為連續性生產（如石化業、紡織業等）、大批量裝配生產（如電子、電腦產品業等）及小批量裝配生產（如航太工業）三大類。

(2)生產附加價值

指本產業將投入原料變成產品的轉換過程中，所創造的附加價值。

(3)生產成本結構

每一個產業之生產成本均包括原材料、動力、人事、機器設備（折舊）、運輸等各方面的成本，由該項成本結構中可得知該產業之經營特性。一般而言，在成本結構中，人事成本所占比例高之產業，通常稱為勞力密集產業；機器設備（折舊）成本所占比例高之產業即稱為資本密集產業。

⑷規模經濟利益潛能

規模經濟利益是企業因較大營業規模而可能獲得的經濟利益。如果一產業具有此項規模經濟利益潛能之可能性，則應致力於擴大營業規模以追求規模經濟利益。反之，規模之大小在該產業中將無關緊要。規模經濟利益可能顯現在包括採購原料成本、設計、研究發展、人工成本、固定設備費用、管理費、運輸費用與行銷廣告費用、品牌及售後服務等各方面。

上游廠商掌握本產業之原料供應來源,對於一產業之經營產生關鍵性的影響,上游原料供應商和本產業間之相對競爭地位可以賣方議價力來衡量,當賣方具有相當的議價力時，可以調價或降低品質來威脅買方。下列情況時，賣方具有較高議價力:

⑴賣方家數少，而買方家數多而分散。

⑵本產業所需的原料無其他替代品，或轉換其他替代品時所需支付之轉換成本很高。

⑶上游原材料品質對於本產業產品品質具有關鍵性影響時。

⑷原材料使用具有時間性，無法長期存放時。

⑸賣方具有向前或向後整合實力時。以上這些因素都會降低本產業的議價力，不利於本產業的經營。在從事產業分析過程我們對該等狀況有所瞭解後，應致力於改善各方面之條件，以提高本產業之議價力。

第三節　競爭優勢之確認

內部與外部環境分析所得到的結果可以獲得優勢、機會、劣勢以及威脅因素，建構出 SWOT 分析表,將優勢及機會的因素萃取出來,即可以得到關鍵成功因素;當企業某些特點處於劣勢時，便可以向產業界的領導者學習，作為標竿管理;在面對威脅時，則以建立防禦策略來避免企業受到傷害。本節即針對關鍵成功因素、防禦策略、標竿管理來說明。

一、關鍵成功因素 (Key Successful Factor; KSF)

每個企業的成功，背後皆有關鍵的因素，掌握住關鍵成功因素將可以為企業帶來成長及持續性的成功，因此在確認競爭優勢時，即要把成功關鍵因素給找出來，運用行銷策略時才能夠有效的發揮，以下說明關鍵成功因素的定義以及確認的方式。

(一)關鍵成功因素的定義

KSF 的觀念由來已久，最早出現在經濟學者 Commons (1974) 所提出「限制因子」(Limited Factor) 的觀念，並將之應用於經濟體系中管理及談判運作；Hofer & Schendel (1977) 指出，關鍵成功因素為一些變數，透過管理者的決策，能有意義的影響公司在產業界的整體競爭定位，在任何特殊產業裡，它們都是從二組變數的互動中衍生出來，也就是產業的經濟和科技特性。而在產業裡的不同公司依據它們的競爭武器建構自己的策略。

根據 Aaker (1984) 的看法，認為關鍵成功因素是企業面對競爭者所必須具有的最重要競爭能力或資產。成功的企業通常在關鍵成功因素的領域是具有優勢的，不成功的企業通常缺少關鍵成功因素中某一個或幾個因素。唯有把握住產業的成功因素，才能建立持久的競爭優勢 (Sustainable Competitive Advantage)。

(二)關鍵成功因素的確認

Aaker (1984) 認為 KSF 有三項特徵：

(1)需包含該產業之成功因素。

(2)需足以形成異質價值，而在市場形成差異性。

(3)需可承受環境變動與競爭者反擊之行動。

Rockart (1990) 在其研究中指出有四種來源：

(1)產業的特殊結構：每個產業都有一組關鍵成功因素，該組因素是決定於該產業本身的經營特性，該產業內的每一公司都必須注意這些因素。

⑵企業之競爭策略、地理位置及其在產業中所占之地位：在產業中每一公司因其競爭地位的不同，而有其個別的狀況及競爭策略，對於由一或二家大公司主導的產業而言,領導廠商的行動常為產業內小公司帶來重大的問題，所以對小公司而言，大公司競爭者的一個策略可能就是其生存的關鍵成功因素。

⑶環境因素：當總體環境變動時，如國民生產毛額、經濟景氣的波動、政治因素、法律的變革等，都會影響每個公司的關鍵成功因素。

⑷暫時性的因素：大部分是由組織內特殊的理由而來，這些是在某一特定時期對組織的成功產生重大影響的活動領域。如在市場需求波動大時，存貨控制可能就會被高階主管視為關鍵成功因素之一。

Hofer (1991) 提出四項關鍵成功因素 (KSF) 應具備的特性：

⑴能反映出策略的成功性。

⑵是策略制定的基礎。

⑶能夠激勵管理者與其他工作者。

⑷是非常特殊而且為可衡量的。

「日本第一」之作者黃宏義 (1987) 認為要確認 KSF 有下列兩種方法：

⑴解剖市場法：

Ⅰ.利用產品及市場兩構面，將整個市場剖解成兩個主要的構成部分。

Ⅱ.確認各個區隔市場，並認清哪一個區隔市場具有策略重要性。

Ⅲ.替關鍵性區隔市場發展出產品─市場策略,然後再分派執行策略的職責。

Ⅳ.把每一個區隔市場所需投入的資源加在一起，然後再從公司可用資源的角度決定其優先順序。

⑵比較法：尋找成功公司與失敗公司的不同處，然後分析兩者之間的差異，並探討其原因所在。

Leidecker & Burno (1984) 亦提出確認成功關鍵因素的八種分析技術：

⑴環境分析；

⑵產業結構分析；

⑶產業／事業專家；

(4)競爭分析；

(5)該產業領導廠商分析，由該產業領導廠商本身的行為模式，可能提供產業
　　成功關鍵因素的重要資訊；

(6)企業本體分析；

(7)暫時／突發因素分析；

(8)市場策略對獲利影響的分析。

二、防禦策略

　　企業除了要有行銷的競爭策略之外，當然還要考量到防禦的方式，以達到進可攻，退可守的境界。企業經營上可能會遭受產業其他挑戰者的攻擊，為了因應攻擊，企業必須採取防禦策略來維持競爭優勢，例如持續投資於改善成本或差異性以降低被攻擊的可能性，或者將對手之攻擊引至較不具威脅的事業範圍內、甚至是減弱其攻擊強度。規劃防禦策略須針對整體的攻擊行動，最適當的防禦策略會因為情況不同而改變，要注意的是，挑戰者的決心可能會隨著過程進展而增強，此時企業退出或縮減的難度也會逐漸提高，退出障礙因此提高，所以採取防禦策略要瞭解挑戰者退出或縮減規模障礙，還有他們如何隨著時間而改變的特質，在退出障礙提高前就要展開防禦行動；防守的企業通常較瞭解產業現存狀況，有經驗的防禦廠商將會設法阻止挑戰者達到他們的初期目標。處在防禦地位的廠商一定要有策略把遭受攻擊的威脅減少到可接受的程度，並使被攻擊的防禦成本和風險接近平衡。

　　Kotler & Ravi (1981) 指出企業有六種防禦策略可以應用：

(1)陣地防禦

防禦最基本的觀念，是在領土的周圍構築一座堅固難以攻破的碉堡。

(2)側翼防禦

市場領導者還應在邊遠地區建立前哨基地作為保護較弱戰線的防禦陣地，且在必要時更可作為反擊的進攻基地。

(3)先發制人防禦

一種更為積極的防禦作戰行動是在敵人對公司未發動攻擊之前就採取攻擊的行動。公司可採數種方式來執行其先發制人的防禦策略。公司可以在市場中採取游擊戰術，忽而攻擊這邊的競爭者，忽而攻擊那邊的競爭者，使每個競爭者都不得安寧。先發制人防禦策略或可先設定想要涵蓋全部市場的比例。

⑷反擊防禦

大多數的市場領導者在受到攻擊時都會加以反擊。領導者在面對競爭者削價、閃電式的促銷活動、產品改良或銷售領域侵略等方式的攻擊時，不能一直處於被動的地位。領導者有許多可供選擇的反擊策略，它可以正面反擊敵人的先鋒部隊、或反擊敵人的側翼部隊、或採取兩面包夾的攻勢，以削弱來自基地的作戰行動。

⑸機動防禦

機動防禦是領導者對未來可作為防禦或攻擊中心的新領土擴張，機動防禦可藉由市場擴大化與市場多角化兩種擴張方式。市場擴大化 (Market Broadening) 要求把公司的焦點從目前的產品，轉移到一般性的基本需要，同時也涉及要在此範圍內從事技術的研究與發展。以市場多角化 (Market Diversification) 的方式進入無關的行業是另一種可行方法。

⑹緊縮防禦

大型公司會發現它們不再能防禦所有的領土時，最佳的行動似乎是有計畫的緊縮 (Planned Contraction)；亦稱策略性撤退 (Strategic Withdrawal)。計畫性的緊縮是指放棄較弱的領土，並重新布署力量到較強勢的領土上，計畫性的緊縮是一種在市場中鞏固競爭力量的行動，並集中全力於中樞位置。

Porter (1985) 指出，防禦策略有三種戰術，

⑴提高產業的結構性障礙：使得挑戰者無法順利進入此產業，而且還會傷害其預期回收利潤。

⑵增加挑戰者行動後被報復的威脅：以此來提高挑戰者的成本、減少其收益。

⑶降低吸引挑戰者的誘因：一般引發挑戰者攻擊的主要誘因是利潤，所以企業可以降低其利潤目標，以免樹大招風招來攻擊，意思就是企業可以有限度的選擇放棄眼前利潤，例如降低價格、提高折扣。

Porter 同時指出，最理想之防禦策略為嚇阻——避免挑戰者展開行動、或迫使

挑戰者偏離目標減少威脅性，此策略之成本遠比正面迎戰來得低；另一種防禦策略則是回應——嚇阻失敗後，面對攻擊企業要迅速決定如何有效還擊。

三、標竿管理

(一)標竿管理的定義

簡單說標竿管理是新的模仿概念，是「創造的改造」(Creative Adaptation)。就是一個企業模仿已成功企業或是有些公司以最好的程序來作為改善自己合法的努力。每個學者對標竿管理的看法都不同，可是每個定義主張的基本意義是相同的。標竿管理的定義如下。

APQC (American Productivity & Quality Center) (1993) 的基本定義如下：「標竿管理是一項有系統、持續性的評估過程，透過不斷地將企業流程與世界上居領導地位之企業相比較，以獲得協助改善營運績效的資訊。」而國內學者管康彥 (1996) 則認為所謂的標竿管理其基本意義就是「以最好的企業作為標準，嘗試以有系統、有組織的方式，學習他們的經驗，以期與之並駕齊驅，甚至超越競爭者。」另外，Camp (1989) 則定義標竿管理為「尋求擁有產業界最佳作業典範的一個持續過程，目的在使自己也能達到最佳的績效。」Bogan & English (1994) 則認為標竿管理是「系統化的尋求可以產出最高績效的最佳作業典範、作業流程或是創新觀念的過程。」

而所謂的「最佳作業典範」(Best Practice) 指的是組織內的某種運作方式或是管理方法，而這個方法可以讓組織表現出優於其他競爭對手的卓越績效 (APQC, 1993)。它是一個相對性而非絕對性的觀念。Mittelstaedt (1992) 則認為，所謂的標竿管理就是尋求組織內部或外界的優異作業方式，學習它們為何傑出的原因，然後應用到自己的組織內。

(二)標竿管理的優點

一般說來，企業會進行標竿管理的原因通常是為了解決目前營運上的問題，

例如：行銷策略與活動舉辦，或是主動檢視企業流程，尋求改善的機會 (Boxwell, 1994)。無論如何，標竿管理和其他的管理工具一樣，都是在追求營運績效的改善。標竿管理相較於其他一般管理工具的獨特之處可以歸納為下列四點：追求卓越、流程再造、持續改善、創造優勢。

1.追求卓越

標竿管理本身所代表的就是一個追求卓越的過程。會被其他企業選中來進行效法學習的組織，就標竿管理的主題而言，絕對是卓越超群的。之所以會選擇這些組織來進行學習，目的便是要效法這些翹楚，使自己的企業也能夠達到同樣的境界，甚至成為其他企業學習的對象 (Boxwell, 1994)。這樣不同企業間的學習之所以可行，是因為所謂「卓越」，在不同的組織內往往尋求得到共通性，即使在不同的產業內亦是如此 (Spendolini, 1992)。舉例而言，大多數的組織都存在銷售作業這類事項。因此，不論任何行業、任何組織的銷售作業都應該具有某種程度的共通性可供觀察與評估。如果某些組織的銷售作業已經聲譽卓著，我們或許可以詳加調查，並把自己的銷售作業方式跟這些組織的作法來進行比較，分析是否有哪些作法可以實行到自己的組織中好讓自己可以做得更好。這種透過廣泛的觀摩研究來追求卓越的方式就是標竿管理的精神 (Camp, 1989)。

2.流程再造

標竿管理另一個重要的精神就是專注流程 (Process)，予以再造 (APQC, 1993)。乍看之下，標竿管理似乎會讓人聯想到傳統的競爭者分析。但事實上，這兩者在觀念上卻是截然不同的 (Spendolini, 1992)。就某些角度而言，標竿管理並不能算是一個創新的管理方法，大多數的企業為了掌握競爭情勢，會很自然的進行市場調查或是將本身的產品與競爭者做比較，但這只能說是競爭者分析而非標竿管理。兩者間一項很重要的差別就在於傳統的競爭商情蒐集強調的是結果或產品的優劣評比，而標竿管理則是著重於分析製造產品或提供服務的整個流程，甚至包括了企業內的所有支援活動，並針對此流程的弱項予以革新。

3.持續改善

所有管理工具都是在尋求提振組織績效的方法，而標竿管理與其他的管理工具最大的不同之處，就在於標竿管理特別強調「持續」改善的觀念。大多數的專家學者所提出以及企業界實際所採用的標竿管理流程，幾乎都強調流程循環再生的特性。這個循環的特性說明了標竿管理不是一個短期的活動，也不是一次就完成的活動。只有在長期的架構之下，所得到的資訊才會深具價值 (Spendolini, 1992)。任何實行標竿管理的企業如果只將它視為一個專案或是單一的事件，那這個企業所能從標竿管理活動中得到的獲益也是相當有限的，絕對遠遠不及那些已將標竿管理融入體系，視為企業經營活動之一的組織 (Bendell, Boulter & Good-stadt, 1998)。這也是為什麼幾乎所有較具規模的美國企業在組織內都會有正式的標竿管理流程的原因了 (Camp, 1995)。「追求完美的過程是永無止境的」，這是任何一個想要藉由標竿管理來提升績效，臻於卓越的企業都必須體認到的事實。Spendolini (1992) 認為「如果我們能夠將標竿管理的對象視為一個移動的標靶，那我們就能夠體會到為何標竿管理會是一段必須持續的過程」。除此之外，持續進行最佳作業典範的調查還有助於企業瞭解最先進的資訊科技、作業技術及管理方式。使企業不至於閉門造車，跟不上知識的潮流 (Finnigan, 1993)。

4.創造優勢

所謂的核心能力就是企業內所有能夠提供競爭優勢的能力組合 (Codling, 1998)。標竿管理有助於企業去塑造本身的核心能力，強化本身的競爭優勢。原因就在於標竿管理的重點不僅在於瞭解標竿企業到底生產或提供了什麼 (What) 比我們還要好的產品或服務，更重要的是去瞭解這項產品或服務是如何 (How) 被設計、製造或提供的 (Spendolini, 1992)，換句話說，標竿管理重視的是典範企業中有哪些具有獨特性的流程是值得我們去學習的 (Codling, 1998)。如果一個企業能夠徹底的分析這樣一個最佳作業方式所提供的資訊，並且經過內化 (Internaliza-tion) 與吸收 (Assimilation)，並成功的轉換應用到自己的組織內，發展出一套獨特的作法與技術 (Know-How)，就可以塑造出本身的核心能力，為企業創造競爭性優

勢。這樣的思考邏輯可以用圖 8-6 來說明。

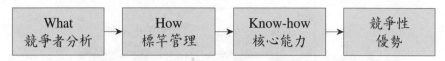

圖 8-6　標竿管理可以為企業創造競爭性優勢示意圖

　　傳統的競爭者分析只注重競爭對手到底生產或提供了什麼比我們還要好的產品或服務 (What)，而標竿管理的重點更進一步深入去瞭解這項產品或服務是如何被設計、製造或提供的 (How)。如果一個組織能夠成功的轉換（不同於抄襲與模仿）最佳作業典範到本身的工作流程內，就等於是強化了組織的內隱技術，便可以為組織發展核心能力，創造競爭性優勢。另外，即使一個企業目前運作得很順利，它還是有必要推動標竿管理，因為這是一個企業自我體檢的過程 (Spendolini, 1992)。藉由與其他擁有相似流程的卓越企業來比較內部所有流程，標竿管理還可以幫助企業防患於未然，找出最缺乏效率的部分，或許是庫存量太高，或許是生產成本過高，抑或是研發比例過低等等 (Fisher, 1996)。總而言之，藉由互相比較來找出最明顯、最亟待改善的部分，可以協助企業提早發現問題的癥結，再參考他人的作法對症下藥，做好例外管理。避免日後問題的擴大，造成無可彌補的錯誤。

四、一般性競爭策略

　　Porter (1980) 在產業競爭力分析的架構之下，根據兩個競爭策略主要構面 (Dimension)——競爭領域與競爭優勢所形成的競爭策略矩陣，而發展出三種一般性競爭策略（見圖 8-7）。

　(1)成本領導：即製造標準化的產品，以規模經濟取得產品的成本優勢。

　(2)差異化：指所製造特殊且能滿足顧客的產品（如高品質、創新的設計、品牌名稱、良好的服務聲譽等）。

　(3)集中化：指集中在某群目標顧客、某地理範圍、某行銷通路，或產品的某一部分中；集中化又可分成差異化集中和成本領導集中兩種。

　　支援此三種一般性競爭策略，需要不同的技巧與資源。這些策略也隱含著不

同的組織安排、不同的控制程序和不同的發明制度。

競爭領域	廣	成本領導策略	差異化策略
	窄	成本領導集中策略	差異化集中策略
		低成本	差異化

競爭優勢

圖 8-7　一般性競爭策略

表 8-2　三種一般策略的內涵

策略名稱	一般需要技巧與資源	組織常見的需要事物
成本領導	・維持資本投資以及增加資本 ・製造程序工程設計技術 ・加強員工管理 ・產品設計為了易於製造 ・低成本配銷系統	・緊縮成本控制 ・經常且詳細的管制報告 ・組織與責任制度化 ・以達成嚴格的數量目標作為獎勵的基礎
差異化	・強大的行銷能力 ・產品設計工具 ・創造力與基本研究的能力強 ・產品與技術具領先聲望 ・產業具有長遠的傳統或是利用其他企業的技術作獨特的組合 ・經銷商非常合作	・產品發行和行銷部門之間堅強的協調合作 ・主觀的衡量而非數據的衡量 ・適合吸引熟練的工人、科學家或具創造性的人員
集中化	・針對特定的策略目標採用上述政策的組合	・針對特定的策略目標採用上述政策的組合

第四節　結　論

　　企業的內部以及外部環境的分析結果對於企業所處的產業情境會有所瞭解，並且對於企業的定位及優勢會有更加明確的認知，如此行銷策略才能有效的運用，以得到應有的行銷效果，本章先從企業內部環境說明起，先從價值鏈分析以及資源基礎理論模式找出企業的核心資源及價值鏈結，明白自身企業之資源及能力之

後，再從企業外在環境來系統化的掃描，運用五力分析以及產業結構分析來確認出目前所處的產業環境以及狀況，確認出企業在產業中的競爭情勢，經過內部及外在環境的認知之後，利用 SWOT 表予以結構化的分析出來，進而確認出企業的關鍵成功因素，掌握關鍵成功因素來發展出企業的競爭優勢，此外，企業相較於其他企業較弱或未知的地方，則要透過標竿學習的方式來管理創新，若遇到企業的威脅及弱勢的地方，則利用防禦策略來避免因遭受攻擊而產生的損失。

1. 價值鏈的主要活動以及支援活動有哪些？請以一家公司為例說明。
2. 資源應具有哪些特質才會具有持久競爭優勢？為什麼？
3. 試繪出產業分析架構，並說明涵意，你認為這個分析方法的優缺點為何？
4. 請任選一網站，分析其關鍵成功因素有哪些？

1. 余朝權 (1991)，〈產業分析構面之探討〉，《台北市銀月刊》，22 (7)，第 9–19 頁。
2. 吳思華 (2000)，《策略九說：策略思考的本質》，臉譜。
3. 李仁芳、洪子豪 (2000)，《企業概論》，華泰文化。
4. 邵亦年、張蔚慈 (2003)，《企業棋譜》，九角文化。
5. 波音公司網站：http://www.boeing.com (2003/3/10)。
6. 黃宏義譯 (1987)，大前研一著，《策略家的智慧》，長河出版社。
7. 管康彥 (1996)，〈超越顛峰的管理〉，《標竿管理——向企業典範借鏡》序文，天下文化。
8. Aaker (1992), *Developing Business Strategic*, 3rd ed., New York: John Wiley & Sons.
9. Aaker (1989), "Managing Assets and Skills: The Key to a Sustainable Competitive Advantage," *California Management Review*.

10. Aaker, David A. (1984), *Strategic Market Management*, New York: John Wiley & Sons.

11. APQC (American Productivity & Quality Center) (1993), *The Benchmarking Management Guide*, Portland, Oregon: Productivity Press.

12. Barney, J. B. (1991), "Firm Resources and Sustained Competitive Advantage," *Journal of Management Science*, pp. 99–120.

13. Bendell, T., L. Boulter, and P. Goodstadt (1998), *Benchmarking for Competitive Advantage*, 2nd ed., Great Britain: Pitman Publishing.

14. Bogan, C. E., and M. J. English (1994), *Benchmarking for Best Practices: Winning through Innovative Adaptation*, New York: McGraw-Hill.

15. Boxwell, R. J. (1994), *Benchmarking for Competitive Advantage*, New York: McGraw-Hill.

16. Camp, R. C. (1989), "Benchmarking: The Search for Industry Best Practices that Lead to Superior Performance," Milwaukee, Wisconsin: American Society for Quality Control (ASQC).

17. Camp, R. C. (1995), "Business Process Benchmarking: Finding and Implementing Best Practices," Milwaukee, Wisconsin: American Society for Quality Control (ASQC).

18. Codling, S. (1998), *Benchmarking*, Great Britain: Gower Publishing.

19. Commons, John R. (1974), *The Economics of Collective*, New York: Macmillan.

20. Finnigan, Jerome P. (1993), *The Manager's Guide to Benchmarking──Essential Skills for the New Competitive-Cooperative Economy*, San Francisco: Jossey-Bass.

21. Fisher, J. G. (1996), *How to Improve Performance through Benchmarking*, London: Clays Ltd.

22. Grant, R. M. (1991), "The Resource–Based Theory of Competitive Advantage:Implications for Strategy Formulation," *California Management Review*, Vol. 33, Issue 3, pp. 114–135.

23. Hall, R. (1992), "The Strategic Analysis of Intangible Resources," *Strategic Management Journal*, Vol. 13, pp. 135–144.

24. Hofer, Chunk, and Dan Schendel (1977), *Strategy Formulation: Analytical Concepts*, St. Paul: West Publishing.

25. Hofer, M. A. (1991), *Development Psychobiology*, New York: Oxford University.

26. Kotler, Philip, and Ravi Singh (1981), "Marketing Warfare in the 1980s," *Journal of Business Strategy*, Winter, pp. 30–41.

27. Leidecker, J. K., and A. V. Burno (1984), "Identifying and Using Critical Success Factors," *Long Range Planning*, Vol. 17, Spring, pp. 23–32.

28. Mittelstaedt, R. E. (1992), "Benchmarking: How to Learn from Best-in-Class Practices," *National Productivity Review*, pp. 301–315.

29. Porter, Michael E. (1985), *Competitive Advantage*, New York: Free Press.

30. Poter, Michael E. (1980), *Competitive Strategy: Techniques for Analyzing Industries and Competitors*, New York: Free Press.

31. Reed, R., and R. J. DeFillippi (1990), "Casual Ambiguity, Barriers to Imitation and Sustainable Competitive Advantage," *Academy of Management Review*, pp. 88–102.

32. Rockart, M. (1990), *Corporate Restructuring: A Guide to Creating the Premium—Valued Company*, New York: McGraw-Hill.

33. Scherer, F. M., and David Ross (1990), *Industrial Market Structure and Economic Performance*, Boston, MA: Houghton Mifflin Company.

34. Simonin (1999), "Ambiguity and the Process of Knowledge Transfer in Strategic Alliances," *Strategic Management Journal*, 20, pp. 595–623.

35. Spendolini, M. J. (1992), *The Benchmarking Book*, New York: AMACOM.

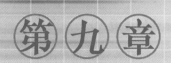

第九章

行銷組織、執行、
控制與評估

學習目標

1. 瞭解行銷組織的演進與特點
2. 對於行銷控制的方法有概念性的瞭解
3. 學習行銷組織的績效評估方式

▶ **實務案例** //////////

　　在星巴克公司中，他們突破了傳統的行銷組織運作模式，而運用強有力的文化誘因，鼓勵員工積極尋找有潛力的市場機會。在星巴克，所有員工彼此均以「合夥人」相稱，暗示所有人都肩負一定的責任。很少有營業額達數 10 億美元的大企業會這樣做，任何人有好的構想，只要填妥一個表格交給上級，一定會得到高階主管的答覆。如果公司決定採用某個新構想，通常會邀請當初提出該構想的員工參與該新事業團隊，而不會去考慮該員工的年資或職銜為何。

　　讓我們來看看星巴克如何成功發展出法布奇諾（Frappuccino，一種冰咖啡飲料）。1994 年 5 月，一名基層經理提出了調製法布奇諾的構想，很快便得到五人高階管理團隊的高度重視。就在同年的 6、7 月，該公司已規劃好行銷、包裝及通路等事宜；到了 8 月，與百事可樂公司合資生產的細節也談妥了。當初提出該構想的那位基層經理，則被指派擔任法布奇諾試銷方案的負責人。同年 10 月，星巴克發動了第一波上市攻勢。次年，也就是 1995 年的 5 月，法布奇諾在美國全面推出。結果此一新產品第一年的銷售額，便占了該公司全年營收的 11%。而這個成功的關鍵在於當星巴克想要推出一種新的冰淇淋產品時，立刻發現該公司欠缺自行包裝與通路管理的技能，新產品的上市速度因而慢了下來。於是，該公司決定和醉爾斯冰淇淋（Dreyer's）合作，掌握所需的行銷技巧，再配合該公司原本就熟稔的夢幻團隊模式，得以用不到平均一半的時間，就成功地推出新產品上市。在短短四個月內，該公司生產的咖啡冰淇淋便登上暢銷排行榜的首位。

　　新型的行銷組織意識到，傳統上由各種不同的產品、通路與客群組成的制式結構，已無法在快速變遷的環境中創造價值。面對演進速度越來越快的市場環境，很多行銷人都拼命想要追上腳步。雖然過去他們賴以致勝的戰略（例如重新設計市場區隔、建立強勢品牌，及高薪禮聘行銷專才），仍有必要繼續沿用，但當競爭者用截然不同的方式，設計出全新的組織結構，發掘大好商機，創造高度成長時，傳統企業如果不能加快速度，勢必將被競爭者活生生地吞噬掉。

　　今天的新行銷人，他們已經瞭解到，處在快速變遷的市場環境中，正式的組織結構已經過時，無法為企業創造價值。為了跟得上市場變動的腳步，他們捨棄定期進行組織重整的模式，改採持續演化的流程。他們仍然指派經理人負責核心產品、區隔與行銷通

路，但所指派經理人的人數、他們的責任範疇，以及他們該向誰報告，都依市場機會而隨時改變。就星巴克咖啡 (Starbucks) 而言，一旦發現了好機會，該公司會立刻成立一個團隊，並從影響該機會成敗最鉅的行銷部門徵調主管，擔任新團隊的領導人。如果新構想的原創者恰好具備適合的條件，公司便會任命此人負責開發新事業；如果公司內部沒有合適的人選，星巴克便立刻向外徵才。

　　許多企業體認到，想要長期領先市場變動的腳步，不僅要創造出流暢的組織結構，更要建立嚴格的績效衡量模式與決策機制。因此他們展現了比同業平均高出一倍半的業績成長率。不論你是防守者或是攻擊者，只要能夠建立起這種組織與機制，都能比別人抓住更多的市場機會。

資料來源：麥肯錫季刊，2000，第 2 季。

http://www.chinese.mckinseyquarterly.com

　　本章將從管理功能來看行銷的組織演進與規劃，以及行銷控制有哪些類型，並從中學習行銷組織或方案的績效評估方式。

第一節　行銷組織

　　行銷部門的演進可以分成五個階段，分別為簡單銷售部門 (Simple Sales Department)、具附屬功能的銷售部門 (Sales Department with Ancillary Functions)、分離的行銷部門 (Separate Marketing Department)、現代行銷部門 (Modern Marketing Department) 及現代行銷公司 (Modern Marketing Company) (Kotler, 1976)。行銷組織演變至今，為能順應瞬息萬變的市場競爭環境，組織結構也不斷的在改變，而在資訊科技的影響下，更是打破了以往正式的組織型態而有虛擬組織的出現。近來已有企業體認到若要能長期居於市場領導位置，就要讓組織結構流暢，並能把握機會，看準市場趨勢，在適當時機把資源與資金挹注到具有發展潛力的新事業，切斷沒有希望的事業體，這樣的新型態組織有稱其為「創投行銷組織」(Venture-Marketing Organization; VMOs)（Nora Aufreiter 等，2000）。以下將以組織分類、部門關係與部門角色三部分來說明行銷組織的特點及功能。

一、組織分類

組織的形式有許多種，各種型態的組織或大或小，但皆須依照企業的策略與目標進行調整，行銷組織一般依功能、產品、市場及地區等分類 (Kotler, 1976)，以下我們將針對每種型態詳細介紹。

1. 功能性組織 (Functional Organization)

功能性組織的設計在行銷總經理下設具有功能性的專業人員，這些專業人員僅需對行銷總經理負責，這些人有可能為廣告及銷售推廣經理、銷售經理、行銷研究經理等（圖 9–1）。

圖 9–1　功能性組織

功能性組織的優點在於組織結構簡單，行政管理較容易。但當公司的產品或市場增加時，沒有特定的人去專門負責這些工作，對於市場或產品的規劃就會不夠詳盡，且產品很有可能被忽略。除此之外，第二個缺點在於每個功能團體容易僅專注自己功能的績效發揮，忘了顧及整體公司利益與前景，且為了達成本身績效極大化，容易和別的部門相互競爭，此時行銷總經理的溝通協調能力就越顯重要。

2. 產品管理組織 (Product Management Organization)

當公司具有多種產品與品牌時，通常會設立產品的管理組織，但產品的管理組織並未取代原本的功能性組織，而是作為管理的另一層（圖 9–2）。

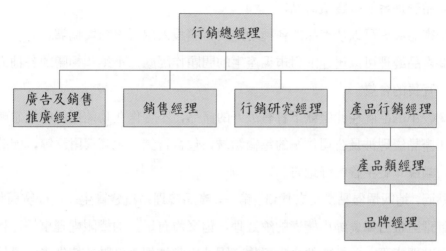

圖 9-2　產品管理組織

產品管理首先出現在 1927 年的寶鹼公司，當時公司一位主管 Neil Mcelroy 被指派要求推廣公司推出的新肥皂——Camay，後來做得非常成功，因此寶鹼公司陸續設置其他產品經理，而後許多公司也跟著設立這樣的組織。產品經理的任務在於提出產品的策略、計畫，並執行、審核與採取修正行動，其責任可分為以下六項任務：

(1)發展產品的長程計畫與競爭策略；

(2)編製年度行銷計畫與銷售預測；

(3)與廣告及推廣人員發展廣告內容、計畫與活動；

(4)刺激銷售人員與配銷商對於產品的興趣；

(5)蒐集產品績效、顧客及經銷商態度、新問題與社會的情報；

(6)引發產品改良以符合市場需求。

這些基本功能對於消費性產品經理與工業性產品經理均可通用，但工作的內容與重點有些許的差異。消費性產品的經理會花費較多的時間在廣告與銷售推廣上，並與自己公司和廣告公司的人一起工作，較少與顧客直接接觸；相反的，工業性產品的經理較注意產品的技術面與設計上的改良，因此較常與公司實驗室或是工程人員一起工作，也和主要顧客接觸密集，且較少注意廣告與促銷定價，注重產品的理性因素大於感情因素。

產品管理系統有幾項優點：

(1)產品經理可以使產品的各種功能與行銷投入取得平衡與協調。

(2)產品經理可以迅速的對市場產生的問題作因應，不須和相關的各種人進行冗長的會議。

(3)較小的品牌在此組織下會有最好的產品，不會像在功能組織中被忽略。

(4)產品經理涉及公司作業的每個領域，包含行銷、生產與財務等，因此也是訓練年輕主管的好地方。

然而，這四個優點還是有代價。第一，產品管理系統會產生一些衝突與挫折。產品經理雖被告知為縮小權責的總經理，但又沒有足夠的權限處理事情，且常須花許多時間處理一些繁雜的文書工作，因此經常被視為低階的協調者，另外，他也必須花時間尋求廣告、銷售或製造等其他部門的合作，因此很少有時間去從事規劃。第二，產品經理在其負責的產品上是專家，但在其他功能上就很少有機會成為專家，因此常徘徊在專家與非專家的地位之間，因此若產品是依靠特定功能（如廣告）時，那麼產品經理就會因為不諳此領域而使績效不佳。第三，產品管理系統常較預期的成本高。當產品經理被交付一項產品後，之後會陸續被交付其他的產品，工作量一大就會尋求其他人員的協助，並進一步要求上級加派助理人手，經年累月下來，不僅人事費用大增，其他如文案、媒體、包裝、市場調查等等的費用也會增加。第四，品牌管理經理在管理品牌上有階段性，因此之後不是升遷就是外調或離職，如此短期涉入品牌的心態會破壞建立長期品牌優勢的機會。

3.市場管理組織

市場管理組織的系統與產品管理組織非常類似（圖 9-3），不同之處在於其設置市場部門經理，且依據特定顧客群體的需要來組成，而非著重行銷功能、地區或產品本身。此外產品管理組織有的優缺點也出現在市場管理組織上。

4.產品與市場混合組織 (Product/Market Organization)

然而，當公司生產各種產品並在多種市場銷售時則會面臨一些難題。他們可以利用能適應高度市場變化的產品管理系統，或是利用能熟悉市場上各產品高度

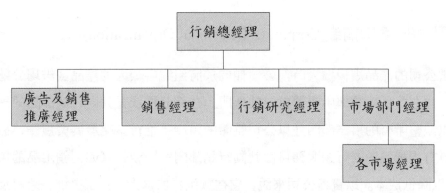

圖 9-3　市場管理組織

變化的市場管理系統，亦或同時設置產品經理與市場經理，於是就產生了產品與市場混合組織（圖 9-4）。

市場經理

　　　　　　　　男性服飾　女性服飾　家用家具　工業市場

產品經理

嫘縈
醋酸纖維
尼龍
奧龍
達克龍

圖 9-4　產品與市場混合組織（杜邦公司）

杜邦公司即採用此種組織，市場經理徵詢產品經理相關纖維產品的成本價格等資訊後，再配合各個市場的需求來做市場計畫，而產品經理則為個別的產品進行規劃銷售與利潤計算，再徵詢市場經理的意見以規劃市場纖維可銷售的量。矩陣型的組織在多產品與多市場導向的公司來說非常重要，儘管如此，此系統付出的成本高且衝突大，對於職權的歸屬亦有難題：

　⑴銷售人員該依個別市場或依個別產品來組織？是否需要專精在一項產品或市場？

　⑵應該由誰來為產品或市場決定價格？杜邦的例子裡，是否由尼龍產品經理來訂定價格？但若男性服飾經理覺得尼龍價格下降，對於市場可能會有不利的影響時，應如何處理？

5.公司共同的事業部門組織 (Corporate-Divisional Organization)

當公司的產品規模擴大時，公司傾向於將組織中較大的產品或市場分離成事業部，並在各個事業部中設置自己的部門。在總公司設置共同行銷部門的理由在於可以統整所有的事業部門並以公司整體的角度來進行策略發展與規劃，另外，某些具有規模經濟的行銷服務可由共同行銷部門一同執行（如促銷用品的集中採購），以降低成本。以寶鹼公司來說，它在歐洲、加拿大、拉丁美洲、遠東及美國等地區都設有事業部，且每個地區皆有自己的副總裁與功能性部門。然而，這又造成了總公司與事業部該如何劃分行銷服務與功能的問題，因此總公司的行銷幕僚通常會選擇以下其中一種模式來進行：

(1)總公司不作行銷，僅在事業部設置行銷部門。

(2)總公司的行銷幕僚適度涉入，並協助管理階層作整體評估及適時提供事業部相關行銷觀念與資源。

(3)總公司強力行銷，由總公司的行銷部來主導整個行銷規劃、控制與執行。

二、部門關係

理論上公司的各個部門都應該要能和諧的互動運作，但實際上發生的情況卻是各部門常因為著眼點不同起了衝突，甚至為追求部門績效極大化而產生很大的競爭關係，進而產生誤解與不信任。以行銷的觀點來說，公司無論哪個部門都應該以顧客為中心，共同合作追求顧客滿意度極大，因此行銷部門就有兩個重要的任務，其一為協調公司內部的行銷活動，另一項即為協調各部門如生產、財務、研發等相關能影響顧客滿意的部門。然而，行銷部門卻沒有權限與影響力去管理這些部門，反倒需要以說服的方式去尋求各部門的協助，而各部門多半都會以自己的角度來看待公司的利益，表 9-1 列舉出行銷部門與其他部門的不同觀點。

表中所列的部門皆以自己的角度為出發點，主要都是希望能讓部門成本極小化，並注重便利性，但以行銷的角度來說，由於要站在顧客的立場思考行銷方式，因此許多地方都是要能符合顧客期望，包含產品的多樣性、可選擇性、品質高等，

表 9-1　行銷部門與其他部門衝突摘要

部門	其他部門強調點	行銷部門強調點
設計	設計前置時間長	設計前置時間短
	功能特色	銷售特色
	模型種類少	模型種類多
採購	標準零件	非標準零件
	原料價格	原料品質
	經濟批購量	大量批購以避免缺貨
	採購次數少	即刻採購以應付顧客需求
生產	少數模型長期生產	多數模型短期生產
	不修改模型	經常修改模型
	依標準訂貨	依顧客訂貨
	製造容易	外表美觀
	適度品質管制	嚴格品質管制
存貨	產品線少	產品線多
	經濟水準存量	高存量水準
財務	嚴格之支出理由	直覺之支出理由
	嚴格迅速預算	彈性預算以配合需求
	收回成本定價	繼續發展市場定價
會計	標準交易帳	特殊條件及折扣
	報告少	報告多
信用	顧客財務全貌	最低顧客徵信
	低信用風險	中等信用風險
	嚴格信用條件	寬厚信用條件
	嚴格收款程序	鬆弛收款程序

資料來源：曹國俊 (1977)。

例如設計部門，強調的是設計的功能性，因此容易犧牲產品的可行銷性；採購部門，訴求在於降低成本，並以方便性為要，但以行銷的角度來說，則要注重品質，並滿足顧客量的需求，減少等待時間，以提高顧客滿意。而其他部門亦有類似與行銷觀念衝突的情形，因此行銷部門希望能透過各部門間相互合作以達到顧客滿意，但往往卻造成生產成本增加、影響生產進度等問題。

因此為解決行銷部門與其他部門間的衝突關係，可以透過建立全公司行銷導向的策略來改善，這樣的策略不僅僅只是對員工訓示以顧客為中心，改變企業文化，但主管往往忽略員工的抗拒變革性，因此即使短期內有顯著績效，長期觀之，當失去誘因或績效未明顯提升時，員工又會將注意力轉移到生產力上。發展策略的主要步驟有以下幾點（謝文雀，1998）：

(1)說服其他主管也成為顧客導向；

(2)設立一個高階行銷主管與行銷任務小組；

(3)尋求外界協助；

(4)改變報酬系統；

(5)僱用行銷專才；

(6)發展公司內部有效的行銷企劃；

(7)設置現代化行銷規劃系統；

(8)建立年度行銷優良方案；

(9)將以產品為中心的組織調整成以市場為中心的組織。

三、部門角色

從行銷部門的演化與組織的分類中可以看出行銷部門在公司不同的發展階段有著不同的潛在貢獻，儘管公司的策略發展應透過各部門間的相互協調合作與參與，但大體說來，由於行銷部門對於市場與產品的分析能力與敏感度優於一般部門，因此行銷部門主要的角色將在主導公司市場與產品提案及策略發展。

第二節　執行與控制

行銷執行的定義為將行銷計畫轉化成實質的任務指派，而這些任務並要能確實達成目標。當行銷策略發展出來後，緊接著就是將其執行出來，否則一切都只是空談，然而在預期結果未出現前很難從策略面及執行面之間找到問題的癥結所在，所以當結果出現後就要開始一連串的檢視與修正，此時就要利用行銷控制的

功能來進行問題的診斷，進一步針對問題進行改善，甚至從中繼續發展更好的策略。能發展並應用穩健的評估與控制程序才是好的行銷組織，其中特別重要的行銷控制程序有以下兩點（高登第，2000）：

　　⑴對目前的成果進行評估並針對缺失作改善。

　　⑵對行銷效益進行稽核與發展計畫，使現況欠佳的重要要素獲得改善。

　　針對第一點來說，企業通常都會設立短期或長期的績效目標，一旦達成目標企業便會大肆慶祝，反之，當成果與目標有落差時，企業往往手足無措而不知從何處改善。整個控制與執行的過程中，最重要的是設定目標與採取的方法是否正確，另一方面，企業通常僅只針對財務績效作單方面的評估，而忽略了其他也會影響績效的因素，因此 Kolter 提出企業應以三種不同的計分卡來檢視成果，分別為財務計分卡 (Financial Scorecard)、行銷計分卡 (Marketing Scorecard) 及相關人員計分卡 (Stakeholder Scorecard)。

(一)財務計分卡

　　財務計分卡談到的是傳統衡量企業績效最直接的財務數據，包含報表裡的營業額、成長率、資產報酬率及股東權益報酬率等數據，可以很明確的標示出公司是否有成長，然而再仔細深究報表數據或可發現，即使營業額有成長，但研發費用卻沒有成長的情況下，換成比率的方式來看就是研發費用率呈下降的趨勢，換句話說，亦即公司今年度並沒有再進一步針對新產品作研發，因此即使今年度營業額有成長，卻不一定代表公司每個部門都有正向的成長。

(二)行銷計分卡

　　行銷計分卡則是列出公司相關行銷的比率與數據，作跨期比較，以檢視公司應該提高警覺的地方，例如市場占有率、顧客保留率、顧客滿意度、相對產品品質、相對服務品質等。

㈢相關人員計分卡

相關人員計分卡的範圍又更為廣泛，哈佛大學的教授 Robert Kaplan 稱其為「平衡計分卡」(Balanced Scorecard)，其主要是由原本的財務構面、顧客構面，擴大到員工與內部流程構面，此一計分卡涵蓋的範圍可包含整個組織中相關績效的人員與事物，因此在評估績效方面會較完整，我們在下一節中將會針對平衡計分卡再做說明。

至於第二點，Kotler 認為企業應該定期檢視組織裡行銷、財務、研發等功能，透過定期的檢視才能確保組織能隨時適應環境變化，並進一步進行企業再造，而檢視行銷功能最好的方式就是透過行銷稽核，關於行銷稽核的部分將在下面的策略性行銷控制中詳細說明。

一般而言，行銷控制可以分成年度控制、獲利率、效率性、策略性四種類型，以下將針對各種類型做介紹。

㈠年度控制

此一控制的目的在於確保公司能達到年度計畫裡的每項目標，其核心觀念就是應用到 1945 年 Peter Drucker 提到的目標管理 (Management by Object; MBO)（李芳齡，2002），目標管理的概念在於將組織目標逐層往下轉化成部門目標並具體化，使員工都能明確知道組織目標，企業可藉由目標設定來激勵員工達到自我控制，而不用透過上層主管的支配管理就能使員工績效表現更佳。所以在此一控制下公司就要先設定組織目標為何，並將其目標具體化告知給各部門，最後要根據每個階段是否達成目標進行檢視，並採取相對應的修正行動。通常年度控制有以下幾種工具可以使用，包含銷售分析、市場占有率分析、行銷費用對銷售額比、杜邦分析、顧客保留率、顧客滿意度、修正行動。

㈡獲利率

除了年度控制之外，公司也需要衡量不同地區、顧客群、通路及定單大小的獲利率，基本上都是利用行銷成本分析來將行銷成本分派到特定的活動上。以下

即以簡單的步驟來說明成本分攤的方法，首先假定一家割草機公司決定其通路為五金店、園藝用品店、百貨公司，其簡易損益表（表 9-2）如下。

表 9-2　割草機公司簡易損益表

銷貨收入		$60,000
銷貨成本		39,000
毛利		$21,000
費用		
薪水	$ 9,300	
租金	3,000	
耗材	3,500	
		$15,800
淨利		$5,200

步驟一：　確認功能性費用

表 9-3 所列的所有費用代表在銷售此一產品時發生銷售、廣告、包裝與運送、帳單與收款活動的費用，因此要將其分別分配到各個活動。假設大部分的薪水是給銷售人員 5,100 元、廣告經理是 1,200 元、包裝與運送人員為 1,400 元、內勤會計則為 1,600 元，另外，租金亦為須分攤的項目，由於銷售人員不需要辦公室場地，因此不須分攤租金費用，而其他單位分別分攤 400 元、2,000 元、600 元。

表 9-3　各功能性費用分攤表

會計科目	總　計	銷　售	廣　告	包裝與運送	帳單與收款
薪　水	$ 9,300	$5,100	$1,200	$1,400	$1,600
租　金	3,000	–	400	2,000	600
耗　材	3,500	400	1,500	1,400	200
	$15,800	$5,500	$3,100	$4,800	$2,400

步驟二：　將功能性費用分攤到每個行銷單位

此一步驟為衡量每個行銷通路有關的功能性費用，假設表 9-4 中的各通路總銷售拜訪次數要做 275 次，每次拜訪的平均費用為 20 元。總共做 100 次廣告，平

均成本為 31 元。包裝費用與帳單收款費用則根據定單數 80 來計算，平均成本為 60 元與 30 元。

表 9–4　費用分攤至各通路之基礎

通路類型	銷　售	廣　告	包裝與運送	帳單與收款
五金店	200	50	50	50
園藝用品店	65	20	21	21
百貨公司	10	30	9	9
	275	100	80	80
功能性費用	$5,500	$3,100	$4,800	$2,400
單位數	275	100	80	80
	$20	$31	$60	$30

步驟三：編製每個行銷通路的損益表

有了以上的數據之後就可以編製每個行銷通路的損益表。如表 9–5 中五金店毛利為 10,500 元，根據表 9–4，銷售的拜訪次數為 200 次，成本為 20 元，因此五金店在銷售部分的銷售費用為 4,000 元，廣告次數為 50 次，成本 31 元，因此廣告費用為 1,550 元，同理算出其他費用後，總費用共計 10,050 元，毛利扣掉總費用後得出淨利 450 元，其他通路則依此類推。

表 9–5　通路損益表

	五金店	園藝用品店	百貨公司	全公司
銷貨收入	$30,000	$10,000	$20,000	$60,000
銷貨成本	19,500	6,500	13,000	39,000
毛利	$10,500	$ 3,500	$ 7,000	$21,000
費用				
銷售	$ 4,000	$1,300	$ 200	$ 5,500
廣告	1,550	320	930	3,100
包裝與運送	3,000	1,260	540	4,800
帳單	1,500	630	270	2,400
總費用	$10,050	$3,810	$1,940	$15,800
淨利或淨損	$450	($310)	$5,060	$5,200

從表 9–5 中可以明顯看出在園藝用品店的通路為淨損，百貨公司對於總淨利的貢獻則最大，然而是否要刪除園藝用品店的通路或全力以百貨公司的通路進行未來的銷售決策，須進一步考慮下列問題：

(1)在不同通路與品牌的基礎下，消費者購買的程度為何？

(2)就三種通路而言，未來市場發展的趨勢為何？

(3)三種通路的行銷策略與人員努力程度是否最佳？

基於以上的問題，行銷經理可以因此而界定他們可以利用的方案：

(1)處理小定單要收取特別費用以促進大定單的產生。

(2)給予園藝用品店與五金店更多的協助。

(3)減少園藝用品店與五金店的拜訪次數與廣告量。

(4)不採取任何行動。原因在於未來市場發展趨勢傾向於目前表現較弱的通路，若放棄任何通路則會減少利潤而不是改善利潤。

(5)不放棄任何通路，只放棄每個通路裡最弱的零售單位。此背後的假設在於通路獲利高，但影響獲利的因素在於零售單位的績效表現不彰。

每個方案訂定前都須經過縝密的分析，不能因為簡單的損益分析就斷定通路的存續與否，而行銷成本分析目的僅在於幫助行銷組織找出影響獲利的關鍵，不代表最佳的方案就是捨棄沒有利潤的行銷單位，也不代表實際放棄沒有利潤的行銷單位後就可以在利潤上獲得改進。

㈢效率性

當獲利率分析已經做到找出使企業績效不彰的單位時，接下來就是要針對每個相關單位進行效率分析，大致可分為銷售人員、廣告、促銷活動及配銷等四部分。其中銷售人員部分的效率因素包含平均拜訪顧客次數、平均拜訪時間、每次拜訪的平均收入、每次拜訪的平均成本、每期顧客增加比、每期顧客流失比等，這些數據可以確實將銷售人員的效率以量化的數據表現，未來要改善也可以有明確的目標與方向。

廣告的效率因素有消費者對廣告內容的意見、媒體接觸固定比率目標群所需支付成本、因廣告而產生詢問的次數等，管理單位可以利用現代化的工具來改善

廣告效率，如利用電腦來尋找適合的媒體及選擇有效的廣告時段。

促銷活動的效率因素有因促銷而產生銷售的比率、每個銷售的展示成本、因展示而產生詢問的次數等。至於配銷活動的效率也是企業應重視的地方，因為配銷的效率往往影響到顧客滿意度，一般情況下，當公司的銷售增加時，配銷效率通常都會降低，因此如何在生產與配銷間正確的拿捏是管理階層應深思熟慮之處。

㈣策略性

策略在執行一段時間之後，很可能因為總體環境的變遷而使得原先的行銷手法不合時宜，因此需要定期檢視組織針對市場發展的策略，其中最常使用的方式就是行銷稽核，行銷稽核的定義是針對公司或一個事業體的行銷環境、目標、策略、活動進行廣泛、有系統、獨立且定期的檢討，並找出問題點，建議出一套改善公司行銷組織的行動計畫。行銷稽核的工具可以檢視七種行銷要素：總體環境、任務環境、行銷策略、行銷組織、行銷系統、行銷生產力，與行銷功能（見表 9-6）。

第三節　績效評估

所謂「績效評估」，在本質上是管理活動中的「控制」功能。這種功能具有消極與積極的意義，就前者來說，是瞭解規劃的執行進度與狀況後，如有偏差，就要馬上採取修正；而後者是說，希望藉著績效評估制度的建立，在事前與活動中對於人員的行為產生影響，進而使人員努力的目標與組織目標趨於一致。在以往工業社會的時代，績效評估是建立在由上而下的集權領導方式，因此績效評估的制度自然而然能配合高階經理人的控制需要，然而隨著 21 世紀的到來，工業社會被後工業社會或知識社會所取代，使得組織結構有了根本的改變，因此，績效評估制度也隨著變化，最基本的改變就在於原本偏重的財務指標擴大到其他非財務的指標（許士軍，2000）。

本節主要說明行銷控制的方法。同樣的，行銷組織演進至今，僅靠傳統的財務指標來衡量是不夠的，因此在這裡我們針對上一節中獲利率、年度控制、策略性與效率性四個控制類型裡頭的相關細節作說明，內容除了以往的財務指標如銷

表 9-6　行銷環境的稽核

行銷要素		內　容
行銷環境的稽核	總體環境	人口統計面
		經濟面
		環境面
		科技面
		政治面
		文化面
	任務環境	市　場
		顧　客
		競爭者
		通路與代理商
		供應商
		往來廠商與行銷公司
		群　體
行銷策略的稽核		企業使命
		行銷目的與目標
		策　略
行銷組織的稽核		正式的架構
		功能性效率
		介面效率
行銷系統的稽核		行銷資訊系統
		行銷企劃系統
		行銷控制系統
		新產品的發展系統
行銷生產力的稽核		獲利力分析
		成本效益分析
行銷功能的稽核		產　品
		價　格
		通　路
		廣告、促銷、公關與直效行銷
		銷售人員

資料來源：Kotler (1997).

售分析、行銷費用對銷售額比、杜邦分析外，還有行銷面的市場占有率，甚至擴大到全面性的平衡計分卡。

一、銷售分析

銷售分析主要在評估目標銷售與實際銷售之間引起差異的原因。主要運用兩種工具，其一為銷售變異分析 (Sales-Variance Analysis)，另一個為銷售細目分析 (Micro-Sales Analysis)。銷售變異分析在用來分析不同因素對銷售績效的貢獻程度，例如假設年度計畫中第一季的目標為銷售 4,000 單位，每單位 1 元，即銷售總額為 4,000 元，但第一季結束後只銷售了 3,000 單位，每單位 0.8 元，此時銷售總額只剩下 2,400 元。

價格下降的變異 $=\$(1-0.8)\times(3,000)=\$\quad600\quad37.5\%$

數量下降的變異 $=\$1\times(4,000-3,000)=\$1,000\quad62.5\%$

$$\$1,600\quad100.0\%$$

從上式的分析可以看出有三分之二的變異原因來自於數量下降的關係，因此行銷經理應該針對量的部分做檢討與調整。

銷售細目分析比銷售變異分析可以更進一步地找出未達預期銷售目標是因為特定產品、區域或通路。例如三地的預期銷售為 1,500、500、2,000 單位，實際銷售量為 1,400、525、1,075 單位，進一步求算變化的比例發現第一地為減少 7%、第二地為增加 5%、第三地為減少 46%，從中發現第三地的銷售有相當大的問題，因此行銷經理應針對第三地做進一步的檢視與修正。

二、市場占有率

銷售分析只能衡量公司內的銷售成績，如要與競爭者相互比較，就要從市場占有率著手。

市場占有率 ＝ 顧客滲透率×顧客忠誠度×顧客選擇性×價格選擇性

其中：顧客滲透率 (Customer Penetration)——代表所有顧客中向此公司購買
　　　的顧客百分比。

　　　顧客忠誠度 (Customer Loyalty)——代表顧客向公司購買的物品占相
　　　同產業物品的百分比。

　　　顧客選擇性 (Customer Selectivity)——顧客向此公司購買物品的平均
　　　次數占一般顧客向一般公司購物的百分比。

　　　價格選擇性 (Price Selectivity)——為公司定的平均價格占其他公司平
　　　均價格的百分比。

　　根據以上的公式，行銷經理可以檢視市占率下降的原因。然而單從市場占有
率來衡量一個公司的績效是很偏頗的，舉例來說，假設有一個新廠商加入這個市
場，因此市場占有率一定會降低，但不代表是因為公司的績效下降；或者導致市
場占有率下降的因素是公司決定放棄一些不能為公司帶來利潤的顧客，若以這樣
的角度來看，市占率的下降未必不是件好事。因此在進行市場占有率分析時，同
時也要針對其他項目進行分析，以找出市占率降低的真正原因。

三、行銷費用對銷售額比

　　在年度計畫控制中，監控費用支出也是一個重要的過程，通常我們可以從一
些比例看出費用的使用情況，例如廣告費用對銷售額比、銷售人員費用對銷售額
比、促銷活動占銷售額比、行銷研究占銷售額比等，從這些比率的波動可以觀察
公司費用使用的情況，當變動過大、超過上限或是不足下限時，應該對於這些費
用進行檢視，因為往往大問題的徵兆都發生在這些小地方。這裡我們用廣告費用
對銷售額比做簡單說明。

　　費用比率的波動可以利用控制圖來表示（圖 9-5）。圖中可以看到除了最後第
十五年之外，比率都未超過上限或下限，而在第十五年比率超過控制上限，此時
行銷經理應該檢視比例超過的原因，從圖中也可以發現比率自第八年起就有上升

的趨勢，或許公司經過幾年的努力，規模也逐漸成長，相對一些費用的支出也會提高，因此行銷經理除了檢視比例升高的原因外，或許也可針對標準進行修正。

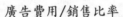

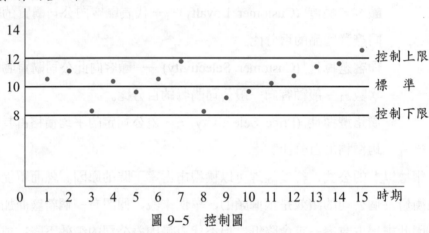

圖 9–5　控制圖

針對失去控制的費用我們可以用另一個圖更細分出導致費用提高的原因。圖 9–6 為表示銷售配額與費用百分比之間的分布，如 D 點就幾乎能達到公司定的配額標準且費用也控制在水準內，而 B 點表示其業績不錯能超過公司定的銷售配額而費用也等比例的增加，至於 H 點雖未達到公司定的配額標準，但費用也不會因此而特別增加或減少，還是在等比例（固定費用銷售等比例線）的標準內。此圖中最須注意的是第二象限，由於此象限中明顯的是其費用高於銷售配額，因此行銷經理可以利用此圖的模式另外針對第二象限的銷售人員繪製配額百分比與費用百分比的關係，藉此找出不良績效導因於哪個銷售人員。

四、杜邦分析

一般我們都會運用比率分析來看一家公司的財務報表，如資產報酬率、權益報酬率、周轉率等。為了要進一步的全面性評估公司的財務情況，就要將一些比率進行拆解，進而更仔細的找出問題癥結。這種綜合性的財務分析方法是由美國杜邦公司率先使用，因此又稱為杜邦分析。

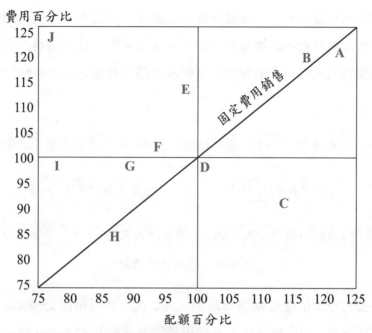

資料來源：Phelps & Westing(1968).

圖 9-6 按地區分費用與收益差異比較圖

杜邦分析其實是以權益報酬率為出發點，進而再拆解成資產報酬率乘以權益乘數，而透過一步一步的將比率拆解到最後組成因子，就可以瞭解造成比率高低的原因，圖 9-7 列出杜邦分析中比率拆解的過程。

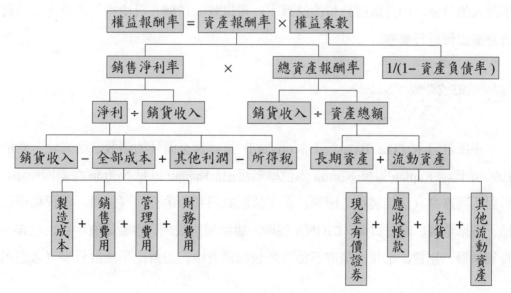

圖 9-7 杜邦分析

　　權益報酬率是反映出公司權益最直接的數據，由圖 9-7 可以看出權益報酬率的影響因子有銷售淨利率、總資產報酬率及權益乘數，其中銷售淨利率及總資產報酬率又和銷貨收入有很大的關係，下面我們節錄杜邦分析的一部分來進行說明（圖 9-8）。

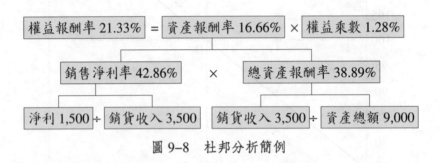

圖 9-8　杜邦分析簡例

　　假設一公司今年的權益報酬率為 21.33%，而原定目標在 25%，為了要進一步瞭解關鍵影響因素，因此拆解比率後發現銷售淨利率為 42.86%、總資產報酬率為 38.89%，公司未來採取的修正方向就是要想辦法提高淨利率或是總資產報酬率，假設要提高淨利率，就需要提高淨利或是降低銷貨收入，但銷貨收入一降低，資產總額不變的話總資產報酬率就會下降；反之，若要提高總資產報酬率的話，就要提高銷貨收入或是降低資產總額，同樣的，銷貨收入一提高就會導致淨利率下降，因此在調整的時候不能僅調整一個因子，而應該再針對淨利與資產的組成因子深入的分析，由此層層分析的結果下，可以幫助行銷人員檢視對於費用及流動資產該如何進行調整。

五、平衡計分卡

　　平衡計分卡 (The Balanced Scorecard) 是一套全面性的績效評估方法，它於 1990 年代由 Kaplan 以及 Norton 兩位學者提出。Kaplan 以及 Norton 在為期一年，針對不同產業（包括製造、服務、重工業、高科技）的公司（超微、美國標準石油、蘋果電腦、南方貝爾、CIGNA 保險、康能周邊設備、客雷研究中心、杜邦、奇異電器、惠普、加拿大殼牌石油）所做的研究中，設計出平衡計分卡（朱道凱

譯，2000）。過去，企業大多使用財務性指標來評估績效，或是利用零散的非財務性指標。傳統的財務性指標，屬於一種落後量度，雖然可以告訴公司現行的財務狀況，它所評估的，卻是組織上一期的營運或是決策是否恰當，對於組織下一期所應努力的目標或是績效不佳的部分，卻無法給予任何的改進方向和建議；而零散的非財務性指標，則往往分散了組織管理者的目標，常使決策者將重心放在這些指標上，而忽略了企業真正的目的是謀利。過分專注於這些評估指標的結果，反而使得評估和策略及改進的方向，顯得模糊而薄弱。在工業時代，這兩種評估方向尚稱充足，但在資訊時代，這樣的評估方向卻無法幫助組織處於競爭之優勢。平衡計分卡彌補了企業各部門慣性地各執其一的缺點，力求財務和非財務間的平衡。它除了包含過去營運結果的財務性指標，同時輔以企業內部流程、顧客、學習與成長等營運性的指標來彌補財務性指標的不足。這些營運指標除了可以知道組織在財務上的表現之外，還可以藉此找出組織表現不完善的地方，並提供管理者改善的方向（朱道凱譯，2000；高翠霜等譯，2000）。

平衡計分卡從財務、客戶、內部流程和學習與成長四個觀點來看業務，如此，不但可以反映過去的營運結果，並且可以彌補財務性指標的不足，提升未來的財務績效，以下，我們根據「平衡計分卡」（朱道凱譯，1999）和從《哈佛商業評論》中精選出之「績效評估」（高翠霜等，2000）精華，而分別從以下四個構面來討論。

㈠財務構面

財務目標是所有計分卡構面目標與量度的交集，計分卡所選擇的量度，都應該是環環相扣的因果關係鏈之中的一部分，一個營利組織的終極目標仍然是改善財務績效。或許有人會質疑，企業有不同的事業階段，所面對的財務目標也有所不同，但基本上，不論在哪個事業階段，公司都會受「營收成長和組合」、「成本下降、生產力提高」、「資產利用與投資策略」這三個財務主題的驅使，Kaplan 和 Norton 提出了一個事業矩陣，使企業在不同的事業階段能有不同財務衡量的策略依據，如表 9–7。

由表 9–7 可知，事業不論是在成長、維持或是豐收期，都受相同策略主題的驅使。在成長期，公司為開發新的產品及發掘新市場，往往需投入大筆資金在 R&D，

表 9-7　衡量策略的財務主題

策略主題			
	營收成長和組合	成本降低／ 生產力改善	資產利用／ 投資策略
成長	• 市場區隔的營收成長率 • 新產品、服務、顧客占營收的百分比	員工平均收益	• 投資占營收的百分比 • 研發占營收的百分比
維持	• 目標顧客和顧客的占有率 • 交叉銷售 • 新應用占營收的百分比 • 顧客產品線的獲利率	• 相對於競爭者的成本 • 成本下降率 • 間接開支（占營收的百分比）	• 營運資金比率 • 主要資產類別的資產運用報酬率 • 資產利用率
豐收	• 顧客和產品線的獲利率 • 非獲利顧客的比率	產品或交易的單位成本	• 回收期間 • 產出量

（最左欄整體標題：事業單位的策略）

資料來源：朱道凱 (1999)，第 89 頁，本研究整理。

新產品的開發測試推廣，以及新機器設備、人員等固定成本的開銷上，此時，營收會出現赤字，投資的現階段報酬也非常低，所以成長期的財務目標應該是營收成長率，以及目標市場、客戶的銷售成長率等；到了維持期，企業的主要的目的乃是在維持市場占有率以及維持一定以上比例的成長，在投資方面，則是著重於擴大產能，改進一些既有的缺失，所以維持期的事業大多採取和獲利力有關的財務目標，如：營業收入和毛利，而財務量度為投資報酬率、附加價值等；而在成熟期，企業對於前兩期的投資進行積極的回收，此時的財務目標即是在追求現金流量並且降低對資金的需求，所以財務量度有如：顧客和產品線的獲利率和非獲利顧客的比例等。

　　營利組織的長期訴求為從投資於事業單位上的資本賺取豐厚的利潤，因此，平衡計分卡其他構面的一切目標和量度，最後仍應該連結到財務構面中的一個或數個目標，且計分卡上的每個量度，都應該是因果關係鏈下的一環，所有的因果關係以財務目標為終點，而財務目標則代表了事業的終極目標。因此，計分卡上的目標與量度，成為環環相扣，驅動組織向長期目標邁進的策略性管理系統，它將傳統的財務績效和其他促進財務發展的構面緊緊相連，使財務目標更容易達成。

㈡顧客構面

隨著時代的改變，資訊的發達，科技進步，全球化以及管制解除的腳步加快，傳統追求低價便利的生產觀念以及強調促銷積極的銷售觀念，已經不符合時代的需要。為達成組織的目標，企業不但必須要找出自己能服務的目標市場，還必須要比競爭者更有效率的服務及傳送給其所選定的目標市場。組織管理者瞭解，目標市場代表組織的營收來源，因此，惟有把握目標市場並做得比競爭者更好，才有可能提升組織的財務目標。

當公司確定其目標市場後，組織應替這個目標市場選擇一套核心成果的量度。這些量度通常是：占有率、爭取率、延續率、滿意度以及獲利率（定義如表 9–8），這五者亦互有因果關係（如圖 9–9）。

表 9–8　核心量度之定義

市場占有率	反映一個事業單位在既有市場中所占的業務比率（以顧客數、消費金額、或銷售量來計算）
顧客爭取率	衡量一個事業單位吸引或贏得新顧客、獲得新業務的速率，可以是絕對或相對數目
顧客延續率	記錄一個事業單位與既有顧客保持或維繫關係的比率，可以是絕對或相對數目
顧客滿意度	根據價值主張中的特定績效準則，評估顧客的滿意程度
顧客獲利率	衡量一個顧客或一個區隔扣除支持顧客所需的費用後的純利

資料來源：朱道凱 (1999)，第 110 頁。

然而，這些量度為落後量度，無法即時反映組織的表現情形，當這些量度顯示出公司營運的警訊時，往往已經過了能夠搶救的時間。因此，除了成果量度外，管理階層必須找出顧客最重視的價值，並選擇企業所要提供目標客戶的價值組合。根據 Norton 和 Kaplan 從各個產業平衡計分卡中發現，這些企業所提供給顧客的價值（亦即顧客所重視的價值）可歸納成下文所列的三種屬性，企業可從價值主張的三種屬性中選擇適當的目標與量度，藉由這些目標和量度的達成，企業便能夠維持或擴大來自目標客戶的收入。這三種屬性為：

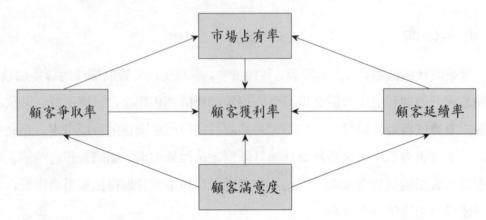

資料來源：朱道凱 (1999)，第 110 頁。

圖 9-9　顧客構面──核心量度

(1)產品和服務的屬性：功能、品質、價格。

(2)顧客關係：購物經驗與購物關係的品質。

(3)形象與商譽。

(三)內部流程構面

　　在行銷時代,廠商最重要的目標之一便是提供符合或是超越顧客期望的價值，為達此目的，組織需將這些期望轉化為內部的組織流程，專注於那些能讓他們滿足顧客需要，重要的內部運作作業。平衡計分卡的內部業務指標應從對顧客滿意度影響最多的業務流程中找出來，並將這些指標分解到最基層，使組織目標和組織中個人的行動有目的的連結，這樣的連結，可使基層員工對達成公司整體使命的行動、決策、改善活動等，有清楚的目標。

　　最近的趨勢，是把創新流程也放入企業內部流程之中，這樣的做法，促使企業將主力放在研究、設計和流程的開發與管理上，以便創造新產品、服務和市場。

(四)學習與成長構面

　　計分卡上將公司本身認為競爭成功最主要的因素放入，然而競爭環境詭譎多變，成功的目標也一直在變動，因此公司必須不斷去改善現有的產品及服務，並

適時推出功能增強的產品與服務。然而，要達成這樣的目標並不容易，組織必須要有強大的學習與成長能力。學習與成長能力的促成因子有三個來源：員工、系統與組織配合度。一般追求卓越的績效策略，通常需要對個人系統與流程做大量投資，以強化企業能力。因此學習與成長構面對其他三個構面的目標提供基礎架構，更是驅動前面三個計分卡獲致卓越成果的動力。

平衡計分卡就是透過四個構面來全面性的衡量公司的績效，例如李宗儒、林憶伶 (2001) 曾經利用平衡計分卡來為物流公司建立績效評估的指標。李宗儒、黃靜瑜 (2002) 利用資料包絡分析法為農會超市進行經營績效評估，由於使用資料包絡分析法需要選取和經營績效相關的變數，過程中也是應用到平衡計分卡的四個構面來選取，以避免太過偏重財務構面，而無法完全反映整體績效。

第四節　結　論

本章回歸到管理的基本層面來探討行銷功能的運作，從行銷組織的演化到組織的分類中，我們可以更加瞭解行銷在整個公司裡扮演的角色和與日俱增的重要性，儘管組織是推動計畫執行的基本要素，但在現今變化莫測的總體環境中，組織永遠追隨策略，意義即在策略為了順應情勢而進行修正，組織就須依據策略而跟著調整，才能彈性的適應環境變化。

接著我們談到控制與績效評估。當計畫執行過後，為了要使未來能精益求精，因此一定會進行檢討與修正的動作來作為下次進步的目標與方向，在此我們提到幾種控制類型：年度控制、獲利率、效率性、策略性。控制的方法有許多種，最常見也最容易運用的是年度控制，因為年度控制是利用量化的數據進行分析，因此在資料蒐集方面比較容易，但近年來由於組織不斷變化，僅用量化的方法已經不夠，因此本章特別講述了平衡計分卡這樣的工具來彌補量化的不足，藉由全面性的評估控制，幫助組織明確其策略目標，再透過一連串的轉化成具體的部門目標，進而提升整體經營績效。

1. 找出國內外公司有哪些運作模式是根據課文所列的行銷組織？而除了這些傳統的組織分類外，還有哪些組織型態？
2. 簡述行銷部門與其他部門的關係。
3. 行銷控制分為哪些類型？各有哪些工具可以使用？
4. 以下為 A 公司近五年在甲地與乙地的銷售資料，試從以下的資料利用銷售分析來評估 A 公司的銷售績效。

	第一年		第二年		第三年		第四年		第五年	
	甲	乙	甲	乙	甲	乙	甲	乙	甲	乙
目標單位（個）	1,500	2,000	1,600	2,100	1,500	2,000	1,700	2,200	1,700	2,200
實際單位（個）	1,450	1,860	1,500	1,900	1,430	1,950	1,600	2,100	1,650	2,000
目標價格（元）	1	1	1	1	1	1	1	1	1	1
實際價格（元）	0.8	0.9	0.7	0.9	0.8	0.7	0.8	0.6	0.7	0.8

5. 平衡計分卡分為哪些構面？這些構面中又有哪些指標？
6. 依據平衡計分卡的四個構面，試著以行銷部門的角度來舉出各構面中有哪些評估的指標？

1. 朱道凱譯 (1999)，Kaplan Robert S. & David P. Norton 著，《平衡計分卡：資訊時代的策略管理工具》，臉譜。
2. 李宗儒、林憶伶 (2001)，〈建立物流競爭力指標以提升服務績效〉，《2001 年學術研討會論文集》，pp. A2–25 ～ A2–38。
3. 李宗儒、黃靜瑜 (2002)，〈整合農民團體產地供銷體系及提升直銷通路營運效率計畫〉，農委會計畫。

4. 李芳齡、余美貞譯 (2002)，Peter Drucker 著，《杜拉克——管理的實務》，天下財經。

5. 高登第譯 (2000)，Philip Kotler 著，《科特勒談行銷》，遠流。

6. 高翠霜等譯 (2000)，杜拉克等著，〈績效評估〉，《哈佛商業評論》，天下文化。

7. 曹國俊譯 (1977)，Philip Kotler 著，《行銷管理：分析、控制與規劃》，雙葉書廊。

8. 麥肯錫季刊中文網站：http://www.chinese.mckinseyquarterly.com (2004/3/16).

9. 許士軍 (2000)，〈走向創新時代的績效評估〉，《哈佛商業評論——績效評估》，天下文化。

10. 謝文雀譯 (1998)，Philip Kotler, Siew Meng Leong, Swee Hoon Ang & Chin Tiong Tan 著，《行銷管理——亞洲實例》，華泰文化。

11. Kotler, Philip (1976), *Marketing Management: Analysis, Planning and Control*, 3rd ed.

12. Kotler (1977), *Marketing Management*, 9th ed., Upper Saddle River, NJ: Prentice Hall.

13. Aufreiter, Nora, Teri Lawver, and Candace Lun (2000), "A New Way to Market," *The Mckinsey Quarterly*, Iss. 2.

14. Phelps, D. M., and J. H. Westing (1968), *Marketing Management*, 3rd ed., Homewood, Ill: Richard D. Irwin.

第十章

行銷資訊系統

學習目標

1. 瞭解為什麼企業與企業中的行銷部門需要資訊系統
2. 瞭解何謂資訊系統、資訊系統的種類
3. 瞭解行銷資訊系統之定義與要素
4. 瞭解內部管理系統中的定單處理系統、銷售報告系統
5. 瞭解行銷情報系統可從哪些方面去加強
6. 瞭解決策支援系統之特性及行銷決策需求

▶ 實務案例

聯強國際 2003 年的營收破千億，目前大約有三百多家供應商，而全臺五千多家資訊產品經銷商有 95% 是它的客戶，涵蓋九千多個經銷據點。聯強自己還有三個區域維修總部、二十三家直營維修站、一百五十家代收站。 聯強全年的維修量高達一百三十萬件，平均每天有超過三千五百件的維修量！其中，64% 是透過區域維修總部來維修。聯強一百五十位的內勤業務人員，每個月要接一萬二千通電話！一連串的數字，讓人頭昏眼花。但，這就是聯強厲害的地方！

隨便問一個聯強的決策者，他們都能用公司提供的即時資訊，向客戶提案、報價，甚至擬定一個即時出擊的小型策略。前面所述之數字講起來輕鬆，得出數字背後的資訊系統，才是聯強最重要的堅實力量。目前聯強的資訊系統可分為十大部分，連接內部員工、上游原廠及下游經銷商三個部分，目的除了提升運作效率，也希望通過系統，來解決整個供應鏈上下游所面臨的庫存問題。在聯強的資訊平台中，串連了經銷商端進出貨系統，及零組件維修庫存系統，將維修步驟拉到經銷商客戶端，減少物流收送次數、增加經銷商維修服務能力，並給予部分獎勵維修獎金，做到全省一百六十家維修據點，提供一日（二十四小時工作時間）收送服務。

在服務導向的經營思維下，聯強十多年來已建構出多項通路運作機制，並透過持續地檢討改善，不斷提升運作效率。聯強的基本觀念是，提供客戶最強大的後勤支援，讓經銷商在經營上無後顧之憂，而得以專注於銷售，並且降低經營風險。只要客戶能夠獲得更大的利益，那麼，聯強自然能從中獲致成長。為了深化服務內涵，聯強不僅僅以服務客戶為滿足，更進一步將服務落實到「客戶的客戶」，亦即消費者身上。

在這樣的思維下，聯強自行開發出強大的電腦系統，透過這套數位神經系統提升內部運作效率；首創接單中心，讓客戶只要一通電話便能完成詢價、下單；以完善的物流管理，讓客戶能下單之後，半天以內便收到貨品；為減輕經銷商繁雜的售後服務負擔，同時降低消費者因電腦、大哥大故障而產生的痛苦指數，聯強建立了國內最快速的維修體系；為滿足消費者購買電腦時的彈性需求，聯強建置了全球獨一無二設計的 CTO 生產中心。整合了這些關鍵機制，也讓聯強具備了通路的多元整合能力與大量管理能力。

資料來源：聯強 e 城市網站，http://www.synnex.com.tw (2004/3/20).

在這個高科技產業掛帥的時代裡，任何產業只要搭上了名為「電子化」的列車，常會變得較有競爭力；而且現在的資訊不但多，還瞬息萬變，因此用資訊系統來管理資訊是有其必要性的。在行銷方面也是一樣，以「行銷資訊系統」處理隨時在更新的資訊並輔助行銷策略及決策，已經越來越受企業的重視。本章即以深入淺出的方式，先介紹為什麼需要資訊系統、資訊系統的定義與種類，再進一步介紹行銷資訊系統、其組成要素，以及其下的一些系統：內部管理系統、行銷情報系統、行銷決策支援系統。

第一節 資訊系統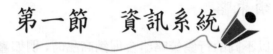

在進入本章的重點「行銷資訊系統」之前，我們先來瞭解一下為什麼需要資訊系統，以及資訊系統的定義與種類。

一、為什麼需要資訊系統？

近年來，由於外在環境的改變，使得資訊系統備受重視，這些外在環境的改變可分為以下四點（謝文雀，2000；周宣光，2003）：

㈠企業範圍的擴大

現在已經有越來越多的企業在穩定成長之後，會將市場擴展到國外，成為跨國企業，隨著企業範圍的擴大，管理者便需要更多的市場資訊，瞭解各個地區的顧客，以獲取更高的利潤。而「資訊系統」可以幫助企業管理者蒐集到比從前更及時、正確的資訊。

㈡市場經濟的轉型

現在一些已開發國家的產業，大多已由從前的工業經濟轉型為知識與資訊為主的服務經濟，在這樣的社會裡，資訊與其相關科技成為企業與管理者成功與否的關鍵。企業需要內部的資訊系統來管理公司，也需要資訊系統來蒐集外部資料，

協助做整體的策略與決策。

(三)購買型態的改變

從前的消費者在購物時，買的是實體的產品，但是隨著所得的提高，對生活水準的要求也越來越高，因此消費型態逐漸轉為較抽象的「感受」，例如舒適度、方便性等等。為了隨時跟上消費者的腳步，行銷人員除了傳統的市調方式之外，若能配合資訊系統時時調查最新的資訊，將可以把產品與服務的價值最大化。

(四)不同的行銷策略

當行銷人員以不同的行銷策略組合促銷商品時，例如產品差異化、特價促銷、品牌行銷、廣告行銷、通路鋪設等等，他們也必須以資訊系統蒐集、分析市場的資訊，以得知行銷策略是否有效。

因為以上四點外在環境的改變，使資訊系統變得越來越重要，現在我們就開始介紹它的定義與種類。

二、資訊系統的定義

瞭解為什麼需要資訊系統之後，我們還必須先對「資訊系統」有一些瞭解。許元、許丕忠 (1997) 曾將資訊系統 (Information System) 簡單的定義為「泛指一個系統，可以用來記載保存各種活動資料，然後加以分析計算後，去除無意義的資料，最後產生可以作為未來行動參考等有價值的資訊，此類系統，稱為資訊系統」。

另外，廖平、陳倩玉、白馨棠 (1996) 曾在著作中敘述：「資訊系統可以說是系統中的一類，其基礎的觀念是在系統中，由輸入的元素轉換成輸出的成品過程會產生一些資訊，人類透過控制這些資訊，有效地運用硬體設備，因此，這些控制資訊的傳遞及運用的系統，即稱之為資訊系統。」

從技術的方面來看，在周宣光 (2003) 譯著的書中，Kenneth C. Laudon & Jane P. Laudon 曾定義資訊系統「包含了一組蒐集（或擷取）、處理、儲存以及散布資訊之單元，以支援組織內的決策與控制；除了解決組織中經營決策、協調與控制

上的問題之外,資訊系統也應具備分析問題、檢視複雜目標與開創新產品的功能」。

綜合以上, 我們可以說, 資訊系統是可以讓未經過整理的資料轉換成有意義的資訊的一種系統, 它可以分析問題並支援組織做決策。

三、資訊系統的種類

以電腦為主的資訊系統可以依其作業方式及在組織內的階層與功能來分類,分別敘述如下:

㈠依作業方式來分

資訊系統依其作業方式可分為即時作業資訊系統、批次作業資訊系統、與連線作業資訊系統 (廖平、陳倩玉、白馨棠, 1996; 許元、許丕忠, 1997)。

1. 即時作業資訊系統 (Real-Time Processing Information System)

即時作業資訊系統是指, 不論在怎樣的環境下輸入資料或命令後, 電腦系統都會馬上進行處理, 希望能在很短的時間內獲得結果並回應給使用者, 例如自動提款機 (ATM) 跟訂票與掛號系統。

2. 批次作業資訊系統 (Batch Processing Information System)

批次作業資訊系統又稱為整批處理資訊系統, 它和即時作業資訊系統的不同之處, 由其名稱即可看出來: 批次作業並沒有馬上處理發生的資料, 而是累積到一定的量或一段時間後才一次處理。它又可分為兩種, 一種是連線整批處理 (On-Line Batch) 系統, 是交易一發生時, 資料就會透過連線的終端機輸入至主機, 但並沒有即時處理; 另一種是離線整批處理 (Off-Line Batch) 系統, 是為了避免因為輸入資料的速度太慢而造成主機處理資料的速度也變慢, 所以另外使用一些沒有和主機連線的資料登錄設備, 好讓主機與輸入資料的工作可以同時進行。

3.連線作業資訊系統 (On-Line Processing Information System)

連線作業資訊系統是指，交易發生時所獲得的資料，會透過電腦網路連接世界各地的電腦主機來輸入並處理；而資料處理過後，也同樣會透過這些電腦網路連接的電腦主機將結果輸出。

㈡依組織裡的階層來分

資訊系統依組織裡的階層來分可分為操作階層系統、知識階層系統、管理階層系統、策略階層系統（周宣光譯，2003）。

1.操作階層系統 (Operational-Level Systems)

操作階層系統幫助企業中基層的操作員記錄組織的基本活動與交易，如銷售、收款、員工薪資、物料流動。換句話說，這個階層的系統之主要目的就是回答日常問題與記錄組織內的交易狀況。此階層所對應的資訊系統型態為「交易處理系統」(Transaction Processing Systems; TPS)，它是企業內最基礎的系統，功能即是記錄與處理企業日常交易的資料。

2.知識階層系統 (Knowledge-Level Systems)

知識階層系統支援組織內的知識及資料工作人員，知識工作人員指的是有大專學歷、具備某項領域專長的人，如科學家、律師等，他們的工作就是創造新的資訊與知識；而資料工作人員通常沒有正式、高等的學位，他們的工作則是處理資訊而不是創造資訊，如秘書、會計。知識階層系統的目的就是幫助企業整合新知識、幫助組織掌握文件的流向。此階層所對應的資訊系統型態為「知識工作系統」(Knowledge Work Systems; KWS) 及「辦公室系統」(Offices Systems)，這兩種系統都在提供組織中知識階層所需的資訊，其中，前者用來輔助知識工作者，而後者主要是幫助資料處理人員（但知識工作者也常會使用）。

3.管理階層系統 (Management-Level Systems)

管理階層系統幫助組織裡的中階主管監督、控制、做決策以及管理，它通常是提供定期的報告而不是即時的資訊，主要是用那些定期報告的結果來回答類似「組織是否正常運作」、「如果……會怎麼樣……」的問題。此階層所對應的資訊系統型態為「管理資訊系統」(Management Information Systems; MIS) 及「決策支援系統」(Decision-Support Systems; DSS)。MIS 的主要功能是將來自下層的交易處理系統的資料彙總出公司基本運作的報告，以幫助管理階層規劃、控制及決策。而 DSS 是利用 TPS 及 MIS 所提供的內部資訊與一些外部的資料，幫助管理者做出獨特、改變快速且事先不易確定的決策。

4.策略階層系統 (Strategic-Level Systems)

策略階層系統幫助組織中的高階主管處理策略方面的議題及分析企業長期的趨勢，包括公司內部及外部的環境變化。此階層所對應的資訊系統型態為「主管支援系統」(Executive Support Systems; ESS)，它是支援組織的策略階層制定非結構化的決策，在找出解決方案前必須先判斷、評估及深入探討，並沒有固定的步驟來解決問題。ESS 的資料來源是整合外部事件的資料跟內部 MIS 及 DSS 彙整的資訊。

㈢依組織裡的功能來分

資訊系統依組織裡的功能來分可分為銷售及行銷資訊系統、製造及生產資訊系統、財務及會計資訊系統、人力資源資訊系統（周宣光譯，2003）。

1.銷售及行銷資訊系統 (Sales and Marketing Information Systems)

所謂的「銷售」是指較被動地銷售產品、接受定單和售後服務，而「行銷」則是指主動地關心客戶的感受、瞭解客戶的需求，希望能規劃及發展出顧客所需要的產品，並透過廣告及促銷活動來推廣。銷售及行銷資訊系統就是支援以上這些活動。銷售及行銷資訊系統在組織裡的各個階層有不同的表現。在操作階層，

它幫助記錄客戶資料，使銷售員能與客戶保持聯繫、處理定單及提供客戶服務；在知識階層，它利用人口統計資料、市場與消費者行為整理出趨勢資料，以發現顧客及分析市場；在管理階層，銷售及行銷資訊系統支援各種研究與決策，例如市場研究、廣告和促銷活動、定價決策等；最後，在策略階層則是在提供一些外部的資訊與協助非結構化的決策，如調查新產品銷售的機會、支援新產品及服務的規劃及追蹤競爭者的績效等。由於現在處處講求主動出擊去爭取顧客，而非被動地等客戶上門，因此本章將把重點放在「行銷」而非「銷售」功能的系統，接下來的章節會對行銷資訊系統有更深入的介紹。

2. 製造及生產資訊系統 (Manufacturing and Production Information Systems)

製造及生產的功能指的是公司實際生產產品或服務的過程，而製造及生產資訊系統包括了處理生產設備的規劃、發展及維護，生產目標的建立，產品原料的需求、儲存和可用量，及要製成成品時的設備、工具、生產原料及人工的排程等。製造及生產資訊系統在組織裡的各個階層有不同的表現。在操作階層，它是處理生產工作的狀況，例如用資訊系統控制機械；在知識階層，它開發新的知識或專門技術去找出有效率的生產程序；在管理階層，製造及生產資訊系統分析及監控製造與生產成本及資源；最後，在策略階層則是協助設定公司的長期製造及生產的目標。

3. 財務及會計資訊系統 (Finance and Accounting Information Systems)

財務功能主要是管理公司財務資產與資本，並考慮大量外部來源的資訊以讓公司獲得最好的投資報酬率。會計功能是為了維護及管理公司財務收支的記錄，財務及會計資訊系統就是支援這些功能。財務及會計資訊系統在組織裡的各個階層有不同的表現。在操作階層，它透過交易記錄追蹤公司內資金的流動；在知識階層，它提供系統分析工具和工作站的支援，以設計一個正確的投資組合、獲取公司最大報酬；在管理階層，財務及會計資訊系統協助管理者管理及控制公司的財務資源；最後，在策略階層則是協助公司建立長期的投資目標、提供公司財務績效的長期預測。

4.人力資源資訊系統 (Human Resources Information Systems)

人力資源部門的主要功能是為了管理公司的人力資源，人力資源資訊系統支援的活動，即是尋找一些潛在的員工、記錄既有員工的資料、開發一些可訓練及激發員工天分與技能的課程。人力資源資訊系統在組織裡的各個階層也有不同的表現。在操作階層，它主要在記錄員工僱用與人力分配的資料；在知識階層，它支援各種活動分析，例如規劃員工的生涯；在管理階層，人力資源資訊系統主要是協助管理者監控及分析員工的僱用、配置及薪資；最後，在策略階層則是協助確認員工的需求以配合公司做長程規劃。

圖 10-1 說明了組織中不同層級所需要的資訊系統。

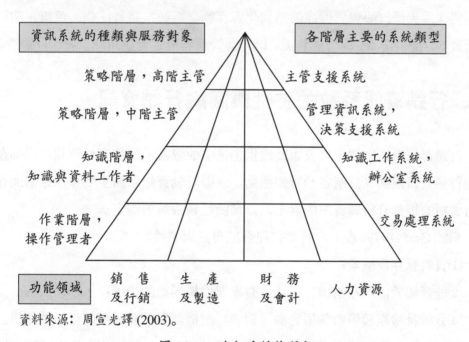

資料來源：周宣光譯 (2003)。

圖 10-1 資訊系統的種類

由以上的分類可見，一個企業裡面不管是由上到下的管理階層，或是各功能部門，都是需要資訊系統的，而且也都有資訊系統與它們相對應、配合。本章要進一步介紹的就是——行銷資訊系統。

第二節 行銷資訊系統之定義與要素

一、行銷資訊系統的定義

行銷資訊系統 (Marketing Information Systems; MKIS) 發展至今已三十多年，但由於其牽涉範圍廣泛，功能亦很複雜，故至今中外學者對行銷資訊系統尚無一致的定義，表 10-1 為許多學者對行銷資訊系統的不同定義。

由以上的整理，我們可以定義行銷資訊系統是利用管理科學、電腦科學知識的一個包括人員、設備與程序的結構化與互動之系統，藉著記錄、蒐集、整理、分析資料，提供正確、即時的資訊，以協助管理者擬定行銷策略、制定行銷決策。

二、行銷資訊系統的特性與關鍵行銷資訊

行銷資訊系統主要用來蒐集及提供企業中的經常性及特定性資訊，目的在於協助行銷人員規劃及控制各種行銷活動，意即行銷資訊系統主要作用是協助企業進行資料的規劃分析與資訊的展示，以輔助行銷決策的制定。

根據 Graf (1979) 表示，行銷資訊系統有三大特性：

(1)資料儲存及檢索；

(2)監督績效，檢視銷售、市場占有率與目標偏離的情形；

(3)分析及檢視競爭者各項動向（例如：削價競爭、產品策略等）的結果。

Keegan (1995) 認為資訊的種類可分為六大資訊，包括：市場資訊、競爭資訊、外匯交易資訊、法規性資訊、資源資訊、整體條件資訊等。而在行銷資訊方面，謝效昭 (2000) 則將關鍵的行銷資訊依成本導向及市場導向不同區分成產品資訊、後勤資訊、通路資訊及消費資訊等四大類，而其關鍵行銷資訊的內容、應用領域及價值詳細說明如表 10-2。

(1)產品資訊：是指產品本身相關的資訊。

表 10-1 各學者對行銷資訊系統的不同定義

年　代	學　者	定　義
2001	卓美涓	行銷資訊系統主要是由人員、設備及程序所構成的一種連續性與交互作用之結構。藉由行銷資訊系統我們可蒐集、分類、分析、評估及分送各項有關的、適時的與正確的資訊，以供行銷決策人員改善行銷規劃執行和控制之用，以提供可信度更高的行銷資訊作為決策的依據。
1997	榮泰生	行銷資訊系統是利用管理科學、統計學、資訊科學的知識，藉著行銷資訊的蒐集、儲存、檢索及顯示，以輔助行銷管理者擬定計畫及做決策。
1996	李有仁	行銷資訊系統包括人員、設備和程序三者及其互動關係。而其運作的基本原理是針對公司內、外部資訊流做一經常、有計畫的分析。目的則為適時提供管理者所需的資料，並協助管理者制定相關的行銷決策。
1995	湯宗益	行銷資訊系統包括市場環境偵察、行銷資料分析、行銷研究、定期內部報告等功能的整體性運作與維護，藉以增加企業經營績效，創造競爭優勢。
1992	Marshall & LaMotte	行銷資訊系統是一個廣泛、有彈性、正式且持續的系統，它可以組織相關的資料成資訊流，以提供正確的行銷決策。
1991	Proctor	行銷資訊系統能掃描、蒐集公司環境的資料，善加利用公司交易或運作的資料，並在呈現給管理者之前加以過濾、選擇、組織資料。
1989	葉進成	行銷資訊系統係由人員、電腦與程序所構成之一結構化與互動之系統，將企業內部與外部之有關資訊，整理成一系列適切可用之資訊，以便行銷人員可據以擬定行銷策略。
1987	黃俊英	行銷資訊系統是一個互動的、連續的、未來導向的人員、設備與程序結構，用來產生及處理資訊流程，以協助制定行銷計畫中的管理決策。
1987	Churchill	行銷資訊系統為經常、有計畫地蒐集、分析和提供資訊，以供行銷決策制定的一組程序和方法。
1983	Kotler	行銷資訊系統係由人員、設備及程序所構成的一種持續且相互作用的結構，其目的在於蒐集、整理、分析、評估與分配適切的、及時的、準確的資訊，以提供行銷決策者使用。
1968	Brien & Stafford	行銷資訊系統是一互動且結構化的綜合體，可自公司內、外部蒐集資訊，產生規律且適當的資訊流，作為在特定行銷領域中制定決策的基礎。
1967	Cox & Good	行銷資訊系統被視為在做行銷決策時的一組規劃分析、資訊呈現的一套程序和方法。

資料來源：卓美涓 (2001)；陳柏宏 (1998)；李有仁 (1996)；本研究整理補充。

(2)後勤資訊：是指產品儲存在儲存倉庫、配銷倉庫的數量相關資訊。

(3)通路資訊：是指通路市場內顧客與產品交易的相關資訊。

(4)消費資訊：是指產品性能標準：耐久性、可靠性、功能等相關特性，及消費市場中包括顧客購買資訊及市場相關資訊。

三、行銷資訊系統的要素

現今大多數的行銷資訊系統必須仰賴電腦來儲存及處理資訊，榮泰生 (1994) 曾引述 Montgomery 及 Urban (1969) 的說法，說明行銷資訊系統包括了：資料庫 (Data Bank)、統計庫 (Statistics Bank)、模式庫 (Model Bank)、及顯示單位 (Display Unit)，以下分別說明：

由圖 10-2 可看出，MKIS 的每一個組成因素之間都有相互依賴的現象，其中以資料庫最為關鍵，因為只有最原始的資料是正確的，然後透過模式庫處理出來的結果才有意義，統計庫則是負責資料分析，最後用顯示單位顯示出分析結果。

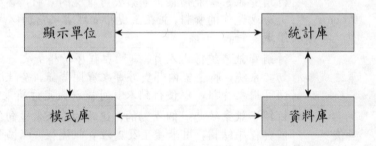

資料來源：榮泰生 (1994)。

圖 10-2　行銷資訊系統的要素

表 10–2 關鍵行銷資訊內容、應用領域與價值

		內 容	應用領域	價 值
成本導向	產品資訊	產品製造 　　產量、產能 產品技術 　　技術的複雜性 　　技術的改變 產品包裝 產品搭配	產品策略、生產規劃、產品研發、生產策略	減少進貨成本、減少採購成本、增加產品搭配、差異化能力
	後勤資訊	倉儲 　　倉儲量、地點 　　存貨水準 訂購 　　單位價格 　　批購批量 　　購買等候時間 　　訂購程序 運輸 　　發貨單 　　運送路線 車輛裝載與卸貨	存貨管理、後勤管理、價格策略	減少存貨成本、減少呆滯存貨成本、增加後勤效率、減少營運成本
市場導向	通路資訊	交易對象基本資料 地區性需求 訂購 　　訂購頻率、時間 　　訂購價格 特殊需求 銷售數量 邊際利潤 促銷 付款方式 信用許可 產品顧客化的調整 產品品質	顧客管理、債信管理、銷售分析、顧客分析、供應商管理、產品策略	降低財務風險、增加銷售、增加服務水準、增加顧客化產品／服務、增加顧客忠誠度、增加產品搭配能力、產品品質控管
	消費資訊	人口統計變數 生活型態 偏好 使用的頻率 購買的時間 產品置換的頻率 產品顧客化的需求 消費者滿意度 轉換品牌 售後服務 競爭資訊	價格策略、服務策略、產品區隔、促銷策略、市場區隔	增加銷售、增加促銷效率、增加顧客忠誠度、增加使用者滿意、增加服務品質、增加顧客化產品／服務、增加差異化產品／服務

資料來源：謝效昭 (2000)。

(一)資料庫 (Data Bank)

資料庫，簡單的說就是一群相關資料的集合。資料庫可以儲存龐大的檔案，並且隨時更新，當管理者有需要時，只要檢索某些分類，就可以找到資料。例如，有很多入口網站提供「關鍵字搜尋」的功能，就是因為在後面存有大量的資料，當使用者輸入某些字時，系統就可以很快地搜尋出來，這就是資料庫。

資料庫的基本功能是儲存資料，而資料的來源有的是公司內部的數據，例如每天、每週、每月的銷售量，定單記錄、各種費用等，也有來自外部的，例如政府的統計資料，或是向市調公司購買的數據。

但是管理者要看的並不是這些繁雜的資料，因此資料庫必須配合資料庫管理系統 (Data Base Management System)，將這些資料 (Data) 轉變成有用的資訊 (Information)，以提供查詢、更新、刪改等功能。行銷管理者希望看到的是例如銷售業績彙總報告的資訊，而不是每天的銷售記錄。

(二)統計庫 (Statistics Bank)

如同上述，資料庫可以儲存大量的資料，但是管理者要看的卻是經過處理後的資訊，有許多統計套裝軟體（例如 SPSS）的統計應用，可以提供管理者所要的資訊，例如，我們可以用因素分析 (Factor Analysis)，從消費者的意見調查中找出某些重要的因素，作為廣告設計的重點；用區別分析 (Discrimination Analysis)，找出兩個區隔市場的差異所在，以作為擬定行銷策略的參考。

(三)模式庫 (Model Bank)

模式庫裡有許多模式系統,而這些模式系統可分為複雜程度不一的各種模式，供各階層的行銷管理者瞭解及解決行銷問題。典型的例子有預算模式、銷售額預估模式、定價計算模式、新產品規劃模式、媒體選擇模式等，這些模式充分活用了資料庫及行銷分析系統中的資料，以及使用者直接輸入的資料。

行銷模式的建立，幫助行銷管理者以最有效的方式瞭解市場，進而進行市場的診斷、控制及預測；有效行銷策略的擬定，也常借助於行銷模式。

㈣顯示單位 (Display Unit)

顯示單位是使用者與系統之間溝通的橋樑,大部分的資訊系統的顯示單位是螢幕或監視器。

行銷人員透過顯示單位輸入資料、行銷管理者透過顯示單位提出所需資訊的條件,而系統亦透過顯示單位將行銷人員輸入的資料與行銷管理者所需的資訊顯示出來。

四、有效行銷資訊系統的利益

一般而言,組織的規模愈大,資訊愈為分散,對行銷資訊系統的需求愈為迫切,行銷資訊系統所能發揮的功效也愈大,而一個有效的行銷資訊系統,可能為公司帶來以下的利益(李育哲、楊博文、張朝旭,1998):

⑴在時間限制內提供更多的資訊,可提高管理績效;

⑵管理人員可利用資訊系統充分宣揚公司的行銷觀念;

⑶透過此系統可使管理人員迅速瞭解發展中的趨勢;

⑷可蒐集各處分散的資訊,並作有意義的整合;

⑸可有效利用平時所蒐集到的資訊,而按如:產品別、地區別或顧客別分類整理銷售資料;

⑹管理人員可藉此注意早期的警覺訊息,以便能更有效地控制行銷計畫;

⑺可以防止重要資訊被不必要的積壓;

⑻使用者可在一個選擇性的基礎上取得資訊,只取用他們所需要或想要的資訊。

第三節 行銷資訊系統的內容

Kotler (1988) 曾提出,一個完善的資訊系統必須具備四個子系統,包括:內部報告系統、行銷情報系統、行銷研究系統及行銷分析系統等。而行銷資訊系統的運作與企業行銷資訊的流通方式如圖 10–3 所示。而各子系統也於後分別介紹之。

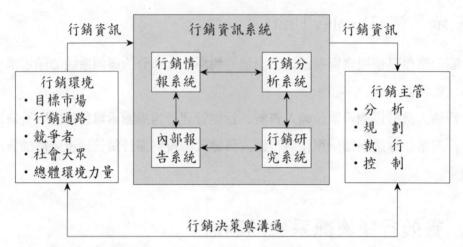

資料來源：Kolter (1998).

圖 10-3　行銷資訊系統內容

一、內部報告系統

企業內部管理系統包括了銷售及行銷系統、製造及生產系統、財務及會計系統、人力資源系統（周宣光譯，2003）。而行銷人員最常使用的內部系統——行銷資訊系統中的「定單處理系統」與「銷售報告系統」。藉由這些系統的處理、記錄、整理、與分析資料，行銷管理者可以節省行銷成本，或是得到對於行銷策略或決策有益的資訊。

(一)定單處理系統

定單處理的流程包括了從一接到定單開始到最後將貨品交給顧客的所有過程，從確認定單、準備發票、傳送副本到各部門、準備貨品、若有存貨不足的項目則要補貨、最後運交到顧客手中，完成交易（謝文雀譯，2000）。

以前沒有定單處理系統時，以上那些程序需要花上許多時間與繁雜的手續，但現在有了定單處理系統之後，企業可以利用電腦與網際網路，正確、快速地處理上述這些步驟，消費者也可以隨時上網查詢自己訂購的產品目前在哪個處理階

段，並且可以在最短的時間內取得產品。這項功能不但節省了企業的人力成本，也提高了產品的附加價值，因為消費者可以隨時獲得最新的資訊，也縮短了等待的時間。

另外，定單處理系統也可以因應現在越來越盛行的個人主義，也就是利用定單處理系統達到顧客「客製化」的要求，又不會使成本提高。在過去，產品要針對每個人的喜好去設計、製造是一件很困難的事，因為每一件定單都會花上許多的處理時間與製造產品的時間，但是現在一切都以電腦來傳送訊息，銷售部門一接到定單便可以馬上傳遞給製造部門，讓他們把預備好的各項零件依定單的要求組裝完成，不但可以達到客製化的要求，也節省不少的定單處理時間與成本。

(二)銷售報告系統

一個能夠做出好決策的行銷管理人員，通常會隨時需要銷售狀況的最新報告，而從前銷售人員一筆一筆記錄銷售的方式，已經被現在發達的科技所取代。

1996 年，7-Eleven 投資 12 億元全面導入「銷售時點情報系統」，即 POS 系統 (Point of Sales)，每件商品都有條碼，各個門市在替顧客結帳時，只要用掃描器掃描一下那個條碼即可，電腦就會自動儲存所有的資訊，包括銷售記錄、庫存記錄，若需要進貨、補貨，電腦也會自動和供應商或是物流公司連線、發出定單。這個系統不但能讓門市直接掌握當地商圈的消費特性、降低庫存、提升業績；對總公司來說，更可以快速因應顧客的需求，隨時支援商品的數量與種類，並進一步增強採購能力與預估能力，以利各種行銷方案的準確擬定 (http://www.7-11.com.tw/pcsc/introduce/int09.asp (2003/11/19))。

銷售報告系統能夠自動儲存每日、每週、每月的銷售記錄，在管理者有任何需要時，都可以透過這個系統來查詢。行銷管理者可以從各品項的銷售記錄中得到資訊，例如：消費者何時會購買這項產品？是平時就有一定的銷售量還是要特價時？哪些地方的消費者會購買這項產品？等問題，都可以從系統中得到答案，行銷管理者便可以依照這些答案來制定行銷決策。

再以國外的 7-Eleven 為例，他們將銷售報告系統配合氣象局的氣象預測，可以求出：當某一地區明天的降雨機率是百分之多少時，當地店裡的雨傘會有多少

的銷售量，如此一來，每天就可以依照這些預測結果來決定定單該下多少給物流配送單位才會是最適當的訂購量。

在較大的賣場裡也有應用銷售報告系統的實例。某大賣場的管理者在瀏覽過一段時間的銷售記錄之後，發現「衛生紙」與「啤酒」經常同時被購買，經過一段時間的觀察，他終於發現原來夫妻一同去逛賣場時，若有購買衛生紙，通常會由先生幫忙提著，而先生因為有幫忙妻子提東西，所以看到啤酒時便可以要求妻子讓他購買，通常妻子也都會答應，就形成了這種有趣的現象。行銷管理者在知道此種「關聯性陳列」的影響力之後，便會充分運用銷售報告系統裡的資料與管理者或是銷售人員本身的經驗，將相關的產品或是有特殊關聯的產品擺放在一起，以提高客單價。

二、行銷情報系統

除了以上介紹的內部管理系統——定單處理系統、銷售報告系統之外，行銷管理者當然也需要外部環境的資訊，包括了競爭者的資訊、政府相關法令的新聞、是否有新的市場進入者、上游供應商的增減或變化、下游的零售商是否配合、最近消費者流行的趨勢等，這些都屬於外部環境的資訊。

要取得以上這些資訊，傳統的方式是由行銷管理者自己藉由閱讀報章雜誌、與其他企業的管理者在社交場合交談、應酬等來取得資訊，但是這種方式所得到的資訊，不一定都正確且快速，例如在應酬時，其他企業的管理者並不一定會透露自己的企業情報、報章雜誌的文章有時是經過炒作而越登越大的，且現在這個社會是瞬息萬變的，很多資訊可能今天早上一公布，晚上就更改了，所以傳統的蒐集資訊的方式已漸漸不能滿足企業所需（謝文雀，2000）。

為了隨時獲得外部環境的資訊，隨時知道業界的變化、消費者的想法，以便在最短的時間內修正行銷策略，獲取利益，就必須有一套「行銷情報系統」。

行銷情報系統 (Marketing Intelligence System) 簡單的說就是，隨時從外部環境中蒐集有關行銷的所有資訊，提供給行銷管理者或是決策者作為制定策略與決策時的參考。

一套完整的行銷情報系統可以從以下四方面去加強（謝文雀，2000）：

1.透過第一線銷售人員有效蒐集資訊

銷售人員是最靠近顧客的人，也是最直接處理公司每一項交易的人，他們是最能利用這絕佳的位置獲取資訊的角色。公司應該多訓練與鼓勵銷售人員去接近顧客、瞭解市場，並且讓他們瞭解自己在「蒐集情報」上的重要性，並且訓練他們能夠將正確而及時的訊息，以正確的形式傳達給管理者知道。

2.建立良好的供應鏈夥伴關係

企業應該與自己的上下游廠商建立並維持良好的夥伴關係，和夥伴之間的溝通也必須密切，這樣才可以隨時知道重要的情報。例如某消費性產品廠商一得知其最大的零售賣場將改變貨架的規格之後，就馬上和此零售賣場經營者溝通，以避免產品與貨架規格不符，造成空間的浪費。

3.從企業本身之外的單位購買資訊

雖然透過第一線銷售人員以及上下游廠商已經可以得到許多情報，但是很多企業仍會向一些專業的市場調查公司購買資訊，或是將行銷研究外包給專家去做，以較低的成本去獲得關於消費者與市場的更完整而專業的資訊。

4.自己設立一個企業內部的行銷資訊中心

公司若能有自己的一個行銷資訊中心，將使資料的蒐集、整理、分析更加事半功倍。銷售人員得到的情報、從供應鏈成員那裡得到的情報、從外部購買得來的情報，都可以在企業內部的行銷資訊中心整合起來，提供管理者更完整的資訊。

三、行銷研究系統

第七章曾經談論過行銷研究的內容，而行銷研究系統則是以企業的行銷為研究基礎發展而來的，一般行銷研究是針對單一產品或單一市場進行研究，將這些

零星的資料逐漸彙總至行銷研究系統中，經由系統分析研究，提出相關成果，供給管理者參考。而行銷研究與行銷資訊系統之差異，我們可由 Stanton (1975) 所提出行銷研究與行銷資訊系統的不同特性來說明之。

表 10-3　行銷研究及行銷資訊系統的不同

行銷研究	行銷資訊系統
著重處理外部資訊	同時著重處理內外部資訊
關心問題的解決	關心問題的解決及預防
零碎的、間歇性的作業	系統性的、連續性的作業
集中注意過去的資訊	傾向於未來導向
不是以電腦為基礎	是一種以電腦為基礎的基礎
為行銷資訊系統的來源之一	除行銷研究外，還包括其他子系統

資料來源：Stanton (1975).

四、行銷分析系統

行銷分析系統是由各種分析行銷資料和問題的先進技術所組成，它是由統計庫和模式庫所構成（如圖 10-4），統計庫是由各種進步的統計方法所組成，這些方法可以進一步瞭解一組資料間的關係及可靠度；而模式庫則由許多數學模式所組成，這些模式可以協助行銷人員制定更好的行銷策略（李育哲、楊博文、張朝旭，1998）。

第四節　行銷決策支援系統

行銷決策支援系統是近年來興起的系統之一，而行銷決策支援系統不但提供了更多管理面的支援，也加強了企業行銷資訊系統的功能。過去沒有決策支援系統時，管理者多以自己的經驗，主觀地去制定決策，但是在這個資訊爆炸的時代，做每一件決策時所必須衡量的內部因素與外部因素都變多了，因此管理者需要應用一些經過處理的資訊配合決策支援系統來做出更準確的決策。

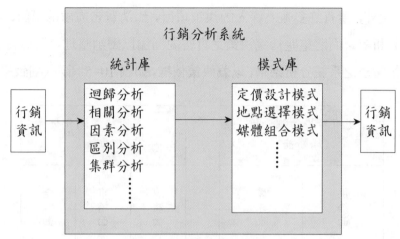

資料來源：李育哲、楊博文、張朝旭 (1998)。

圖 10-4 行銷分析系統

榮泰生 (1994) 曾引用 Lincoln (1987) 的觀點，說明：「決策支援系統乃利用統計分析、管理數學模式，支援組織的規劃，並協助擬定決策、進行決策的敏感度分析，以應變突發的狀況。」

Ralph & Reynolds (2003) 在著作中提出，決策支援系統因為有以下幾點特性與功能而成為一個管理上的有效支援工具：

⑴可處理來源不同的大量資料；

⑵可提交有彈性的報告；

⑶提供文字與圖表資料；

⑷支援深入的分析；

⑸以評估過去的資料來執行複雜的、精密的分析。

劉致平 (1993) 曾在論文中定義行銷決策支援系統 (Marketing Decision-Support Systems) 為：「一組統計工具與決策模式，並結合支援性的硬體與軟體設施，提供給行銷經理以協助其分析資料與制定較佳的行銷決策。」也可以說，行銷決策支援系統就是以銷售報告、行銷情報等系統為基礎，利用統計分析、管理數學模式，支援行銷管理者擬定行銷決策。

要建立一套能夠充分發揮效能的行銷決策支援系統，就必須要先分析行銷決策需求。若以傳統的 4P 作為分析的架構，往往無法包括所有的行銷決策需求，因

為除了 4P 之外，還有許多較為深入的決策項目，如消費者需求的探討、市場區隔與定位的分析等，而將這些行銷決策之實質內涵加以歸納整理，可以得到一個探討行銷決策需求之系統分析架構，以為決策依據，如圖 10–5 所示（劉致平，1993）。

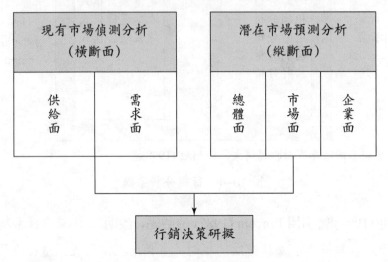

資料來源：劉致平 (1993)。

圖 10–5　行銷決策需求分析之概念性架構

由圖中可知，行銷主管在得到現有市場偵測分析與潛在市場預測分析這兩方面的行銷資訊後，就可以進一步加以分析與解釋，並制定相關之決策。

瞭解行銷決策需求之後，資訊人員便可以依據這些需求去建立一套完善的決策支援系統。而行銷決策支援系統與銷售報告系統或是行銷情報系統有何不同之處呢？這三者的不同之處在於，後兩者只能回答例如「本月各項商品的銷售額是多少？」或是「競爭者去年度的市場占有率是多少？」等類的問題，但是行銷決策支援系統卻能根據這些問題的答案，回答出有因果關係的問題，例如「我們的某一項產品的銷售額是否因為競爭者的行銷策略而有影響？」的問題，也就是說，行銷決策支援系統可以幫助行銷主管利用相關的資訊回答一些假設性的問題，並進一步做出決策。

又如某一家百貨公司在訂定其下一季的行銷策略時，必須根據銷售報告系統所提供的去年同季的銷售報告、行銷情報系統所提供的最新外部環境情報（如最

近流行趨勢）以及管理者本身的經驗等資訊，經由決策支援系統的模擬與分析，推演出最佳的行銷決策。

　　此處要注意的一點是，這裡所指的行銷決策並不是指詳細的執行方案，因為那是行銷人員必須去研擬的。行銷管理者所做的決策在於策略性的規劃及實施，例如訂出這一季的主要策略、行銷預算、行銷目標，通過行銷人員研擬的方案並且監督實行。

第五節　結　論

　　行銷管理者為了有效制定行銷決策，必須要有足夠且及時的資訊，不論關於顧客、競爭者、經銷商和其他市場有關的資訊都是非常需要的。然而，這些資訊經常無法獲得，或是無法在適時得知，甚至不知道如何評估資訊的可信度。當前已有許多公司已經體認到資訊系統的重要性，也開始建立及持續改善其行銷資訊系統。

　　現在是一個資訊快速流通與改變的時代，雖然說依照傳統的方式蒐集與處理資料仍然可以使企業的行銷部門正常運作，但是要使行銷策略能制定得更有功效，大多數的企業都已跟上潮流，仰賴行銷資訊系統，以增加資訊蒐集的數量、品質與速度，並且因此而為企業提升行銷決策的效能與效率，創造更高的利益。

1. 為什麼需要資訊系統？
2. 資訊系統的定義為何？可分為哪些種類？
3. 行銷資訊系統的定義為何？
4. 行銷資訊系統包括了哪些要素？請分別簡述。
5. 定單處理系統與銷售報告系統有什麼好處？
6. 行銷情報系統可從哪些方面去加強？

7. 決策支援系統有哪些特性?

8. 行銷決策支援系統如何幫助行銷管理者制定決策?

 參考文獻

1. 李有仁 (1996),〈行銷資訊系統在臺灣企業之現況〉,《國科會計畫成果報告》,第 7–8 頁。

2. 李育哲、楊博文、張朝旭 (1998),《行銷學理論與個案模擬》, 華立圖書。

3. 卓美涓 (2001),〈行銷資訊系統規劃之個案研究──以綠純有機蔬果集運中心為例〉, 屏東科技大學農業企業管理系碩士論文。

4. 周宣光 (2003),《管理資訊系統──管理數位化公司》, 東華書局。

5. 許元、許丕宗 (1997),《資訊系統分析設計與製作》, 松崗電腦圖書。

6. 陳柏宏 (1998),〈建構以 Intranet 為基礎的行銷資訊系統之研究──以行銷市場區隔系統為例〉, 國立成功大學工業管理學系碩士論文。

7. 廖平、陳倩玉、白馨棠 (1996),《資訊系統與分析突破暨總整理》, 儒林圖書。

8. 榮泰生 (1994),《行銷資訊系統》, 華泰文化。

9. 劉致平 (1993),〈行銷決策支援系統建立與應用〉, 國立中興大學企業管理研究所碩士論文。

10. 聯強 e 城市網站: http://www.synnex.com.tw (2004/3/20).

11. 謝文雀 (2002),《行銷管理──亞洲實例》, 華泰文化。

12. 謝效昭 (2000),〈行銷資訊與通路領袖關係之研究〉, 國立政治大學企業管理學系研究所博士論文。

13. Graf (1979), "Information Systems for Marketing," *Marketing Trends*, Vol. 2, pp. 1–3.

14. Keegan, W. J. (1995), *Global Marketing Management*, 5th ed., Englewood Cliffs, NJ: Prentice Hall.

15. Kolter, P. (1998), *Marketing Management: Analysis, Planning, Implementation, and Control*, 6th ed., Englewood Cliffs, NJ: Prentice Hall.

16. Lincoln, D. (1987), "The Role of Microcomputers in Small Business Marketing, " *Journal of Small Business Management*, April, pp. 9–10.

17. Montgomery, D., and G. Urban (1969), "Marketing Decision Information System, An

Emerging View," *Journal of Marketing Research*, 7, pp. 26–34.

18. Stair, Ralph M., and George W. Reynolds (2003), "Principles of Information Systems," *Course Technology*, a division of Thomson Learning, Inc.

19. Stanton, W. (1975), *Fundamentals of Marketing*, 4th ed., New York: McGraw-Hill.

20. http://www.7-11.com.tw/pcsc/introduce/int09.asp (2003/11/19).

第十一章

顧客關係管理

學習目標

1. 瞭解顧客關係管理與其重要內涵
2. 界定顧客價值與顧客滿意之意義
3. 知悉顧客關係行銷

◤ 實務案例

　　1999 年,《財富雜誌》五百強排行榜上戴爾位居二百一十位。在全球三十四個國家設有辦事處,擁有三萬三千二百名員工,其產品和服務超過一百七十個國家和地區,目前戴爾電腦已經成為全球領先的電腦系統直銷商,躋身於主要廠商之列,成為全球增長最快的電腦公司。2001 年,戴爾取代康柏,成為全球最大的個人電腦製造商。2001 年,世界經濟普遍呈下滑的趨勢,911 事件使這種趨勢進一步明顯化,大環境的不景氣對中國的 PC 業也產生了一些影響,電腦業務出現嚴重衰退,幾乎所有的 IT 廠商在這方面的業務都有大幅度的滑坡。在這樣的背景下,戴爾的 PC 業仍然取得了快速增長,戴爾顯示了其強大的競爭力。

　　戴爾的競爭武器是直銷、新客戶群,是做精細的市場區分,準確找出它可以去貼身服務的客戶群。貼近顧客是訊息時代企業競爭的利器,如何才能留住顧客,並與顧客建立最為有效的關係呢? 在這一點上,戴爾的做法值得借鑑,很多公司只從單一角度與顧客建立關係,而戴爾與顧客建立直接關係使其可以兼顧成本效益及顧客的反應,運用所有可能的方式與他們結盟,事實證明,這樣的關係已成為戴爾公司最大的競爭優勢。而在與顧客關係的建立上,戴爾公司有幾大理念,包括:

(1)找出最好的顧客: 最好的顧客不見得是最大的顧客,也不見得是購買力最強、需要協助或服務最少的顧客。所謂最好的顧客,是能帶給我們最大啟發的顧客;是教導我們如何超越現有產品和服務,提供更大附加價值的顧客;是能提出挑戰,讓我們想出辦法後也可以嘉惠其他人的顧客。

(2)親臨現場: 花費時間親自探訪顧客實際營運的地點所得到的概念,會遠遠超過邀請他們上門所獲得的信息。

(3)回應顧客建議: 製造和產品發展的策略,應該基於顧客意見並進行調整,而且必須立即回應這些建議,並融入策略當中。

(4)拓展視野: 瞭解顧客的現有及潛在的能力,並加以學習,以提供更有價值的產品與服務。

(5)成為顧客的顧問: 將顧客用於產品的投資視為自己的責任,同時檢視自己的價值鏈,重視每一個顧客,思考現有產品的價值並且尋找加強顧客體驗的方法,鞏固

公司與顧客的關係，建立起信任、誠實的夥伴關係。

通用電器公司的 CEO 傑克・威爾奇曾經說過：「我們所做每一件事的目的，要嘛是想爭取顧客，要嘛是想維繫顧客。」而這也正是戴爾公司所奉行的顧客理念。

資料來源：邵亦年、張蔚慈 (2003)。

　　行銷學原本是應用經濟學的一部分，但經過長時間的發展、轉變與整合，我們可以知道行銷不再只是一種交換的行為，而今已成為一個以創造和遞送顧客價值與滿意，並用以建立長期顧客關係的重要學科，因此顧客關係管理對於行銷而言，可說是具有舉足輕重的地位，一個企業想要讓自己的行銷能夠在市場上歷久彌新，他們必需瞭解何謂顧客關係管理，以及如何應用於企業中。

　　現在是講求顧客導向的消費時代，企業若要在市場上獲得高占有率與高營收，並擁有良好的公司形象，這都得依靠公司的重要資源，而那重要的資源就是「顧客」。在本章中主要探討「顧客關係管理」的相關議題，第一節我們定義出何謂顧客關係管理與其特色，與實施顧客關係管理的步驟。第二節則針對顧客價值與顧客滿意兩方面去說明價值傳送模式，如何和顧客建立長期的關係。最後則介紹何謂顧客關係行銷，企業如何去執行顧客關係行銷。

第一節　顧客關係管理之探討

　　顧客關係管理是一個企業藉由與顧客之間關係的深化，以掌握顧客資訊、利用資訊，量身訂做不同的行銷策略與模式，以滿足顧客的需求。透過有效的顧客關係管理，可以與顧客建立良好的長期關係。

　　企業裡面會有會計財務部門、行銷部門、生產部門等。企業應該設立單一窗口去面對他們的顧客，這樣不僅可以節省企業成本上的開銷，亦可讓顧客感到被重視的感覺，顧客也不會因為與某家公司交易而接收到該公司不同部門的訊息。企業整合組織裡面每一個部門，將關於顧客的相關資訊建檔甚至分析，並主動關懷顧客。

　　在第一節我們主要探討四大部分：首先，定義何謂顧客關係管理與其特色；

第二、介紹顧客關係管理的核心要素，並瞭解建立與維持一個成功顧客關係的四個階段；第三、顧客關係管理的實施方法與步驟；最後則是依照顧客群作分析，依照不同等級的顧客給予不同的服務內容與方式。

一、顧客關係管理之定義與特色

顧客關係管理 (Customer Relationship Management; CRM) 最早始於美國，是由接觸管理 (Contact Management) 延伸發展而來 (Spengler, 1999)，而接觸管理是專門蒐集顧客與公司之間聯繫的所有資訊。到了 1990 年則衍生成為電話顧客服務中心與支援資料分析的顧客服務功能，其所強調的是顧客關懷 (Customer Care)；而由於資訊科技的進步，使得顧客關係管理的應用與發展空間也有進一步的延伸，企業可以運用資訊科技加以整合、行銷與顧客服務，亦可為顧客提供量身訂做的特別服務，以提高顧客忠誠度與滿意度，並提升企業的經營績效，使得顧客關係管理和企業有更深一層的結合（史博言，1999）。

而各學者對於顧客關係管理的定義也有不同的闡述。Wayland & Cole (1977) 認為所謂的顧客關係管理應包含四個要素：顧客組合管理、價值定位、附加價值角色及報酬與風險分享。這四大因素決定了顧客價值。企業由原來強調降低成本的供給面策略，轉為以追求收益、附加價值與顧客維繫良好關係的需求面策略。

Kalakota & Robinson (1999) 則視顧客關係管理為一整合性銷售、行銷與服務策略的系統。由顧客生命週期、企業與顧客間的關係進展為主軸，針對企業與顧客的互動關係，找出最理想的顧客關係管理架構，主要是透過顧客獲取 (Acquisition)、顧客增進 (Enhancement)、顧客維持 (Retention) 三個主要核心觀念。

綜合上述，顧客關係管理可以說是企業為了吸引、獲取、維繫顧客，而發展出一套適用於企業和顧客間的方法與策略。也就是說企業運用其資源，而不是以追求市場占有率為目標，但是以顧客導向，透過所有的管道與顧客產生互動，用全方位的角度去分析顧客的行為，瞭解每一個顧客所具備的特性，追求讓顧客認同企業的產品與服務，在顧客消費時可以將此企業列入第一考量之對象，並且願意和企業維持長久的交易關係，藉由顧客所累積的終身價值，來幫助企業達到長

期獲利的目標。我們可以將顧客關係管理的特色歸納如下（邱昭彰、楊順昌、林國偉，2001）：

　　⑴企業的活動皆以顧客為中心，並非以公司各部門的目標或需求為中心來設計；

　　⑵重視顧客終身價值的累積，強調顧客長時間的購買行為以達到企業長期的獲利；

　　⑶不把顧客歸類為某一族群，針對每個顧客不同的特性及屬性，為顧客量身訂做客製化、個人化的服務；

　　⑷藉由顧客相關資訊的累積，利用顧客的資料做智慧型的分析，使企業更瞭解顧客，更貼近顧客，為顧客提供一個優質化的服務；

　　⑸鞏固原有顧客，吸引新顧客的加入，以提高顧客對利潤的貢獻度；

　　⑹適合應用在具有大量顧客群，需要與顧客積極互動的企業，如：銀行業、電信業、保險業等。

　　顧客關係管理是一長期性的策略，唯有透過與顧客的互動，瞭解顧客真正的需求，這樣才能刺激、吸引顧客不斷地消費，以幫助企業達到長期獲利的目標。

二、顧客關係管理的核心要素

　　顧客關係管理的核心就是要與能夠帶來利潤的顧客建立良好且持久的合作關係，所謂「持久」的關係是指長時間的維繫，藉由定期接觸顧客的方式去瞭解他們的需求，並適時適當地做改變。為了要與顧客建立持久的關係，企業應該是以顧客的觀點發展一套以客群經驗為基礎的顧客關係管理計畫。我們知道顧客關係管理中之最重要的核心要素是顧客，那我們針對顧客該如何建立及維持一個成功的關係，可依序朝著下列四個階段進行 (Graeme, Ernst & Young, 2001)：

1. 瞭解顧客

　　瞭解顧客是一個常被遺忘的要素，因為大部分的企業對顧客關係管理不甚瞭解，誤以為設立顧客服務中心是在做顧客關係管理。我們可以發現顧客服務中心是非常耗損金錢的，包含從一開始投入的軟、硬體設備甚至占客服中心成本最高

的人力成本。有些企業沒有歷經或不重視「瞭解顧客」這一個階段，導致不瞭解顧客真正的需要，並且不知道他們的顧客到底在哪裡，而誰才是他們真正的顧客。

2. 鎖定目標顧客

當企業已經清楚知道誰是他們的顧客以及瞭解顧客的真正需要時，企業就可以鎖定這些目標顧客，提供一套專為顧客個人需求所設計的服務與產品。我們可以發現每一個顧客的需求會隨著區域、文化、習慣而有所不同，企業要去觀察與瞭解，將會發現每個人的需求皆不盡相同，因此企業必須與目標顧客產生互動且有效地鎖定目標顧客。

3. 銷售予顧客

企業既然知道了他們的目標顧客與顧客的需要，則企業就要提供並銷售產品與服務給顧客，並利用廣告、人員銷售、公共關係、直效行銷、與電話行銷等促銷組合。大多的企業都以取得顧客作為實行顧客關係管理的起點，希望藉由「聯繫中心」(Contact Center)、「網站」及其他管道來達成銷售更多產品或服務給更多顧客的目的。

4. 留住顧客

顧客關係管理是透過成本降低及收入提升，使企業獲取較高的利潤，其中一項重要的目的便是留住既有顧客。創造新顧客所花的成本，可能是使一舊顧客愉快所花的成本的五倍 (Peppers & Rogers, 1993)。留住顧客的方法有二：一是建立高的移轉障礙，因為高的資金成本、尋求成本等，顧客較不容易去更換新的供應商。更好的方法是給顧客高度的滿意，即使競爭者採取低價策略或提供移轉誘因，顧客要更換新的供應商的機會也不會增加。

Duboff (1992) 認為有效的行銷策略應貫注於以後會帶來最大利潤的主要顧客群，而不是增加顧客而已，因此在進行顧客關係管理時，企業可以參考以下幾個主要的做法：

(1)界定出有利益的主要顧客群

(2)找出主要顧客群的價值；

(3)分析主要顧客群使用產品的方法；

(4)針對主要顧客發展行銷計畫；

(5)確定主要顧客能滿意公司的服務。

因此企業需要在不同族群建立一套持續傾聽的系統，而完善的服務有助於公司強化顧客忠誠度與提高市場占有率。

三、顧客關係管理的方法與步驟

顧客關係管理是一種長期性的策略，需透過與顧客互動的任何機會，瞭解顧客的需求，達到企業長期獲利的目標。前面描述了顧客關係管理的定義與核心要素，接下來則說明在發展顧客關係管理時可採取以下幾個方法（邱昭彰、楊順昌、林國偉，2001）。

1.顧客區隔化

每個企業的利潤來源，大部分都是來自某一部分的顧客群所貢獻，只要能夠瞭解顧客群的組合情況，將使企業有限的行銷成本能夠獲得充分的發揮與運用。顧客區隔化的目的，主要是為了去劃分出哪些顧客，能夠為企業帶來最多的利潤，應給予獎勵與最好的服務，以鼓勵他們持續的消費；然而哪些顧客耗費過多的行銷成本，無法為企業創造利潤，則不用花費太多心思在這些顧客身上，依據他們能夠為企業貢獻利潤之程度，尋找出有價值的顧客。因此，在進行顧客區隔化時，應要考慮的問題如下：

(1)現有顧客群中，哪些顧客能夠為企業貢獻實質的利潤？

(2)企業「主要」的獲利來源，是透過哪一類型的顧客所貢獻的？

(3)潛在顧客群中，哪些人往後極可能會成為你的顧客之一，並為企業帶來利潤？

(4)哪一類型的顧客，能夠長期消費，並累積可觀的終身價值？

考慮上述問題後，試著去找出對企業有利的顧客，經營彼此之間的關係，加強對他們的行銷活動；對於無法為企業帶來利潤的顧客，則不用花費太多心思。

畢竟，適度的取捨，用心的經營，才是顧客關係的管理之道。

2.顧客忠誠管理

根據統計資料顯示，企業每年會流失 25% 的顧客，如果企業流失一名舊有顧客，想要去開發一個新顧客來替補，可能要花費五倍的成本 (Peppers & Rogers, 1993)！然而要留住顧客，並不是把所有的顧客都留下，而是留下能夠為企業帶來利潤的顧客。對企業忠誠度高且能夠為企業帶來利潤的顧客，企業要與這類型的顧客保持密切地聯繫，甚至回饋這類型的顧客，例如：提供優惠折扣、特別服務等。當他們的消費模式有異常狀況時，主動追蹤，並表達關切之意。這樣可以讓顧客感覺到我們的用心與對他們的關心，讓其他的潛在顧客也能夠像這類型的顧客看齊。

3.顧客終身價值

我們發現消費者購買一樣產品，對於產品的使用年限在一段時間後，多半都會有汰舊換新的行為。這種重複購買的情況，在顧客一生當中是常有的現象。假如企業能夠正視顧客所能累積的利潤，即使他的消費金額不多，但在長時間的重複購買與累積下，就能創造可觀的利潤。

如果顧客願意與企業維持長期的交易關係，這樣一來，不僅可以賺到應有的利潤，同時也阻斷其他潛在競爭對手的獲利機會，讓競爭對手沒有成長的空間。這樣的行銷手法，比短期內獲取暴利，更具有價值。

4.一對一行銷

一對一行銷強調「瞭解顧客的心，比強制顧客購買東西重要」，在行銷過程中，企業不是運用各種行銷手法，讓顧客在非自願的情況下去接受產品或服務，而是要提供更多的相關訊息給顧客，藉由不斷的溝通方式，瞭解顧客的想法，進而提供適合顧客的產品或服務。

因此，企業必須善用各種的溝通管道，與顧客進行溝通與互動，瞭解顧客的想法，並藉由顧客所傳達的想法，進而去發掘顧客的潛在需求，瞭解到顧客真正

欠缺的是什麼。這樣一來，企業就有機會去介紹顧客所需要的產品與服務，來增加行銷機會，幫助企業獲利。大量行銷與一對一行銷的比較如表 11-1 所示：

表 11-1　大量行銷與一對一行銷之比較

比較項目	大量行銷	一對一行銷
對　象	一般顧客	個別顧客
行銷手法	顧客匿名	顧客描述
產品種類	標準產品	量身訂做的市場提供物
行銷策略	大量生產	量身訂做的生產
	大量分配	個人化的分配
	大量廣告	個人化的訊息
	大量推廣	個人化的誘因
	單向訊息	雙向訊息
效　益	規模 (SCALE) 經濟	範疇 (SCOPE) 經濟
目　標	市場占有率	顧客占有率
顧客群	所有顧客	有利潤的顧客
著重焦點	顧客吸引力	顧客留存

資料來源：Kotler (2003).

5. 客製化的產品與服務

　　大多數的產品與服務多半只考量到多數人的行為模式，也就是以多數人的需求為標準，漸漸地忽略了少數人的需要，並導致少數人的不便。唯現今以顧客導向的行銷時代，應該要讓產品與服務，能夠具有彈性，以符合每一位顧客的需求。因此在產品與服務上加入顧客的意見與想法，使產品或服務是站在顧客需求的角度來量身訂做。如此一來，顧客不僅能夠獲得滿意的服務，同時亦可感受到以客為尊的服務品質，進而成為公司的忠實顧客。

6. 資訊科技輔助行銷活動

　　為了讓企業瞭解顧客的特性，必須利用各類型的資訊技術，在交易過程中蒐集大量資訊，以建立完整的顧客資料庫，這些資料庫可能包含顧客基本資料、顧

客交易資料、顧客服務資料、活動回應資料及相關的互動記錄。以電信業的電話客服中心為例，它的顧客資料庫除了有基本顧客資料外，亦有顧客的繳款記錄、通話費用、與每次顧客打進服務專線所申請之服務或抱怨之事宜，藉由這些相關性的資料可以分析出一個用戶的習慣，例如：藉由顧客每個月的通話明細與費用，我們可以主動建議顧客適合他的通話費率。透過分析機制，我們能夠知道顧客的內在與潛在需求並藉以發展維持良好的顧客關係。同時可以從眾多資訊中，擷取有利於我們的市場行銷資料，用以提高銷售量。

　　而要如何建構最佳顧客關係的流程，勤業管理顧問公司 (2000) 提出了六個步驟提供企業在管理顧客關係時的做法，如圖 11–1。

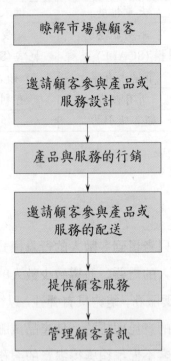

資料來源：勤業管理顧問公司譯 (2000)。

圖 11–1　管理顧客關係的流程

　　管理大師彼得‧杜拉克 (Peter Drucker) 說：「在今天的經濟體系中，最重要的資源不是勞工、資本或是土地，取而代之的是知識。」我們從管理知識的角度去歸納出顧客關係管理步驟 (林義堡，1999)：

1.資料、資訊的蒐集

知識是經由資料 (Data) 與資訊 (Information) 的蒐集與整理而獲取的，因此第一個重要的議題就是如何即時的、全面的、便利的蒐集顧客之相關資料。延遲的資訊可能導致商機的延誤、片面的資訊可能無法完全含蓋所有的顧客需求、不便利的資訊亦可能使成效不彰。

2.資料、資訊的儲存與累積

資料的儲存與後續資料使用的便利性息息相關，因此如何適當與安全的儲存資料也是很重要的工作。適當的儲存方式能快速處理後續的資料；而安全的資料控管，也可以保障公司裡的商業機密。

3.資料、資訊的吸收與整理

整理各種資料和資訊、萃取其中精華部分將其制度化，並且去找出不容易理解的隱藏知識，皆是可以提升企業競爭優勢與提供主動顧客關係行銷的重要課題。

4.資料、資訊的展現與應用

資料蒐集的最終目的是應用，因此透過使用者親和性高的介面，即時的、安全的、方便的將資訊與知識等相關整合性的資訊呈現給最終使用者，對企業而言是相當重要也具有意義的，同時這個程序也是整個系統的成敗關鍵因素。

此外，在顧客關係管理的環節中，各種資訊科技的角色與相互關聯如表 11-2 所示。

四、顧客關係管理之顧客群分析

顧客群分析在顧客關係管理中是相當重要的工具，藉由顧客群分析我們可以分析顧客行為，針對不同的顧客進行規劃和改善。我們可以將顧客分成下列主要項目（陳琇玲，2001）：

表 11-2　在顧客關係管理各步驟下可運用之科技與方法

1. 資料、資訊的蒐集	資料蒐集 (Data Collection) • 銷售點管理系統 (POS) • 電子訂貨系統／電子資料交換 (EOS/EDI) • 企業資源規劃 (ERP) • 顧客電話服務中心 (Call Center) • 信用卡核發 (Card Issue) • 市場調查與統計 • 網際網路顧客行為蒐集 (Web Log) • 傳真自動處理系統 • 櫃檯機 (Kiosk)
2. 資料、資訊的儲存與累積	資料儲存 (Data Storage) • 資料庫 (Data Base) • 資料倉儲 (Data Warehouse) • 資料超市 (Data Market) • 知識庫 (Knowledge Base) • 模型庫 (Model Base)
3. 資料、資訊的吸收與整理	資料採礦 (Date Mining) • 統計 (Statistics) • 學習機制 (Machine Learning) • 決策樹 (Decision Tree)
4. 資料、資訊的展現與應用	資料的展現 (Data Visualization) • 主管資訊系統 (EIS) • 線上及時分析處理 (OLAP) • 報表系統 (Reporting) • 隨性查詢 (Ad Hoc Query) • 決策支援系統 (DSS) • 策略資訊系統 (SIS) • 網路顧客互動 (Web-based Customer Interaction)

⑴積極型顧客：在過去特定期間內，比如說在過去的一年內，曾向你購買過產品或服務的個人或企業。

⑵非積極型顧客：過去曾經向你購買過產品的個人或企業，但在過去特定期間內已有一陣子沒再購買。非積極型顧客是企業潛在營收的重要資源，我們可以從非積極顧客上獲得一些重要資訊，避免企業的積極型顧客變成非

積極型顧客。

⑶潛在型顧客：從未向你購買過產品或服務，但卻和你多少有關係的個人或企業，比如說，曾經向你詢價或索取產品手冊的人，都有可能是你的潛在顧客。潛在型顧客是你期望在短期內，讓他們成為積極型顧客的人。

⑷懷疑型顧客：你可以提供產品或服務給他們，但尚未與這些人建立關係。通常企業會先跟懷疑型顧客建立起關係，再從中去篩選潛在型顧客，以長遠目標來看，希望這群人能夠成為企業的積極型顧客。

⑸其他類：不需購買或使用你的產品或服務的個人或企業，就屬於其他類。雖然企業不可能從這群人中賺到錢，但重要的一件事是，企業必須清楚知道花了多少時間和金錢，企圖行銷產品或服務給他們。

陳琇玲 (2001) 認為企業可以依據過去特定期間內的銷售營收再把積極型顧客分成四大類，主顧客、大顧客、普通顧客和小顧客。

⑴主顧客：在積極型顧客中，購買額最多的前百分之一者。如果你有一千位積極型顧客，那麼你的主顧客是購買最多的十位顧客。

⑵大顧客：在積極型顧客中，除了主顧客外，購買額最多的前百分之四者。同上，如果你有一千位積極型顧客，那麼你的大顧客就是除主顧客之外，買最多的四十位顧客。

⑶普通顧客：在積極型顧客中，除了主顧客及大顧客外，購買最多的前百分之十五者。如果你有一千位積極型顧客，那麼你的普通顧客就是除主顧客與大顧客之外，買最多的一百五十位顧客。

⑷小顧客：除上述三者外的積極型顧客。如果你有一千位積極型顧客，那麼你的小顧客就有八百位。

不同的顧客群我們應該給予不同的服務內容，若以一家照相館為例：我們將顧客區分為主顧客、大顧客、普通顧客和小顧客，如何對這四種類型的顧客提供不一樣的服務，但卻能讓他們感受到相同的服務水準？

我們可以藉由電腦資料庫填寫其相關訊息，顧客填寫基本資料時，業者可同時幫顧客主動清潔相機或檢查相機之零件、電池等是否正常安裝。當發現相機有異狀時，可主動告知。例如發現電池電壓不足時，可建議顧客下次使用相機時，

最好事先多準備一顆電池，以免造成相機無法正常使用。若無異狀，可詢問顧客在使用時是否有其他問題。藉由資料的填寫，我們可以獲得顧客的基本資料，並將其建檔，日後每一個顧客的消費日期、消費金額、消費事項，甚至顧客每次沖洗的照片內容與主題皆可鍵入資料庫中，方便往後做資料的分析。

若為普通顧客，店家同樣的除了檢查相機外，亦可主動詢問每次或上一次照片沖洗是否有異狀。假設店家發現其照片因照相技術欠佳，而導致照片亮度與解析度不夠時，可主動教導或告知顧客正確的照相方法與需注意的地方，如背光時應採取什麼樣的因應措施等。

當顧客成為大顧客或主顧客時，我們更不能掉以輕心。藉由資料庫的分析，可以知道一個顧客照相的習慣，例如：我們得知某顧客定期地會去臺灣各鄉鎮旅遊，且發現是由北往南有計畫的知性之旅方式。那我們可以主動和顧客討論關於臺灣的旅行地點，或建議他下次可以去哪個地方看看。用此方式拉近彼此之間的距離，甚者可以主動提供關於臺灣旅遊的相關資料。並可以將這位顧客升級為 VIP 顧客，不僅提供相關資訊，亦可提供價格上的優惠，享有優先處理的服務。

每一個企業對顧客都得花心思去經營。除了可以經由資料庫或電腦系統的運用，最重要還是人的介面，因為人才是最柔性的，也最容易貼近顧客。

我們可以發現企業在消費者的生活周遭都在不停地實施顧客關係管理，例如，百貨公司的週年慶，特別提供送貨服務、專車接送、免費停車服務等。餐廳免費提供飲料或贈送小菜給當月壽星。服飾業、美容美髮業、餐廳等行業在顧客生日當月郵寄生日卡與優惠折扣券。有些企業在實施顧客關係管理的時候，並非從主要顧客下手，而是陪同前來的家人，如妻子、孩子，比如說，汽車銷售員會贈送汽車模型玩具給被帶來參訪或購物的小孩子。

企業的一些小動作都可能使顧客倍感溫馨，重要的是企業如何運用來維繫顧客之間的關係。

第二節　價值傳送模式

企業維持競爭優勢的根本，在於廠商以可獲利的成本，將優越價值傳遞給顧

客的能力，在將價值傳遞給顧客的同時，企業也為自己創造了價值。因此本節共分為三小節，分別介紹顧客價值、顧客滿意及價值傳送模式。

一、顧客價值與衡量

Kotler et al. (1996) 認為顧客價值是指顧客總利益與顧客總成本間的差異。顧客總利益是顧客期望從一產品或服務所能得到的一組利益。顧客總利益的來源有——產品、服務、人員及形象。而顧客總成本的來源有——貨幣、時間、精力、心理成本，如圖 11-2 所示。產品利益與服務利益是指產品或服務能改善或增加顧客的績效或滿足顧客的需要，並增加顧客的價值。人員利益是指企業的良好形象和服務人員的良好態度，會增加顧客的利益，進而增加顧客的價值。形象利益是指如品質優良、產品價格合理、購買便利、服務快速、服務態度佳、送貨準時等等，都是能夠提供給顧客的利益與增加顧客的價值。

另一方面，顧客總成本是指顧客為取得產品或服務所花費的各項成本。貨幣成本是指顧客購買產品或服務所需支付的成本。時間成本與精力成本是指顧客為了購買產品或服務，他所需花費的時間與耗費的精神，比如說：搜尋產品、比較價格所花費的時間與精力。心理成本是指顧客為了取得產品或服務，心理上所產生的挫折、驅動力、與售貨員交談、奔走不同的商店、花費思考時間來蒐集等等。這些成本都會降低顧客價值。

如果能從一群顧客所獲取的利益，比你維持既有顧客群時所需支付的營運成本要高時，那麼你的行銷就是具有獲利力的行銷。顧客價值不僅僅和企業從顧客端所獲取的利潤有關，也和行銷與業務的成本有關。因為，行銷與業務成本是決定顧客價值多寡的重要因素。

顧客價值會隨著時間而改變，所以企業必須不斷地設法去瞭解顧客的購買動機、顧客使用該產品的過程、以及顧客使用該產品所欲達成的最終目標。從這些過程當中，我們可以去找出讓顧客再次購買該產品的價值，並藉由資訊科技之相關技術來瞭解顧客想要的、記住顧客想要的、預測顧客想要的。一旦企業擁有顧客的長期資料，就可以掌握顧客的喜好，在最適當的時間推出最適當的產品與服

務來迎合顧客的需要，如此一來長期的關係及顧客忠誠度就可以建立起來，顧客所感受的價值亦隨之提高（圖 11–2）。

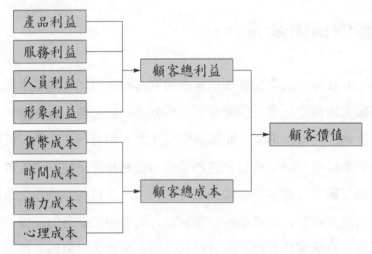

資料來源：Kolter et al. (1996).

圖 11–2　顧客價值的決定因素

　　不同的顧客所關心或認同的價值並不盡然完全相同。依照顧客認同的價值可將顧客群體大略分成產品領先、營運績效卓越和顧客親密度等三大類型（王瓊淑，1999）：

　　第一類顧客認同產品領先價值，顧客對於最新型、最先進的科技產品特別有興趣。企業必須以提供先進產品，並快速進入市場來爭取這一類顧客。例如：新力、微軟、Nokia 等都是不斷推出先進的優質產品來建立與顧客之間的關係。

　　第二類顧客認同營運績效卓越的價值，顧客在購買產品與服務時，首先重視低廉的價格和購買的便利，亦要求高品質與高服務水準。例如：戴爾、K-MART 商場等都是以卓越的營運取勝，不斷提高速度和便利性，並全面地降低營運成本，以提供顧客低價格、高品質和一流服務的價值。

　　第三類顧客認同顧客親密度的價值，他們所在意的是產品與服務的內容是否百分之百符合他們的需求，甚至願意多支付費用或花費較多的時間。企業應能提供量身訂做的產品及高水準的服務品質，才能獲得這類型顧客的長期認同和忠誠度。例如：亞都麗緻大飯店為迎合商務旅客的需求，他們會記錄每一個顧客的需

求，比如說：有一個顧客曾經指定要看某一家的報紙，他們會在下次這位顧客住宿時，主動提供此份報紙。藉由這些服務希望和顧客建立深遠長期的關係。

Sheth et al. (1991) 認為顧客經由購買行為所產生的顧客價值，其主要受五個構面價值所影響，分別是功能性價值、社會性價值、情緒性價值、知識性價值、條件性價值，如圖 11-3 所示。

⑴功能性價值：指顧客透過產品所提供的功能、實用情形或物理性質表現，而獲得的知覺效用，亦即經由主要的屬性擁有，進而取得功能價值。功能價值以所選擇的屬性加以衡量。

⑵社會性價值：指顧客的選擇和一個或多個社會群體聯結，而獲得的知覺效用，透過人口統計、社會經濟和文化等各種不同群體的聯結，亦即顧客對於社會需要的滿足和責任，也就是通常所謂的貢獻，進而取得社會價值。社會價值由意象選擇 (Choice Imagery) 加以衡量。

⑶情緒性價值：指顧客的選擇所引起感覺或情感狀態，而獲得的知覺效用。情緒價值主要透過與選擇聯結的感覺加以衡量。

⑷知識性價值：指顧客的選擇所引起的好奇、新鮮及滿足求知慾，而獲得的知覺效用。

⑸條件性價值：指顧客在特定情境或環境的選擇結果，而獲得的知覺效用。情況價值由選擇的權變 (Choice Contingencies) 加以衡量。

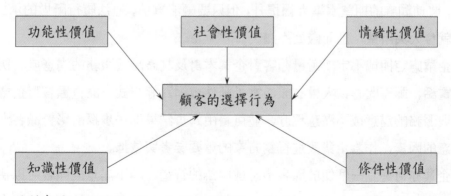

資料來源：Sheth, Newman & Gross (1991).

圖 11-3　顧客價值的理論模式

顧客價值是由顧客去決定，而非由企業決定。但顧客通常並不是很客觀或很正確地去決定產品或服務的價值，而是根據他們的主觀感受或知覺去做判斷。因此，顧客價值是顧客主觀感受的知覺價值，而非客觀的價值。

二、顧客滿意與衡量

顧客滿意是指顧客對一產品或服務的期望與知覺績效（或結果）間比較所產生的差異狀態。當之間產生的差異狀態愈小，代表顧客滿意就愈高；當之間產生的差異狀態愈大，代表顧客滿意就愈低。

滿意度是指一個人感覺到愉快或失望的程度。顧客購買後是否感到滿意，或滿意的程度通常視產品品質或服務所帶來的利益或價值，是否符合顧客原先的期望而定；亦即顧客滿意的高低，通常取決於顧客感受的知覺價值和顧客的期望水準，而會有下列三種情況（黃俊英，2003）。當顧客感受到的知覺價值與顧客的期望水準相符時，顧客就會感到滿意；當顧客感受到的知覺價值超過顧客的期望水準時，顧客就會更加地滿意；當顧客感受到的知覺價值低於顧客的期望水準時，顧客就會感到不滿意。

企業對顧客的承諾會直接影響顧客的期望水準，從而間接影響到顧客的滿意度。企業對顧客的承諾如果太低，就無法吸引到消費者；但如果對顧客做過多的承諾，將使顧客的期望水準大幅提升，但只要輕諾寡信，無法履行所做的承諾時，顧客就會大失所望，進而感到不滿。

企業應定期或不定期衡量顧客對企業本身及其產品或服務的滿意度。例如：利用電話、郵寄問卷、人員訪談、電子郵件或網路等方式，調查顧客對企業及其產品與服務的滿意或不滿意程度，並可藉由調查結果進一步探討影響顧客滿意與不滿意的因素，作為企業改進行銷方案的重要參考與依據。

企業亦可建立一個便於顧客抱怨或申訴的管道，讓不滿意的顧客可以快速且方便地表達他們的不滿或申訴抱怨。一般而言，大多數不滿意的顧客是不會直接向企業表達不滿或提出抱怨，他們會直接停止購買或向其他消費者表達不滿。因此，對於這些願意花時間向企業提出抱怨的顧客，企業應要重視這群顧客，並重

視所提出的抱怨與建議，因為這些都將成為改進產品與服務的依歸，甚至可以是產生產品創新的構想來源。

Churchill & Surprenant (1982) 認為顧客滿意度是一種購買與使用的結果，是由購買者比較預期結果的報酬和投入成本所產生，因此在衡量顧客滿意度時主要的要素包含顧客的事前期望、產品的績效、不一致性及顧客滿意四項。顧客的事前期望 (Consumer Expectation) 是指顧客在使用或消費產品前，在未知的情況下所抱持的觀感，因此顧客的事前期望會反映出消費者對產品的預期績效，故消費者在購買前的所有消費經驗，將會形成對產品績效的預期。而產品的績效 (Product Performance) 是指顧客所認知的產品實際績效表現，因此產品的績效通常被視為一種比較的標準，消費者在購買產品後會以實際的產品績效與購買前的期望互相比較。而顧客購買前對產品的期望與事後產品績效兩者間的差異將會產生不一致性 (Disconfirmation)，故顧客所產生的不一致性可分為三種：

(1)被確認：當產品的績效與顧客預期一致；

(2)產生負向的不一致：當一項產品的績效比預期的差；

(3)產生正向的不一致：當一項產品的績效比預期的好。

綜合上述可知，顧客的事前期望與實際體驗後的績效感受將會產生三種層級的不一致性，而此不一致性正是影響顧客滿意的最主要因素，所謂的顧客滿意 (Customer Satisfaction) 被視為是一種購買後的產出，當實際的產品績效大於或等於事前的期望，也就是說產生正向的不一致性愈高，則顧客所感受的滿意程度愈高；當實際的產品績效小於事前的期望，也就是說產生負向的不一致性愈高，則顧客的滿意度將愈低。

Kotler et al. (1996) 認為企業為追蹤與衡量顧客滿意的程度，一般可使用的方法如下：

1.抱怨與建議系統

以顧客為導向的公司應建立一個利於顧客向其傳送建議與表達不滿的管道。許多餐廳、飯店、醫院、公車都會提供意見箱，以提供顧客表達滿意或不滿意的事情。有些公司，如聲寶、中華電信等建立客服專線，以免費電話提供顧客諮詢、

建議、抱怨。此可以提供企業好的構想，並使企業找尋到最快與最好的問題解決方案。這種方式是企業站在比較被動的角度去聆聽顧客的聲音、獲取顧客對於企業的建議與改善方法。

2.顧客滿意度調查

企業應該知道不可能單單只靠簡單的抱怨或建議系統，就可以得到顧客滿意或不滿意的資訊。我們可以知道服務不佳與顧客不滿意的企業，將會流失原有顧客，甚至是無法獲得潛在顧客群。顧客滿意度可以用一些方法來衡量，如問卷、人員訪談、電話行銷等等。例如直接詢問：「請說出你對我們服務水準的滿意程度。」亦可要求受訪者列出企業服務不周或需改善的地方。在蒐集顧客滿意資料時，也可以順便問一些額外的問題，以衡量重購意願；若顧客滿意度高時，其重購意願應該也會是高的。衡量顧客向他人推薦該企業或該品牌的可能性與意願，也是非常有用的指標。高的正面效果可顯示公司有高的顧客滿意。這種方式則是企業採取主動的方式，可以迅速地獲取顧客的意見與對產品或服務的滿意程度。

3.幽靈購物

另一種蒐集顧客滿意的有效方法是僱人裝成潛在顧客，來報告他們在購買競爭者產品時，所親身經歷的優缺點。幽靈購物者可以找出某些問題，以測試企業在處理與顧客相關事宜時是否得當。

4.流失顧客分析

企業亦可聯絡不再購物或轉向其他供應商的顧客，以瞭解為何其不再購物或轉向其他供應商的原因。若一企業流失顧客時，就應該去徹底瞭解原因──是價格過高、服務不佳、產品不好等等。

三、價值傳送模式

我們由上述可知顧客的價值與顧客的滿意對一個企業是如此地重要，那麼企

業要如何將產品與服務所提供的價值傳達給顧客。因此，企業必須檢視內部的每一個環節並加以分析，然而企業的成功不單只是各部門做好其分內的工作，還要各部門活動相互的整合協調。價值的傳遞有助於凸顯顧客導向的重要性，價值是由顧客本身的認知所界定，而不是在於企業；顧客會不斷地評估競爭性產品及顧客本身的需求或偏好，因此企業若想迎合顧客的需要並獲取長期的顧客關係，就必須瞭解顧客的需要，將優越價值傳遞給顧客。綜合上述，我們可以瞭解企業傳送價值的重要性，故以下將深入探討價值鏈與其相關概念。

價值鏈

　　李明軒、邱如美 (1999) 在競爭優勢中提出創造更多顧客價值的工具——價值鏈，而價值鏈分成主要活動 (Primary Activities) 以及支援性活動 (Support Activities) 兩種態樣。每一個企業都是一系列活動的集合體，需從事設計、生產、市場、配送及支援其產品等活動。價值鏈是確認在一特定事業內，創造價值與成本的九項策略性活動。此九項價值創造活動包括五個主要活動及四個支援性活動。

　　關於價值鏈的詳細說明，在本書中第八章已詳述，讀者請參閱第八章之內容。

　　企業的首要任務是在檢視每一個價值創造活動的成本與績效，並藉此改進企業內部不完善的部分，同時企業也要估算競爭者的成本與績效來作為比較標準的基礎，因此企業若能在某些特定活動上超越競爭者的話，即具有更差異化之競爭優勢。在企業裡，有些部門經常使自己部門利益極大化，而不是以顧客或整個公司的利益極大化為考量。這樣的想法與行為是錯誤的，企業應該是以顧客或整個公司的利益極大化為考量，而非單一部門。

　　行銷是環繞著價值鏈的觀念建立而成的，也就是：行銷可以說是界定、開發、傳遞價值的過程（洪瑞彬，2000）。

　　⑴界定價值：確認、衡量及分析顧客的需要，將此資訊轉化成創造顧客滿意的首要條件。

　　⑵開發價值：即是指有關於產品開發及其服務，並能夠符合顧客真正之需要、競爭條件與透過產品價格所產生出的內含價值。

　　⑶傳遞價值：除顯而易見的運輸、儲藏、風險承擔、產品分類及提供各種產

品等配銷功能外，還包含產品提供的傳遞過程──經由個人銷售、廣告、促銷、宣傳、展示，進入目標市場。顧客服務功能──例如利用設計、安裝、保證、售後服務等，也可視為傳遞價值的必要環節。

　　新的行銷觀念是要求「從外向內」界定企業，換句話說就是：尋找尚未完全滿足的顧客需要、尚未解決的顧客問題。我們要作為顧客問題的「解決專家」，也就是我們必須比顧客更瞭解他們本身所需要以及他們問題的所在，要透過創新去解決顧客的問題。

　　公司除了要檢視自己的價值鏈之外，亦需檢視自己的競爭優勢──即本身供應商、配銷商與最終顧客等的價值鏈。現今有許多廠商和供應鏈的成員合作，共同改善顧客價值遞送系統的績效。

　　供應鏈基本上是指連接製造商、供應商、零售商和顧客所組合而成的一體系，例如下游是最接近消費者的零售商；中游是批發商；上游是製造商，整個供應鏈的最終目的就是有效率地把產品從生產線送至顧客手中，來滿足最末端消費者的需求（李宗儒、林正章、周宣光，2003）。

　　在架構顧客價值傳送系統中，整個市場中新的競爭不再是個別廠商與個別廠商間的競爭，而彼此的競爭將變成是各個企業整合中、下游後，所形成的價值遞送系統之競爭，誰能夠建立較具有競爭力的價值遞送系統，誰就贏得市場占有率與利潤。

　　然而價值鏈與供應鏈的不同在於價值鏈是針對企業內部的各種活動，劃分為產品設計、生產、行銷和運送等獨立領域。並利用價值鏈作為診斷競爭優勢的基礎工具，描述企業如何去找出重要活動之間的關聯性。透過價值鏈企業可以更快速地提供服務與產品，企業藉由每個部門的整合與分工，在適當的時間與空間裡滿足顧客的需要。

　　而供應鏈它主要是探討如何將交易夥伴共同承諾一起緊密合作，並有效率及效能地管理供應鏈中的資訊流、物流和資金流，以期在付出最少整體供應成本的情況下，為消費者或顧客帶來更大的價值。企業不僅要求自己內部必須具有競爭優勢，相同地，他們也要求上、下游必須一起動起來，唯有透過彼此的共同認知、整合與溝通，才能達到一個內外都具有相同目標的理念。進而達到從上而下的共同競爭優勢。

第三節　顧客關係行銷

顧客關係行銷可以說是一種互動的流程，透過主動應用與學習顧客資訊，將流程中的顧客資訊轉換為顧客關係，因此顧客關係行銷可以建立企業和顧客之間的緊密互動，企業亦可以透過此互動不斷地向顧客學習，顧客會告知企業他們真正需要的是什麼，企業就可以據以執行。因此，顧客關係行銷所要努力的重點，就是創造顧客價值、提高顧客滿意、維持顧客忠誠、提升顧客留存率。本節將介紹與顧客關係行銷相關的議題及概念，以及探討如何藉由顧客關係行銷來建立起企業與顧客間之長期關係。

一、定　義

顧客關係行銷一詞見於服務業行銷，Berry (1983) 認為在傳遞服務的過程中，吸引到新顧客只是行銷過程中的一個中間過程，如何將顧客緊緊捉住，建立他們與企業之間的長久關係與忠誠度，才是服務業行銷所考慮的重心，因此，他第一次將「顧客關係行銷」一詞正式提出，將其定義為「吸引、維持──於多重之服務組織中──來加強與顧客的關係」。

顧客關係行銷是創造和維繫顧客忠誠的關鍵，根據企業為增強顧客忠誠所採用的結合 (Bond) 類型和數目，我們可將顧客關係行銷區分成三種不同的層次 (Berry & Parasuraman, 1991)。如表 11-3 所示。

在第一個層次的顧客關係行銷，企業主要利用價格誘因，提供財務性利益以鼓勵顧客多多購買產品。例如：旅館對常客提供折扣優惠價或免費住宿券及雜誌，以提供優惠價格給長期訂購戶和續約顧客，都是屬於第一個層次的常客行銷方案。價格是最容易被競爭者模仿的行銷組合要素，因此這種行銷手法並不具有長期的競爭優勢。

第二層次的顧客關係行銷是以財務性利益來尋求建立社會性的結合。在這個層次中較強調個人化的服務傳送，並將無名無姓的顧客轉化為有名有姓的顧客。

表 11–3　顧客關係行銷的三個層次

層　次	結合的類型	行銷導向	服務量身訂製的程度	主要的行銷組合要素	永續競爭差異化的潛能
一	財務性	顧　客	低	價　格	低
二	財務性和社會性	顧　客	中	人員溝通	中
三	財務性、社會性和結構性	顧　客	中到高	服務傳送	高

資料來源：Berry & Parasuraman (1991).

社會性的結合雖然無法克服在價格或服務上的重大缺失，但可讓顧客較不易流失。面對面的訪談、主動電話拜訪、主動給予服務建議、贈送小禮物等。這些社會行為常有助於企業與顧客雙方良好關係的維繫。

　　第三層次的顧客關係行銷是除了財務性和社會性的結合之外，還加上結構性的結合來加強與顧客的長期關係。結構性的結合是提供有價值而且又不易從其他來源獲得的服務所創造的，這些服務通常是有技術基礎的服務，用來提升顧客的效率與生產力，而且它是設計在服務傳送系統裡，並不是依靠個人或銷售人員的關係建立行為，因此才會使用「結構性」這一名詞，結構性結合可以提高舊有顧客轉向其他競爭者的成本，所以有助於強化顧客的忠誠度。例如公司提供給顧客特定的設備或電腦連線，以協助顧客管理定單、薪水、存貨等。

　　顧客關係行銷中，針對不同類型的顧客層級，到底企業要投入多少額外的成本與精力來維繫與顧客之間的關係呢？首先，我們先將與顧客的關係分成五種層級 (Kotler et al., 1996)：

(1)基本型：銷售人員銷售產品後即不再接觸顧客。

(2)反應型：銷售人員銷售產品後，鼓勵顧客若有問題或不滿意，歡迎隨時來電。

(3)負責型：銷售後銷售人員會打電話給顧客，瞭解產品是否滿足其期望。並詢問需要改善的地方及給予建議，將其作為企業持續改進的基礎。

(4)主動型：銷售人員經常做電話訪問或藉由其他接觸顧客的方式，提供產品使用或新產品的建議。

(5)合夥型：企業持續與顧客共同地找出節省之道或主動協助產品使用。

　　若顧客數目太多且利潤不高，企業會採取基本型的顧客關係行銷。例如，美國惠氏藥廠不會主動打電話給每一個母親，感謝她們選用一系列 S26 乳製品，頂多成立 S26 媽咪俱樂部與顧客諮詢服務專線。另一極端是顧客數目少且高利潤的市場，企業會採取合夥型的顧客關係行銷。例如，波音公司在設計和確保飛機能夠滿足中華航空公司的要求，就需要和華航保持密切的配合。表 11-4 中將各種層級與狀況作一搭配 (Kotler et al., 1996)。

表 11-4　顧客關係行銷的層級

	高利潤	中利潤	低利潤
顧客／配銷商數目多	負責型	反應型	基本型
顧客／配銷商數目中等	主動型	負責型	反應型
顧客／配銷商數目少	合夥型	主動型	負責型

資料來源：Kolter et al. (1996).

　　顧客關係行銷雖然給人的只是一時潮流的印象，但它會被長久奉行。因為顧客關係行銷確實是顧客服務的有效方法，可以將專屬顧客服務帶進全新的境界，讓企業可以和每一個顧客建立親密且良好的長期關係。就現在而言，顧客關係行銷是建立顧客忠誠度的終極工具。

　　顧客關係行銷不只是購買最新、最時髦的資料庫，而是要以全新的心態來看待企業的顧客，還有企業和顧客之間的互動。顧客關係行銷徹底改變了傳統的行銷方式，企業必須從顧客的角度出發，找出顧客真正想要的需要，並提供他們需要的產品與服務。企業所關切的不是企業本身在整個市場的占有率，而是企業在每個顧客消費總額中的占有率。企業要以顧客和顧客的需求為重心，而不是以企業的產品或服務為重心。

二、進行顧客關係行銷的方法

　　顧客只想知道企業所提供的產品或服務，在未來可以幫助他做些什麼。顧客只對他的價值觀、希望、實際情況感到興趣。因此向顧客介紹企業時，必須從顧

客的角度、實際情況、處境、行為、預期和價值觀著手。因此，當一企業在進行顧客關係行銷時，可採取的方法說明如下（許梅芳，2001）：

1. 把顧客視為獨立的個體

要從事顧客關係行銷，必須先以全然不同的眼光來看待企業的顧客。在過去傳統的行銷方法是區隔 (Segmentation)。也就是，將顧客區分為不同的團體或區隔，每一個團體或區隔都有許多的共同點，接著再找出可以賣給整個團體的產品。

顧客關係行銷的方法就是給不同的顧客不同的產品或服務。從事顧客關係行銷的人要找出顧客的共通點，同時也會留意市場區隔；不過，他們並不會把顧客視為一個團體來提供服務。企業這麼做的目的是在瞭解並清楚每個顧客的需要，以便當顧客自己尚不清楚的時候，企業就已經預測到顧客未來的需求，因為企業已經觀察到另一個類似的顧客也有著相同的需求。

2. 與顧客維持雙向的關係

顧客關係行銷的精髓在於企業與顧客的溝通是雙向的，雙向的溝通才能建立彼此的關係。顧客不需要等你去找他們，他們就可以在適當的時間讓企業知道他們的需要是什麼。現在是一個科技的時代，許多企業會運用許多的科技技術或電腦系統來提供顧客所要的東西，但顧客關係行銷應該是建立在人和人之間的關係，電腦並不能取代人的地位。電腦系統是企業從事顧客關係行銷的基礎，它只是一個工具而已，企業還是得靠人員、電話、傳真、電子郵件來與顧客維繫，畢竟這些還是最容易得知顧客是否滿意與貼近顧客的方法。

3. 資料庫的運用

資料庫是瞭解顧客的重要基礎。資料庫裡面的資料基本上都是精確、量化的資料，透過資料庫，企業可以快速查詢到關於顧客的相關資料。妥善運用資料庫可以幫助企業瞭解每一名顧客並掌握顧客的相關個人資料。儘管企業的顧客成千上萬，資料庫依然可以提供各種詳細的資料，而且在短短的幾分鐘就可以備齊。

企業在設計資料庫時必須考慮到的是互動性資料庫，能夠讓顧客和企業直接

溝通、告訴企業他想要的是什麼。資料庫可以記載顧客每筆的交易資料、顧客訂貨時間、訂貨頻率，藉由資料庫去得知與分析每一個顧客的購買行為。同時企業可以運用大量訂製科技，將量身訂做的產品和服務納入營運之中。比如說：資料庫可以告訴配送部門特定顧客的特殊要求——如配送時段，或將顧客對於某項產品的特殊要求轉告生產部門。

4.量身訂做

與顧客關係行銷密不可分的量身訂做方式，越能提供顧客切合需求的產品或服務，在顧客眼中之價值就越高。價值愈高，相對的，顧客對企業的忠誠度也就愈高。量身訂做時，企業要考慮的是個人的需求，而不是市場區隔的需求。

有時候企業不見得要針對產品進行量身訂做，而可以就產品的附帶服務——例如：產品的包裝、配送的方式與時間、付款的方式與條件——進行量身訂做的工作，或針對和顧客接洽的方式來進行——是否會主動通知並提醒顧客其需要購買產品的時間？

例如：聯邦快遞就為顧客量身訂做全球運籌方案，為使顧客對交易過程全程的掌控，所有顧客皆可透過聯邦快遞的網址，同步追蹤貨件狀況，同時還提供各種不同國家與語言版本的查詢服務，因此顧客可以選擇最適合自己需求的查詢模式。更重要的是，聯邦快遞強調，他們的服務是和顧客攜手合作，針對個別顧客的需求，如公司的大小、生產線地點、業務辦公室地點、顧客群、科技化程度、以及公司未來目標等，雙方共同研擬出「量身訂做」的全球運籌方案（郭錦萍、丁惠民，2001）。

三、如何建立長期的顧客關係？

現今強調顧客至上的「客製化」服務，早已打破了傳統行銷的迷思，取而代之的是要與顧客建立起終身的夥伴關係 (Partnerships)，因此吸引顧客只是一個行銷的過程，要如何建立並維持住顧客忠誠度才是企業應著眼的重點。到底企業如何建立長期的顧客關係呢？（張文彬，2002）首先企業可透過內部客服部門各種資

訊系統的整合，其不僅可對顧客進行服務工作，也可提供主動的行銷活動，藉此向顧客促銷，並提供額外加值性等的服務，使顧客對企業所貢獻的利潤價值提升。另外企業亦可透過資料回饋系統，將顧客有用的資訊如：交易頻率、平均交易金額，提供給企業內部相關單位分享，使顧客關係管理在建置上更能充分掌握顧客需求，透過與顧客往來關係管理，與顧客分類分級評等，幫助企業更深入瞭解自己的顧客，並能據此提供差異化的服務，滿足顧客真正的需求，藉此建立出長期的顧客關係。

讓顧客滿意是行銷的一大重點，但在現今市場競爭日益激烈的情況下，單單讓顧客覺得滿意仍是不夠的，因為滿意的顧客碰到競爭者提供更好的條件時，就可能會投入其他競爭者的懷抱。因此，企業不只要讓顧客感到滿意，更要進一步去「取悅」顧客，企業應該讓「顧客滿意」邁向「顧客忠誠」，以提升顧客留存率 (Rate of Customer Retention)。企業為什麼要重視顧客忠誠呢? 理由如下 (Frederick, 1996):

(1)留存忠誠的顧客不需要支付取得新顧客的成本，而爭取新顧客常需付出很高的取得成本;
(2)留存一個顧客的時間愈長，從這位顧客持續購買所賺取的利潤愈多;
(3)忠誠的顧客往往會向一家廠商購買較多的商品;
(4)和忠誠的顧客打交道比和新顧客打交道通常所花費的時間與金錢較少;
(5)忠誠的顧客通常是卓越的新生意推薦來源;
(6)忠誠的顧客通常願意為獲得所期望的價值而支付較高的價格。

流失一位顧客所喪失的，不只是失去一次銷售的損失，而是失去這個顧客終身購買的損失。而且流失的顧客除了不再購買產品外，有時亦會向其他人做負面的宣傳，破壞企業與其產品和服務的形象。因此，建立與顧客的長期關係是愈來愈重要，也不可忽視。在網路時代下，Hans, Grether & Leach (2001) 認為電子化的企業要建立與顧客的長期關係，必需要掌握幾個要點，包括: 給予顧客承諾 (Commitment)、讓顧客感到信賴 (Trust) 及提高顧客的滿意度 (Satisfaction)。

我們可以知道一個企業的最終目標即是要建立和維持長期的顧客關係，企業必須創造顧客價值、提高顧客滿意、維持顧客忠誠、提升顧客留存率，這些正是

顧客關係行銷所要努力的重點。顧客關係行銷著重在和有價值的顧客、經銷商、供應商建立堅強的長期、互信的多贏關係。

第四節　結　論

顧客關係管理對於現今以顧客導向的消費時代日益重要，企業應妥善的運用顧客關係管理來處理與顧客間的互動。顧客關係管理不再只是花費高昂的費用去運用資訊系統，而是企業必須站在顧客的角度去思考顧客真正的需求為何。

企業在執行顧客關係管理時，必須對顧客有足夠的瞭解，才能提供符合顧客需求的產品或服務，以及設計出適當的互動方式，開發和維繫有利的顧客組合；同時企業必須有能力創造出企業與顧客之間直接聯繫的介面或是彼此資訊交換的管道，才能進一步與顧客增加彼此關係穩固和價值。最後，企業必須有能力評估內部資源的投入是否能夠為公司創造出有價值的顧客關係組合，以增加企業的價值。而顧客關係管理的最終目的即藉著與顧客互動的機會，增加顧客對於企業整體的瞭解，也讓顧客更信任企業，對企業產生承諾並與顧客建立長期的合作關係。

1. 何謂顧客關係管理 (Customer Relationship Management)? 又構成顧客關係管理的要素為何？
2. 何謂「顧客價值」與「顧客滿意」? 請說明其衡量的標準或方法。
3. 請闡述「顧客關係行銷」的方法有哪些? 並說明顧客關係行銷的三個層次。
4. 何謂「價值鏈」?
5. 試述「大量行銷」與「一對一行銷」之差異比較。
6. 何謂顧客關係管理之「顧客群分析」? 並簡述其概念。

參考文獻

1. 王瓊淑譯 (1999)，Jeremy Hope & Tony Hope 著，《駕馭知識經濟的管理法則》，笑傲第三波。

2. 史博言 (1999)，〈1999 年度臺灣業者之顧客關係管理運用現狀調查報告〉，《電子化企業：經理人報告》。

3. 李宗儒、林正章、周宣光 (2003)，〈當代物流管理：理論與實務〉，滄海書局。

4. 李明軒、邱如美合譯 (1999)，Michael E. Porter 著，《競爭優勢（上）》，天下文化。

5. 邵亦年、張蔚慈 (2003)，《企業棋譜》，九角文化。

6. 林義堡 (1999)，〈運用資訊科技推動顧客關係管理〉，《電子化企業：經理人報告》。

7. 洪瑞彬譯 (2000)，Frederick E. Webster, Jr. 著，《市場導向管理》，商周。

8. 許梅芳譯 (2001)，Ros Joy 著，《Smart MBA 自修手冊 1：顧客》，遠流。

9. 陳琇玲譯 (2001)，Jay Curry, Wil Wurtz, Guide Thys & Conny Zijlstra 著，《頂尖顧客行銷》，美商麥格羅希爾。

10. 黃俊英 (2003)，《行銷學的世界》，天下文化。

11. Graeme Carey, Cap Gemini Ernst & Young (2001)，〈企業轉型為以客戶為中心的策略〉，《顧客關係管理深度解析：執行以客戶為中心的企業轉型策略》，遠擎管理顧問。

12. 邱昭彰、楊順昌、林國偉 (2001)，《顧客關係管理與資料採礦──顧客關係管理深度解析：執行以客戶為中心的企業轉型策略》，遠擎管理顧問。

13. 郭錦萍、丁惠民 (2001)，《顧客關係管理企業典範》，遠擎管理顧問。

14. 張文彬 (2002)，〈顧客關係管理的核心活動在企業界應用過程之探討〉，中原大學企業管理研究所碩士論文。

15. 勤業管理顧問公司譯 (2000)，R. Hiebeler 著，《全球最佳實務》，中國生產力中心。

16. Berry, Leonard L. (1983), Relationship Marketing, Emerging Perspective on Services Marketing, American Marketing Association.

17. Berry, Leonard L., and A. Parasuraman (1991), Marketing Services: Competing through Quality, New York: Free Press.

18. Duboff, R. S. (1992), "Marketing to Maximize Profitability," *Journal of Business Strate-*

gy, Vol. 13, 6, pp. 10–13.

19. Bauer, Hans H., Mark Grether, and Mark Leach (2001), "Building Customer Relations over the Internet," *Industrial Marketing Management*, Vol. 31, pp. 155–163.

20. Churchill, G. A., and C. Surpernant (1982), "An Investigation into the Determinants of Customer Satisfaction," *Journal of Marketing Research*, Vol. 19.

21. Reichheld, Frederick (1996), *The Loyalty Effect: The Hidden Force behind Growth, Profits, and Lasting Value*, Harvard Business School Press.

22. Kalakota, T., and M. Robinson (1999), *E-Business: Roadmap for Success*, U.S.A.: Mary T. O, Brien.

23. Kotler, Philip (2003), *Marketing Management*, 11th ed., Englewood Cliffs, NJ: Prentice Hall.

24. Kotler, Philip, Swee Hoon Ang, Siew Meng Leong, and Chin Tiong Tan (1996), *Marketing Management: An Asian Perspective*, Englewood Cliffs, NJ: Prentice Hall.

25. Peppers, D., and M. Rogers (1993), *The One-to-One Future: Building Business Relationships One Customer at a Time*, Judy Piatkus Publishers Ltd.

26. Sheth, Bruce I. Newman, and Barbara L. Gross (1991), *Consumption Values and Market Choices: Theory and Applications*, South-Western Publishing.

27. Sheth, J. N., D. M. Gardner, and D. E. Garrett (1991), *Marketing Theory: Evolution and Evaluation*, New York: John Wiley & Sons.

28. Spengler (1999), "Eyres on the Customer," *Computer Word*, Vol. 33.

29. Wayland, R. E., and P. M. Cole (1977), *Customer Connection: New Strategies Growth*, Harvard Business School Press.

第十二章

供應鏈管理

學習目標

1. 瞭解行銷與供應鏈管理的關係
2. 瞭解何謂供應鏈管理
3. 解釋供應鏈作業模式與管理流程
4. 說明供應鏈管理策略及須考量的問題
5. 敘述物流在供應鏈中所扮演的角色
6. 討論衡量物流績效指標及現代物流管理架構

▶ 實務案例

　　調動全球三萬家供應商，年採購額達 900 億美元，汽車鉅子比爾・福特正在編織著巨大的全球銷售網，把觸角延伸到地球的每一個角落。在解決了由傳統採購向現代採購的轉變之後，福特開始整合全球資源，建立強大的銷售網路，並成功地實施了精細行銷，為公司帶來了巨大的利潤收益。

　　汽車從設計、採購、製造到分銷、運輸、倉儲、服務，涉及到零配件供應商、生產商、銷售商，最終到達用戶。由這幾方面組成的供應鏈物流網路，怎樣使整個供應鏈物流網路產生更大的增值效應，達到運轉週期短，經營成本低，利潤最大化，是汽車製造商不斷追求的目標。

　　為此，福特公司轉變了發展方向，更新物流網路，成功地實施供應鏈管理方案，使其在沒有增加成本的前提下，增加了經營效率。而且公司還有數量大的生產系統，與複雜的物流網路，其中有三十一家發動機和傳動系統生產廠，十三家衝壓器生產廠和五十四家組裝廠，從大約四千家位於世界各地的供應商處購買零配件。進而把每輛汽車平均需要的二千五百個配件送到組裝工廠。整車要送到二百多個國家的兩萬多家銷售商處，單是每年運輸費用就高達 65 億美元，儘管使用各種運輸形式，在隨時隨刻，仍有五十萬噸的貨物在運輸。

　　在供應鏈管理實施過程中，福特公司使用了「內部運輸計畫」，這是一套整體、同步、最優化的獨特解決問題方案，保證公司在同一時間管理和調控所有的生產廠和所有的原料。這個供應鏈管理方案最主要的優勢，是有一個支援供應鏈決策的工具。另外，模型實驗室也扮演了一個重要的角色，以前需要聘請外部顧問的事，現在透過系統就可以自行完成，例如：系統可以判定用最小的總成本給公司內部的物料轉移，決定最佳的數量和理想的運輸方式。此外，系統也同時將計畫傳遞給物流提供商，並開始執行，而使物流網路中，資料流程更加順暢。事實證明，「內部運輸計畫」在福特首次應用，就幫助公司提高了零配件送到生產工廠的效率。現在，每天運送零配件的供貨量是過去的四倍，不僅沒有增加成本，反而給公司帶來了巨大的利潤。

　　而在銷售端方面，福特公司認為，企業只有一個永恆的目標，就是利益或價值的最大化，並需要保持企業銷售能力的持續提升。但要保證企業銷售業績的持續成長，就必

須優化企業的行銷資源，使企業的行銷活動，達到合理性和有效性，而行銷行動有效性的保障，就是「精細行銷」。

資料來源：陳少軍、山口幸一 (2004)。

行銷在供應鏈中扮演與顧客接觸的角色，根據顧客需求傳達給整體供應鏈成員，將整體的生產、配送流程與存貨水準做設計，透過供應鏈整合的過程，共同創造顧客價值來建立長遠的關係。對整體供應鏈有良好的規劃，亦可成為企業的核心競爭力，公司可藉由提供更佳的服務、快速的顧客回應、或透過市場後勤作業的改善以降低價格等方式來吸引更多的顧客。而企業如何在多變的環境中善用其有限資源以追求企業永續競爭的優勢，物流委外將是未來的趨勢。

第一節　供應鏈導論

在現今全球化市場的激烈競爭環境中，企業面對產品的生命週期縮短、快速變化、低庫存（零庫存）、快速回應與高度的顧客滿意要求，迫使企業必須加強其供應鏈 (Supply Chain) 的控管。同時也由於溝通技術（網際網路）的快速進步及實體運輸系統的發展，促使供應鏈和相關管理技術不斷的產生變革。

從原物料的獲得、零件加工製造、倉儲、配送至零售商及顧客，供應鏈涵蓋了原料供應商到終端客戶之間有關最終產品及服務的形成和交付的一系列活動。供應鏈的最終目的為降低成本和改善整體的服務水準，因此有效的供應鏈管理就是通過對其鏈上的每一環結間之資訊流、物流、金流、商流的管理來獲得最大的利潤。供應鏈亦稱為物流網路，如同原物料、在製品庫存、及完成品在工廠間流動般，包含了供應商 (Suppliers)、製造商 (Manufacturers)、倉庫 (Warehouses)、物流中心 (Distribution Centers) 及零售賣場 (Retail Outlets)。

一、供應鏈管理定義與架構

所謂供應鏈管理 (Supply Chain Management; SCM) (Simchi-Levi, Kaminsky &

Simchi-Levi, 2000) 乃是有效整合供應商、製造商、倉儲及零售，使得商品得以在正確的時間生產正確的數量配送至正確的地點，以求減少成本及滿足顧客所要求之服務水準。換句話說，供應鏈管理是一套從供應商到最終使用者之物流控制與規劃的整合性系統。其目的在於追求整體供應鏈之效率，並強化所有成員之關係，以提供顧客滿意的產品或服務 (Page, 1989; Metz, 1998)。

供應鏈管理概念係由 Houlihan 在 1984 年首先提出，是企業物流領域內的重要發展。Christopher 在 1992 年闡述供應鏈管理，係指涵蓋由供應商，經過製造程序與配送通路，而達到最終消費者之商品流動過程。供應鏈協會（王信博，1993）對供應鏈的定義為：「整個供應鏈包含的範圍極廣，供應鏈管理必須建立複雜的相依關係，致力於建立一個整合企業內外活動的延伸型企業 (Extended Enterprise)，原料供應商、通路夥伴（批發／通路／零售）以及顧客本身，還有 SCM 顧問、軟體供應商和系統發展者，均是供應鏈管理活動中的重要成員。」

供應鏈管理的架構應包含三個主要的要素，分別為企業流程、管理要素及供應鏈架構。在供應鏈架構，其主要是描述產品流動的過程，從多層次的供應商進行採購、管理、生產及配送到終端顧客的整個過程，此一過程須結合資訊流才是一完整的供應鏈架構，如圖 12-1。企業流程指的是生產成品至顧客手中的活動，由圖中可知，供應鏈管理中的企業流程不但跨越企業內部各個部門（採購、物流、製造銷售、財務、研發和生產）的界限，更超越了企業跟企業的邊界。管理要素雖然未列在圖中，但由於上下游廠商存在種種差異，因此整合上下游非常困難，有賴於資訊的交換及企業的協調來加以克服。

二、供應鏈作業的參考模式

美國供應鏈協會 (Supply Chain Council; SCC) 曾提出一個供應鏈作業的參考模式 (Supply Chain Operation Reference Model; SCOR)，如圖 12-2。供應鏈參考模式主要奠基於四個主要管理流程：規劃 (Planning)、採購 (Purchase)、製造 (Make) 和配送 (Deliver)，環環相扣，如圖 12-3。而所謂的參考模式是一個一般性跨功能架構，它可以當作系統發展的指導方針，整合了企業流程再造、標竿、流程評量

等，以協助瞭解目前狀態和未來期望。

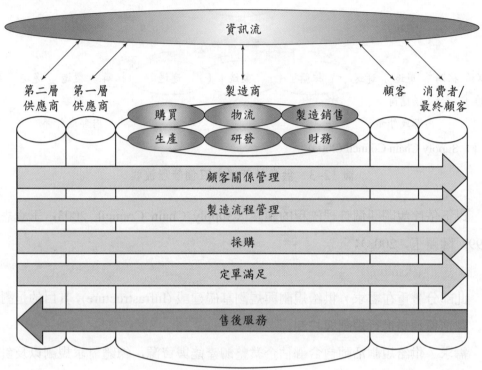

資料來源：Cooper, Lambert & Pagh (1997).

圖 12-1　供應鏈管理系統架構

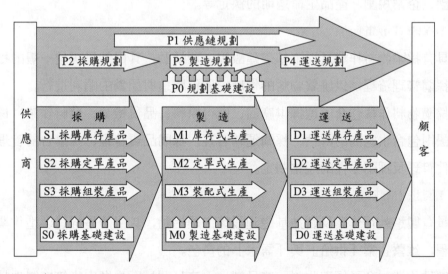

資料來源：Supply Chain Council (2003).

圖 12-2　供應鏈作業參考模式

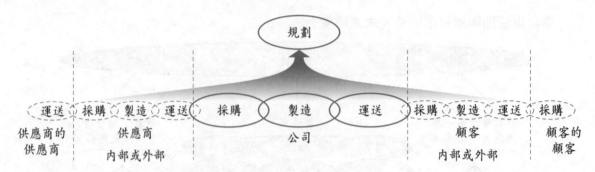

資料來源：Supply Chain Council (2003).

圖 12-3　供應鏈管理中四個管理流程

以下依序說明四個管理流程的範圍（Supply Chain Council, 2003；王立志，1999；陳麗玉，2003）：

⑴規劃 (Planning)

此部分著重在需求／供給規劃與規劃基礎建設 (Infrastructure)，其目的是對採購、製造與運送進行規劃與控制。

需求／供給規劃活動包含評估企業整體產能與資源，總體需求規劃以及針對產品及配銷管道，進行製造規劃、存貨規劃、配銷規劃、物料及產能規劃。規劃基礎建設的管理包括製造或採購決策的制定、供應鏈的架構設計、長期產能與資源規劃、企業規劃、產品生命週期的決定等。

⑵採購 (Purchase)

具有採購物料作業及採購基礎建設等二項活動，其目的是描述一般的採購作業與採購管理流程，以維繫物料的供應，確保製造與配銷的順利進行。

採購物料作業包含了選擇供應商、取得原料、品質檢驗、發料作業；採購基礎建設則包含供應商的評估、採購運輸管理、採購品質管理、採購合約管理、付款條件管理及採購零件的規格制定。

⑶製造 (Make)

具有製造執行作業及製造基礎建設等二項活動，其目的是描述製造作業的管理流程，維繫企業「供給」與「需求」的角色。

製造作業包含了領取物料、產品製造、產品測試與包裝出貨等；製造基礎建

設則包含製造狀況的掌握、製造品質管理、現場排程制定、短期產能規劃與現場設備管理。

⑷配送 (Deliver)

包含定單管理、倉儲管理、運輸管理與安裝以及配送基礎建設等四項活動，其目的是描述銷售與配送的一般作業與管理流程。

定單管理包含了接單、報價、顧客資料維護、定單分配、產品價格資料維護、應收帳款維護、授信與開立發票；倉儲管理包含了揀料、產品包裝、確認定單及運送產品；運輸管理包括了運輸工具安排、進出口管理、排定貨品安裝活動行程、進行安裝及試行；配送基礎建設則包含配送管道的決策制定、配送存貨管理、配送品質的要求。

三、供應鏈管理策略

在供應鏈管理中，資訊、原料、資金流動過程的相關決策，將影響整體供應鏈運作的成果。以供應鏈觀點解決產業所面臨的問題可由三個層次著手：

⑴供應鏈整體策略：此階段決定對企業有長遠影響之策略，包含製造工廠和倉庫的數量、位置、及容量或是原物料所須流經之物流網路等。

⑵供應鏈計畫：即是制定一套能控制短期運作的營運政策，而此一政策必須滿足既定策略的需求與限制。包含採購和生產政策、存貨政策等。

⑶供應鏈作業：此一階段企業根據供應鏈計畫做出具體滿足顧客需求的相關決策，而此一決策屬短時間的，其目的是要降低因時間因素造成的不確定因素。包含排程、前置時間 (Lead Time) 等。

供應鏈整體策略決定後，才能決定供應鏈計畫和供應鏈作業。而供應鏈計畫須與供應鏈作業一併考慮，必須考量的問題包括：

1. 物流網路

考量在不同工廠生產不同產品並分送至不同零售商的情況下，既存之倉庫地點對整體物流網路配送方式可能已不適宜，管理者須對物流網路進行重新配置或

再設計以迎合新的需求型態。針對每個產品，管理者如何選擇倉庫位置、倉庫數量、容量及決定每個工廠的生產量、輸送流程乃至零售商的倉庫等以滿足服務需求水準及降低生產、存貨及運送等成本。

2.存貨控制

以零售商為例，隨著消費者需求的改變，零售商只能以過去歷史資料來預測未來需求量，其目標在決定何時訂購新的批量及訂購多少，以獲得最少的訂購及存貨持有成本。為何零售商在銷售之初即須持有存貨？主要原因乃在於需求的不確定及配銷過程不確定。因此如何減少不確定性，並透過預測工具及適切之存貨周轉率，對存貨進行最佳的控制，乃一重要議題。

3.配銷策略

美國沃爾瑪百貨 (Wal-Mart) 利用 cross-docking 策略成為近期著名成功的零售商店，此 Cross-docking 配銷策略為各門市透過中央倉儲統一供貨，此中央倉儲扮演供應過程中居中協調和外部中盤商轉運站的角色。此 Cross-docking 策略與傳統倉庫持有存貨的方式孰優孰劣？企業須評估適合企業本身採用的配銷策略：Cross-docking 配銷策略、傳統配銷策略 (存貨存於倉庫)、直接運送或從供應商直接運送貨品至零售商店。

4.供應鏈整合與策略夥伴

供應鏈管理的核心策略，即在於夥伴關係的建立。透過整合的過程，使不同的個別企業共同組成供應鏈上的虛擬團體或企業，整合 (Integration) 涵括企業內部及企業外部。而供應鏈管理主要是企業外部的整合，企業間以創造價值增進企業利益為合作前提，建立長遠的關係。

5.產品設計

在供應鏈中，有效的產品設計扮演著重要的角色。某些產品可能因不同的設計而造成存貨持有成本或運送成本的增加，如製造前置時間長、產品型態及尺寸

大小的影響等，然而由於產品再設計之成本昂貴，能否減少物流成本或整體供應鏈前置時間是考量對產品進行再設計作業與否的重要因素。隨著產品大量客製化的趨勢，針對新產品的設計，供應鏈如何配合以增進利益是成功迎合趨勢的關鍵要素。

6.資訊科技

資訊科技已成為影響企業競爭力的關鍵因素，企業必須採用即時管理，以滿足顧客需求。企業為達成快速即時且有效的目標，必須要將供應鏈中所有成員的資訊串聯，而資訊科技是其最重要的因素，有效整合供應鏈中全體成員，才能發揮供應鏈管理的效果。

7.顧客價值

顧客價值 (Customer Value) 是衡量企業增進顧客效益與否的標準，如品質、顧客滿意度等。明顯的，企業希望滿足顧客需求和增進顧客價值，有效的供應鏈管理是重要關鍵。然不同企業決定顧客價值要素為何？如何衡量顧客價值？在供應鏈中使用何種資訊科技以提升顧客價值？供應鏈管理如何增進顧客價值？等皆是供應鏈管理面對增進顧客價值時需考量的要素。

四、供應鏈管理所面臨的問題

由於企業本身的特質以及整體環境上的限制，可能遭遇到許多問題，根據 Lee & Billington (1992) 之觀點，這些問題可分為三類：第一類為資料與資訊系統不佳所造成之因素，主要包括資料不當，資訊系統的缺乏效率等；第二類為企業本身相關的因素，主要包括企業的多重目標所導致之缺乏適當指標現象、存貨政策不當、對內外部客戶有差別待遇、存貨成本計算方式不當、未考慮供應鏈管理體系下的產品設計流程，以及將供應鏈設計與企業本身之作業性決策加以區隔等；至於第三類則是和供應鏈相關的因素，主要包括對顧客服務不當、忽略不確定性所產生的負面影響、供應鏈成員間不一致的分析方式所導致的衝突、存在於組織間

的無形障礙，以及供應鏈體系本身的不完整等。

　　供應鏈因為其將供應、製造、倉儲及零售等廠商相串聯，在鏈結中的每個廠商會依賴某些廠商來提供原料、服務和資訊，再供應給最終顧客。因為廠商一般是獨立地經營和管理，供應鏈下游成員的行動，將向上影響上游成員的作業。

　　每當下游需求的突然波動，易使供應商錯覺需求的大量增加，因而囤積大量的安全庫存以因應市場需求。一旦下游的需求預測錯誤，供給過剩便會產生「長鞭效應」(Bullwhip Effect)。導致上游存貨處於短缺或者過剩，同時也使得上下游廠商無法穩定的使用產能。所謂「長鞭效應」（蔡政達，2001）即是當供應鏈中的某一點發生波動時，連帶造成供應鏈中的其他成員也發生波動，且距波動發生來源越遠，波動就越大。

五、供應鏈管理的成功因素

　　供應鏈管理的重點不外乎是瞭解顧客價值及需求、整體供應鏈之管理、協調合作、銷售及營運規劃、提升製造與外包能力、風險與報酬的分擔、流程整合、策略聯盟與夥伴關係管理、發展顧客所需要的績效評估等項議題，若能妥善管理這項議題，供應鏈便能有效回應顧客需求，並提升整體彈性及營運效率，而獲得較佳的績效水準 (Mentzer et al., 2001; Cooper et al., 1997; Anderson & Narus, 1990; Tyndall et al., 1998)。

　　有效的供應鏈管理除了需要一系列的成員來共同完成外，還需要這些夥伴能建立長期的關係，供應鏈管理實施的成功因素，包括以下幾個重點 (Maloni & Benton, 1997；藍仁昌，1999)：

1.成功協調者的出現

　　供應鏈的結盟需先有一成員擔任先導的角色，它必須充分瞭解成員間的利益關係及相互的需求，且必須獲得成員間的信任，在互信互利公平的基礎上，建立廠商的結盟關係。

2.供應商的評估與選擇

在整體供應鏈的總成本與利益考量下，根據財務穩定性、核心競爭能力、管理文化的相容性及所處地理位置等對供應商做評估與選擇。

3.供應鏈成員的合作關係

與供應鏈成員間，除觀念與資訊的分享外，建立作業流程標準與協助相關認證的取得，都是使合作關係更為親密的方法。另外藉由績效衡量與聯誼交流等方式，可加強彼此的信任，再配合彈性與管理技巧，以維持良好的合作關係。

4.資訊資源的共享化

供應鏈成員在結盟的基礎上，應用資訊科技來達成銷售情報共享，使市場需求變化能被供應鏈成員迅速瞭解，以利適時採取應對措施。

5.物流系統的共同化

供應鏈成員除資訊共享外，貨品流通的物流系統也相當重要，在市場產生需求時，須有一可靠的物流系統將正確的產品在正確時間與地點送達給正確的消費者，因此，建置一個富彈性的物流系統是相當重要的。

第二節　物流管理

物流為整體行銷過程中之實體流動過程，是產品能否如期如實交至顧客手中的重要關鍵，好的物流管理不但能提高行銷的整體績效，亦能在既定的顧客服務水準下降低總體後勤成本。

物流在生產者與消費者之間扮演非常重要的角色，透過完善的物流管道，不僅消費者能享受到快速便利的購物（或服務），生產工廠（或經銷商）亦能迅速提供產品，進而大幅降低保管、倉儲等中間成本。因此，物流的有效運用必可掌握競爭優勢並擴大附加價值，亦可降低物流中間後勤的成本，提高競爭市場的利潤。

本節將逐一介紹物流基本概念、物流網路、績效衡量及現代物流架構。

一、物流的定義

物流 (Logistics) 即是指物的流通，也就是商業行為中「實體」的流通過程。依據中華民國物流協會 (中華民國物流協會，1996) 的定義：所謂「物流」乃因產業、社會、國家等之結構及其相關商業交易活動促使「物的活動」，此種物品的實體流通活動的行為，透過管理程序有效結合倉儲 (Warehousing)、包裝 (Packing)、流通加工 (Assembly Labeling)、資訊 (Information) 等相關物流機能性的活動，以創造價值，滿足顧客、企業、產業、社會及國家之策略性需求者謂之「運籌」(Logistics)。自 1960 年代迄今，物流已發展近四十年，但是由於認定的不同，因而產生了許多名稱雖異但實際意義卻相近的名稱，如實體配送、物料管理、運籌管理及供應鏈管理等，雖然這些名稱各異，實則指的皆是透過運輸與倉儲的管理，以降低成本及滿足顧客所要求之服務水準。

根據上述的定義，可知物流的主要目的在於藉由管理的方法與程序，在成本的考量之下，將適當的商品在有效的時間內送到正確的地點，以滿足顧客的需求。

二、物流網路

物流網路成員包含供應商、製造商倉儲及物流中心、及顧客 (Simchi-Levi, Kaminsky & Simchi-Levi, 2000)，如圖 12–4。

物流網路型態與工廠、倉庫及零售商位置有密切關係，決定所在位置是公司長期的策略，屬供應鏈整體策略的一環。任一網絡環節策略的決定，都影響了整個網絡的成本和效益，且亦對其他網絡環節造成影響。舉例而言，在決定倉庫的數目、位置、容量、產品分配及不同顧客產品於何倉庫供應等問題時，皆會對工廠及零售商等環節產生影響，因此如何做最佳的設計與規劃，使得整個網絡系統成本最小 (包括生產、採購、存貨持有及運送等成本)，是管理者在制定決策時須特別審慎評估的。

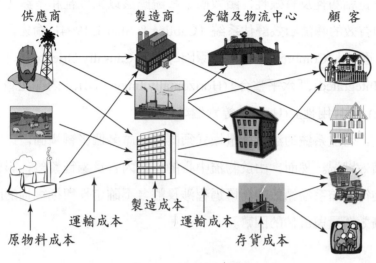

供應商　　　　　製造商　　倉儲及物流中心　　顧　客

製造成本

原物料成本　運輸成本　　運輸成本　存貨成本

圖 12-4　物流網路

規劃物流網路時，對各節點資料的蒐集是規劃網絡時的重要作業，包括 (Sim-chi-Levi & Kaminsky, Simchi-Levi, 2000)：

⑴位置（包含顧客、零售商、倉庫、物流中心、製造商及供應商等之區位）；

⑵產品（包含種類、數量及運輸的方式）；

⑶需求（每個產品在不同位置之需求）；

⑷運送頻率（不同運送方式）；

⑸倉儲成本（包含人工、存貨持有成本及作業成本等）；

⑹配送的頻率及批量；

⑺訂購成本；

⑻顧客服務需求及目標。

三、物流績效衡量

物流策略會影響到顧客的選擇，生產設計、夥伴或聯盟的建立，廠商選擇以及許多其他核心的商業過程。然而，許多績效衡量系統不僅沒有把物流的角色和範圍改變，而且也沒有系統化的評估和測試。

為了維持相關性及有效性，績效衡量系統應該以獨立性和系統化等級來加以評估。一個有效的物流績效評估系統（Caplice & Sheffi, 1994；俞宏昌，2000）應該包含「多面性」(Comprehensive)、「原因導向」(Causally Oriented)、「垂直整合」(Vertically Integrated)、「水平整合」(Horizontally Integrated)、「內部比較」(Internally Comparable)、「有用性」(Useful) 等六個準則。

基本上，物流系統的績效衡量模式須同時考慮多個影響構面，以完整呈現物流系統的績效狀況。然而，由於物流中心的作業內容及過程繁雜，影響績效的因素繁多，使得物流系統績效的衡量過程涉及許多不確定性與模糊性的問題，造成物流系統績效衡量與評估的困難。

四、現代物流管理架構

由於企業全球化的趨勢，現代物流管理的發展重心乃是以供應鏈為主軸。而企業的物流管理架構（王信博，2003）包含三大構面（即行為面、規劃與控制面及營運面等三個構面）及四大機制（即產品及服務的價值流（商流）、資訊流、金流和市場接納的服務流）。其次為三大構面所包含的六大能力（即顧客整合能力、內部整合能力、物料及服務供應商整合、技術與規劃整合、評量整合與關係整合），使企業在整個流程中順利快速的取得資材，經過生產製造產出到消費者的產品及服務，取得顧客的信任與滿意，如圖 12-5 所示。

第三節　存貨管理

面對消費者需求的多變，使得商品的生產逐步邁向多樣少量，也間接加深了企業在決定本身存貨量時之困難度。由於企業須保持一定的存貨量，來因應不時之需。一方面庫存太多會形成資金積壓；另一方面庫存太少則會因訂貨次數太多而使訂貨費用增加。故要在兩者之間取得平衡，做好存貨管理是有其必要性的。

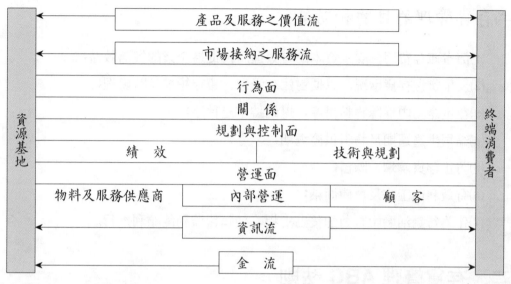

資料來源: 蘇雄義 (2000)。

圖 12-5 以供應鏈為基礎之物流管理架構

一、存貨管理的重要性

當前企業面臨激烈的競爭,隨著工資、原料價格的上升,使企業的經營變得非常困難。如果不進行全面合理化的管理,企業就難以生存、發展下去。當經濟不景氣的時候,庫存品以滯銷貨的形式增加。在需求波動內,因供需不平衡發生產品滯銷而失去獲利機會等等,所以在這個時期如何做好庫存品管理,是決定企業是否能生存下去的重要因素。

(一)存貨管理的對象

(1)成品或商品: 指生產過程完成後能夠出售者。

(2)在製品: 指正在生產過程中的東西或半成品。

(3)物料: 採購來為生產成品所需的原料、零件等。

(二)存貨管理的目的和功能

(1)節省庫存費用，謀求資本的有效運用，促進企業的經濟效益；

(2)及早掌握存貨狀況，以便對庫存過剩、庫存短缺及時處理；

(3)在生產期內保障物料供應，以維持生產秩序；

(4)縮短生產週期及物料供應週期；

(5)防止存貨腐壞、陳舊；

(6)有效利用工廠及倉庫面積；

(7)作為行銷活動中有力的後勤支援，使銷售流動能順利進行。

二、存貨管理 ABC 法則

(一)何謂 ABC 法則

ABC 法則（蘇雄義，2002）是由 80/20 法則（Pareto's Law）所延伸出的分類法。通常企業 80% 的銷售金額來自前 20% 的產品（或 20% 的顧客）。因此 ABC 法則在於「針對價值高的活動付出相當的注意」。為了更有效地利用有限的時間和人工，將管理重點放在消費額高的項目上，而對價值低的大多數項目採取較粗放的管理方法。

ABC 法則乃根據重要性──通常是以每年使用金額──將存貨項目加以分類，然後據此施以管理。通常存貨項目分為三等：A（很重要）、B（次重要）、C（不重要）。然而，分類的實際數目因組織機構而異，此取決於廠商想要差別化控制程度（傅和彥譯，1999）。

A 類產品通常為高貨量、高周轉性產品，大約占全部項目品項的 10% 左右，年度使用金額可達 70% 以上，是企業中舉足輕重的部分。B 類為中貨量產品，而 C 類為低貨量、低周轉率之產品，約占全部品項的 50～70% 以上的比例，其年度使用金額卻僅有 10% 左右（表 12-1）。

表 12-1　ABC 分類法

項目別 類　別	相對於全部項目的 百分比	相對於總金額（付出金額） 的百分比
A 類	5～10%	70% 以上
B 類	20% 左右	20% 左右
C 類	70% 以上	5～10% 左右

　　江先安譯 (1994) 在存貨管理上將 A 類產品實施高度嚴密級管理，如將 A 類作為價值分析的對象，採用定期訂貨的方法，做有計畫的管理，同時減少不必要的庫存，避免大量盤貨工作，並加強對出庫的管理；B 類實施中間級管理；C 類品項數目多，實施簡化管理，如將 C 類按品種類別的入庫傳票裝訂保管方法來代替倉庫總帳，使倉庫員的工作簡化，節省管理手續，或打一通電話就可以買到的東西則不需要庫存，根據需要再購入。ABC 法則強調必須將工作程序盡量簡化，繼而加強重點管理。

㈡實施 ABC 法則可帶來的效果

　　ABC 法則不僅可用於存貨管理，還可應用於銷售管理、工程管理、品質管理、成本管理等（江先安譯，1994）。要想降低成本又不實施 ABC 管理，就意味著違反了「以最小的努力實現最大的成果」這一經濟法則。如果將嚴密的庫存管理方式適用於全部成品和部件，無疑會增加人員的費用，使成本上升。所以按 A、B、C 成品的需求預測進行管理，比如：A 類成品雖然價格高較費事，可以選擇縮小庫存的管理方式。B、C 類成品因種類多，為了節省手續，可以選擇簡單的管理方式，來解決量大且品種多的現象。此外，改變各類部件的購入量，是一種最簡單而又切實可行的減少庫存金額的辦法。

三、存貨數量的決定方法

㈠決定存貨品項

在做數量管理之前，應先瞭解存貨物料的項目，通常在決定項目分類時，可由三方面來分類（蘇雄義，2002）：

⑴按物料的管理區別；

⑵按物料的特性決定：如常備品、轉用品、預備儲藏品、長期保管品及死藏品（劣等品或陳舊品）；

⑶按常備品、非常備品來區分，此為企業最常分類的方法。

㈡安全存貨的必要性

安全存貨乃是為了預防市場需求波動或供貨不確定性所造成的缺貨損失而設計。若存貨需求量及訂貨週期無太大變動，則可參考圖 12-6，選擇適當的訂貨時間點，就能做到當庫存為零的前一刻，補充訂貨正好入庫。

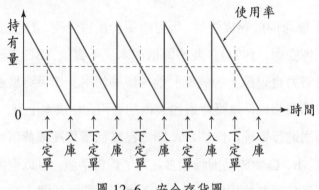

圖 12-6　安全存貨圖

㈢經濟採購量

EOQ 模型係用來指出年存貨持有成本與年訂購成本總和最小化下之訂購量。此種存貨通常未將單位採購價格列入總成本，因為此單位成本並不受定單批量大

小的影響，除非有數量折扣因素之存在（Stevenson, 1999）。

EOQ 公式：

$$EOQ = \sqrt{\frac{2DS}{H}}$$

其中，EOQ: 經濟訂購量

S: 訂購成本

H: 每年每單位存貨持有成本

D: 年需求量

集中訂貨會使存貨增加，周轉率下降。從周轉率的角度來看，以小批量進貨較為經濟。訂貨量減少，訂貨次數增多可減少存貨成本，但訂貨成本會增加，因此由經濟訂購量可衡量兩者關係，從中取得最佳訂貨量。

第四節　物流委外管理

物流委外 (Logistics Outsourcing) 又稱物流外包，是指企業將部分或全部的物流相關作業與規劃委交專業物流公司又稱第三方物流 (Third Party Logistics; 3PL) 辦理，形成企業間分工合作的經營管理模式（蘇雄義，2002）。

專業物流公司提供的服務以大榮貨運為例，主要是提供客戶全國倉儲、流通加工、配送等物流整體服務，讓商品從一出廠就得到完善的物流規劃與專業服務；不論從倉儲管理、資料交換、貨件配送、流通加工、拆櫃，以及配送後的各項訊息回饋的全方位專業服務，讓倉儲、加工、配送作業一次完成，節省企業團體許多作業上的人力、空間、時間成本。

由於國際企業逐漸走向專業分工，即製造商專注於生產、通路商專注於商流等，各行各業各司其職，在專門領域上追求經驗及技術的累積並達成規模經濟。因此物流委外的風潮也逐漸興起，一些重要的供應鏈活動如：定單處理、存貨管理、包裝加工等都交由專業的物流公司處理。

進行企業物流委外最主要的原因是可替公司節省許多成本，如買車隊、建倉

庫、僱用司機及存貨管理人員,使企業能將資源更專注於本身的核心競爭力,增強企業本身的市場競爭力。此外,藉由與專業物流公司的合作,可提高整體運作效率並減少或分攤責任風險,並透過物流公司的資訊技術及分析系統,使公司能取得有用的市場資訊並更有效地進入陌生的新開發市場,更快速、精確及有效地控管市場需求的回應。

一、物流委外管理

物流對許多企業而言是其重要的關鍵企業流程,其中涉及許多企業的商業機密,若交由委外管理,雙方需給予嚴肅的承諾,共同努力維持合作關係。透過物流委外管理不只是要達到降低成本的目標,而是需透過整合的概念將供應鏈重整,以達成整體績效的提升。

成功的物流委外可為企業帶來以下的效益(蘇雄義,2002):

(1)經營成本的降低

專業物流公司會善用物流網路、運輸工具等資源,整合委託企業的物流工作與流程規劃,降低委託企業的經營成本,同時為自己創造更大的營運績效。

(2)服務水準的改善

專業物流公司能善加處理物流的每個流程,從存貨管理到配送到消費者手中,均保證消費者能準時收到完美無缺的商品,提高顧客滿意度。

(3)品質水準的提升

專業物流公司與委託企業充分配合,提供供應鏈整合的專業知識,針對委託企業所擁有的資源、能力及技術進行整合管理,提供一整套供應鏈解決方案,共同計畫、執行與控制,提升產品及服務品質。

二、第四方物流的興起

為能提高企業競爭力,降低成本,許多企業將物流作業委由專業物流公司執行,並逐漸擴大其外包範圍,已往只是將存貨管理或物流配送委由專業物流公司,

未來可能將整個供應鏈之物流作業委外，以提高作業效率及縮短物流時間。

　　因此，在全球經濟環境發展趨勢帶動之下，專業物流公司也逐漸朝向國際物流之路邁進，為企業提供更多實體服務及所需資訊。

㈠何謂第四方物流（Fourth Party Logistics; 4PL）？

　　第四方物流 (4PL) 是延伸傳統 3PL 的架構，整合了委外與本身的優點來提供更大的整體效益。其概念是由安德森諮詢公司提出並註冊的，其定義為「結合組織本身的優點並整合能提供互補性資源、能力與技術之服務廠商，將能提供全面性解決方案的供應鏈集結成商。」與 3PL 之差異如下（張旭緣，2002）：

⑴ 4PL 是由主要委託者與合作夥伴間合資或長期合約所形成的一個獨立個體，是一個仲介組織，介於委託企業與物流服務之提供者之間。

⑵ 4PL 有能力整合並管理委託企業之所有供應鏈活動。將組織內部及合作廠商的所有資源、能力及技術加以整合、管理，提供一個完整的供應鏈解決方案給客戶。

⑶ 4PL 擴大第三方物流之功能及服務範圍，將企業上、中、下游之管理、技術及資訊服務等方面作全球性的資源整合。

其主要涵義如圖 12-7 所示：

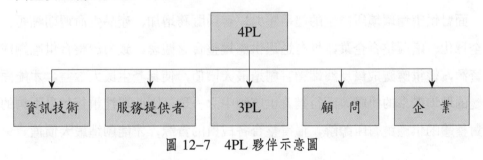

圖 12-7　4PL 夥伴示意圖

㈡第四方物流對企業之影響

　　第四方物流藉由整合多種能提供不同服務之業者，以提供供應鏈中每個環節不同的價值，並藉此大幅提高企業供應鏈管理的成效。4PL 除了提供完整的供應鏈解決方案，並可藉由對整個供應鏈的影響力為客戶創造價值。

企業運用 4PL 成功之因素（張旭緣，2002）：

⑴供應鏈一體化：4PL 解決了傳統 3PL 無法發展更寬廣供應鏈服務需求之缺失，利用供應鏈整合策略之執行，提供客戶全面性供應鏈解決方案，使上中下游連貫起來。

⑵企業內部流程再造：4PL 將參與企業之專業能力進行跨產業之整合，針對作業流程與績效做改善，大幅度地改善客戶內部作業流程，使企業獲得最佳效益。

⑶組織結構變革：經由企業流程再造及 4PL 之建立，企業產生許多機會，解決以往產業所帶來的問題，連帶地影響組織本身的結構，使組織結構產生變革，且創造新的企業文化。

企業的供應鏈正從 "Insourcing" 演進而逐漸接受 "Outsourcing"，甚至在未來趨勢發展之下，會傾向由第三方物流業者來提供服務，企業如何在多變的環境中善用其有限資源以追求企業永續競爭的優勢，物流委外將是不錯的選擇，而未來第四方物流將是繼第三方物流之後的下一波重大趨勢。

第五節　供應鏈整合

面對供應鏈環境所產生的競爭壓力：客戶服務增加、產品生命週期縮短、產業全球化、虛擬整合企業，惟有透過供應鏈整合之觀念，致力於整合供應鏈成員的資源，替供應鏈成員及終端顧客創造最大價值，使其產生最大效益，才能面對多變的環境帶來的挑戰。而行銷為供應鏈中之一環，因此單注重行銷是不夠的，要對整體的供應鏈有所瞭解，懂得整合各成員的資源，才能創造最大價值。

一、供應鏈整合的重要性

以一個供應鏈整合的案例說明：康柏與戴爾在 PC 市場上一直互為競爭者，自 2001 年第一季開始，康柏即遭受戴爾低價攻勢的威脅，PC 出貨量及市占率不斷下滑且落後戴爾，使得營收出現大幅衰退，2001 年第二季淨利率出現 −3.3%，康柏

的獲利狀況受到嚴重波及，後來惠普 (HP) 與康柏的合併，使得這場大戰暫時告一段落。

　　分析戴爾在這場戰役取得優勢的原因，戴爾將供應鏈整合至最末梢，讓需求 (Demand) 至設計 (Design) 的價值鏈能貫徹到底，並持續改善作業流程，讓上下游協同作業漸漸趨近最佳化，因此供應鏈整合的完整度將是未來取得競爭優勢的要件。

　　由於供應鏈的持續整合與最佳化已成為維繫競爭優勢的最重要關鍵，和企業配合度最好的廠商，必然是企業賴為左右手的策略合作夥伴，最重要的是需具備下列能力 (《經濟日報》，2001)：

1.重視顧客滿意度

　　能提供客戶可靠的承諾，並對於承諾客戶的交期能準時交貨，並維持要求的品質水準。可靠的承諾是很重要的，若廠商的反應速度慢，其他供應商速度更快，被取代的機會就會增加，而只要失去一二次信用，以後將會漸漸失去顧客。

2.前置時間短，快速回應 (QR)

　　供應鏈上唯一不變的就是變，可能是數量、規格甚至是交期，還有數不清的緊急插單，而能因應變化且快速完成任務，顧客對你的依存度就愈高。QR 簡單的說，就是在少量多樣的生產環境中，因應顧客的需求而以最快的速度生產顧客所需的產品，而新的定義將 QR 定義成「供應鏈 (Supply Chain) 中整體速度的提升」，是原料取得、製造、配銷垂直分工體系的整體革新。

3.整合供應鏈的系統

　　即系統間的資料能夠連結，與廠商用內部專業用語直接對談，而不怕轉述的誤差，亦減少許多後勤流程及人工轉換的麻煩，使資訊皆能夠透明公開，減少許多交易成本。以往常見的有銷售點 (POS) 藉 EDI (Electronic Data Interchange) 技術，將零售資料傳遞至供應商，進而決定供應的時間與數量，以達到資訊共享、快速回應的目的。現在的 VMI (Vendor-Managed Inventory) 則強調由供應商直接管理並取得下游零售商的需求及存貨資訊，並做出適時的補貨決策，如 Wal-Mart

量販店及其供應商實驗 (P&G)。

SCM 慢慢從原本運儲配送 (Logistics) 和行銷 (Marketing) 的角度，逐漸擴展到從上游零件到最終消費者所有的相關環節，真正將供應鏈管理的範疇完整呈現出來。而在此供過於求的時期，如何藉由資訊系統之輔助，強化本身供應鏈整合能力，才是維持競爭力的關鍵。

二、以顧客為中心的供應鏈整合

供應鏈管理 (SCM) 的目的在整合供應商、製造商、貨運倉儲以及零售商等，不僅確保在生產過程中，產品能夠在適當的時機、地點送達，也能夠將整體生產的成本降至最低，以滿足消費者的需求，參與生產的成員也透過緊密的聯繫，減少不必要的生產成本。

企業建置供應鏈為的就是獲利與增加客戶滿意度，以客戶為中心的供應鏈最適化，包括五個要素：整合、協同合作、最適化、即時接單、客製化等。由於產業的不同性質，採用不同途徑、時間與成本以達到適客化的要求，就必須根據企業的經營模式與需求，調整供應鏈網絡的軟體，其規模大小沒有標準答案，端視企業需求而定。一個以顧客為中心的有效供應鏈管理程序需具備 (蘇雄義，2002)：

1. 企業基礎

要先認識企業自己的競爭環境、核心能力，進而定出企業最佳化的供應鏈管理策略，作為企業供應鏈發展的方針。其中制定供應鏈策略有以下九個重點：

(1)產業別、經濟規模、企業策略；

(2)區域運籌中心的選定；

(3)生產的分工與配合；

(4)時間與成本的追求；

(5)製造與配銷通路的整合；

(6)找出供應鏈的瓶頸，使其創造價值，即建立「價值鏈」；

(7)上下游供應廠商的資訊整合、規劃、互動與分享；

(8)即時運籌資訊控管;

(9)分析管理的能力。

以上重點項目考量愈周延，愈符合其條件要求，供應鏈的建置愈易成功，效益也愈明顯。

2.未來供應鏈管理系統之設計

參考標竿企業的供應鏈管理模式，為企業構思最適的供應鏈管理模式。

3.創 新

(1)價值更新:可透過現有經營模式效率的提升,來找出滿足顧客的價值與需求。

(2)價值創造: 突破現有經營模式, 建立新的模式及結構來創造新的價值, 以瞭解顧客價值與需求未被滿足的地方。

(3)價值移轉: 當企業的核心能力優於其他供應鏈, 可為顧客產生更大價值。

4.對供應鏈現況充分瞭解

需釐清企業內部和企業夥伴間連結的重點, 有助於整合最適的供應鏈模式。要先設定未來供應鏈管理的目標, 再與供應鏈管理的現況做比較, 最後再對未來供應鏈管理做設計。不可一邊瞭解、一邊改善, 其結果往往是不理想的。

三、行銷與供應鏈之關係

供應鏈包含許多不同的活動，其中之一項活動是以公司生產、配送流程與存貨水準為基礎的銷售預測（方世榮譯，2000）。在生產計畫中指出採購部門所必須採購的原物料，然後原物料經過轉換而變成製成品。製成品存貨是顧客定單與公司生產活動之間的連結，顧客的定單會使製成品存貨減少。製成品經由裝配線、包裝、儲存、出廠運輸及顧客運送與服務，使之得以完成全部的供應鏈程序。

降低物流成本可使售價降低、提高邊際利潤、或兩者兼得。但若對整體供應鏈有良好的規劃，亦可能成為競爭性行銷有潛力的工具，公司可藉由提供更佳的

服務、快速的週期時間、或透過市場後勤作業的改善以降低價格等方式來吸引更多的顧客。

　　若公司的供應鏈系統未完善地建立，將使公司無法準時地提供產品給顧客。站在行銷人員的立場，希望公司能保有足量的存貨，才能使前線作業的行銷人員大力推動促銷活動及應付顧客的定單，但公司卻需負擔龐大的存貨成本，所以顧客滿意度與存貨成本存在抵換關係。某公司曾經犯下嚴重的錯誤：它在為商品充分鋪貨之前，即推出新型即可拍相機的全國性廣告。當顧客到商店購買時卻買不到該款新式相機，則會引起抱怨或轉而購買其他相機。因此，公司需視市場情況隨時調整存貨，以因應需求的不確定性及存貨績效週期的不確定性。

第六節　結　論

　　企業導入供應鏈不能隨心所欲，最好經過審慎評估與規劃建置，供應鏈致勝的關鍵在於降低企業成本、加快經營流程的速度與更貼近顧客，提供更有效率與品質的服務。導入供應鏈有幾個致勝點要把握與掌控，例如：

　　(1)企業必須傾聽市場需求的變化，做好策略規劃；

　　(2)客戶忠誠的關係管理；

　　(3)專業團隊的組成；

　　(4)資訊資源的共享化；

　　(5)物流系統的共有化；

　　(6)清楚的商業交易行為規範、作業規範；

　　(7)定期的供應鏈成效檢討。

　　建置好了的供應鏈，更需要管理它、珍惜它，不斷的做檢討與改善，創造更具企業價值的「供應價值鏈」，可協助企業厚植競爭優勢，面對未來的挑戰。

1. 試簡述供應鏈管理的架構。
2. 何謂物流？物流網路的成員包含哪些？
3. 何謂存貨管理？其目的和功能為何？
4. 何謂 ABC 法則？存貨管理和行銷的關係為何？
5. 物流委外的優點為何？何謂第四方物流？

1. 江先安譯 (1994)，水戶誠一著，《怎樣做好庫存管理》，方智。
2. 中華民國物流協會 (1996) 物流釋義。
3. 王立志 (1999)，《系統運籌與供應鏈管理》，滄海書局。
4. 王信博 (2003)，〈專業物流在企業全球運籌管理之地位與影響之探討〉，私立大葉大學事業經營研究所碩士論文。
5. 方世榮譯 (2000)，Philip Kotler 著，《行銷管理學》，東華。
6. 俞宏昌 (2000)，〈物流服務品質評估決策系統設計之研究〉，私立大葉大學資訊管理研究所碩士論文。
7. 張旭緣 (2002)，〈物流業最新發展趨勢──第四方物流〉，《航港 EDI 簡訊期刊》，第 14 期，http://www.mtedi.org.tw/file-7.14.htm。
8. 陳麗玉 (2003)，〈全球化供應鏈管理績效評估與探討〉，國立政治大學資訊管理研究所碩士論文。
9. 陳少軍、山口幸一 (2004)，《蛻變：福特百年不墜的成功秘訣》，博思騰文化。
10. 傅和彥譯 (1999)，Stevenson William J. 著，《生產管理》，前程企業。
11. 《經濟日報》：http://www.anser.com.tw/scm/scmnews9.htm (2001/05/02).
12. 蔡政達 (2001)，〈組織結構、網際網路應用、供應鏈管理與競爭優勢之關係研究〉，國立成功大學工業管理系研究所碩士論文。

13. 藍仁昌 (1999),〈從物流的角度建置供應鏈管理〉,《資訊與電腦》, 第 229 期, 第 73-78 頁。

14. 蘇雄義 (2002),《企業物流導論: 新競爭力泉源》, 華泰文化。

15. 蘇雄義 (2000),《物流與運籌管理——觀念、機能與整合》, 華泰文化。

16. Anderson, J. C., and J. A. Narus (1990), "A Model of Distributor Firm and Manufacturer Firm Working Partnerships," *Journal of Marketing*, Vol. 54, pp. 42-58.

17. Caplice, C., and Y. Sheffi (1994), "A Review and Evaluation of Logistics Metrics," *International Journal of Logistics Management*, Vol. 5, No. 2, pp. 11-28.

18. Cooper, M. C., D. M. Lambert, and J. D. Pagh (1997), "Supply Chain Management: More than a New Name for Logistics," *International Journal of Logistics Management*, 8, 1, pp. 1-13.

19. Lee, H. L., and C. Billington (1992), "Managing Supply Chain Inventory: Pitfalls Opportunities," *Sloan Management Review*, 33, pp. 65-73.

20. Maloni, and Benton (1997), "Supply Chain Partnerships: Opportunities for Operations Research," European Journal of Operational Research, 101 (3), pp.419-429.

21. Mentzer, John T., William Dewitt, James S. Keebler, Soonhong Min, Nancy W. Nix, Carlo D. Smith, and Zach G. Zacharia (2001), "Defining Supply Chain Management," *Journal of Business Logistics*, Vol. 22, No. 2.

22. Metz, P. J. (1998), "Demystifying Supply Chain Management," *Supply Chain Management Review*, Winter Issue.

23. "Operations Research," *European Journal of Operational Research*, 101, 3, pp. 419-429.

24. Page, M. (1989), "How to Sweeten Your Supply Chain," *Proceedings of BPICS Annual Conference*, pp. 21-26.

25. Simchi-Levi, D., P. Kaminsky, and E. Simchi-Levi (2000), *Designing and Managing the Supply Chain*, Irwin/McGraw-Hill, p. 1.

26. Supply Chain Council, SCC (2003), Available at http://www.supply-chain.org, accessed on November 15th.

27. Tyndall, Gene, Gopal, Partsch, and Kamauff (1998), *Supercharging Supply Chains: New Ways to Increase Value through Global Operational Excellence*, New York: John Wiley & Sons.

第十三章

服務業行銷

學習目標

1. 瞭解服務業之定義、特性與分類
2. 瞭解服務品質之管理與服務業之行銷策略
3. 瞭解行銷管理在產業之應用，包含旅遊業行銷、醫療行銷、運動
   行銷、政治行銷與學校行銷

▶ 實務案例 //////////

二十四小時不打烊的服務

在你心中，臺北是不是個不夜城你曾在半夜三更走在臺北街頭，注意到哪些招牌仍閃閃發亮，告訴你它們是二十四小時營業？燦坤在去年國慶日以臺北站前店為試金石，開創連續四十八小時營業不打烊的經營型態，由於成績亮麗而引起市場注意。哪些行業需要二十四小時營業成了有趣的話題，全天候營業要考量哪些要素呢？

(1)商品特質：夜生活人口有增多的趨勢，十年來臺灣單身家戶的比率已經從 13.4% 提升到 21.6%，不少夜歸族覺得在家裡很悶、無聊，在外面安全的環境裡反而比較輕鬆。所以業者要迎合夜歸族愉快、舒服的需求，誠品敦南店、漫畫王、KTV 就是很好的例子。

(2)緊急程度：產品具有類似民生必需品的屬性，也可以提供二十四小時的服務，如便利商店、道路救援、加油站、無人銀行、藥局，資訊系統服務業者更需要二十四小時服務，才能對客戶的緊急問題快速提出解決方案。

(3)利潤分析：唯有營收高於支出，毛利率在可接受的範圍內，企業才會做出二十四小時營業的決定。畢竟在夜間活動的人遠比一般作息的人少，且營運成本較白天高，所以企業在謹慎評估後，通常會先在某些特定商圈進行測試。

(4)安全考量：產品價格與風險成正比，當產品價格較高時，相對的所需要承擔的風險就高，若加強保全則有額外的成本支出，到底值不值得，需要全盤性評估。

企業在衡量過以上的要素，決定試行二十四小時營業後，必須步步為營，建議先以小規模的方式試探市場反應。仔細調查是否曾有類似的公司進行過？成效為何？為何成功或失敗？以作為參考改善的依據。

華彩軟體專賣店曾二十四小時營業，並不成功；京華城原本打算全館二十四小時不打烊，但經過評估後，只選擇部分可滿足市場需求的產品，並非全館全天候開放；亞歷山大健身房則在週末提供二十四小時營業；伊是咖啡 (IS Coffee) 也計畫在特定商圈採二十四小時營業。

值得一提的是，誠品書店提供二十四小時服務，是 1995 年舉辦「看不見的書店」徵文活動所引發的動機。這項徵文活動讓誠品發現許多民眾都渴望有個不會打烊的書

店，提供一個二十四小時、夜以繼日的閱讀場所。誠品為了一圓大眾的夢想，敦南店先試行三個月營業至十二點鐘，而在實行的第一個月，便確定這是個可實現的夢想，同時也確立誠品二十四小時營業的方案。由此可知要推行二十四小時不打烊的服務，要有十分周詳的計畫。

　　處於網路世代，若商品特性能以「二十四小時電話服務」（當然要有客服人員應答，而非自動語音），或以充實網站內容的「網站服務」來取代，就某個層面而言，也稱得上是全天候不打烊。

資料來源：周怡秀 (2004)。

　　服務業行銷之基礎在於瞭解服務業特性、服務品質管理與服務業行銷策略，本章主旨在探討服務業行銷，有助於瞭解行銷管理在產業之應用，以從事有意義之服務業行銷活動。

第一節　服務業的基本概念

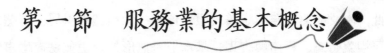

一、服務業的定義

　　Zeithaml & Bitner (1996) 指出：服務可視為行為、程序以及表現；而 Kotler (1996) 更將其定義為：服務係指一個組織提供另一群體的任何活動或利益，服務基本上是無形的，也無法產生事物的所有權；Beckwith (1997) 則認為：服務只是某人對某事的一項保證，一種承諾而已。在 Beckwith (1997) 文中提及下列學者對服務曾下過的定義如下：

　(1) Murdick, Render & Russel (1990)：將服務定義為產生時間、地點、形式或心理等效用的活動。因為他們認為產品將經由原料，加工處理為半成品或完成品，再經由另外一些機構協助增加附加價值，使產品到顧客手上，在此過程中較後面的幾個步驟即為服務。

　(2) Cronroos (1990)：服務乃是一個或一連串的活動，在本質上具有或多或少

的無形性，雖然不一定但通常會發生在顧客與提供服務一方的員工、實體資源、物品或系統的互動當中，而其提供的是作為解決顧客問題的方法。

(3) Light (1988)：相對於產品的產生過程明確可分，服務的產生、配銷至消費則為一個整合緊密的過程。

(4) Juran (1986)：服務為為他人而完成的工作。

(5) Buell (1984)：服務為被用作銷售、或因配合貨品銷售而提供之各種活動、利益或滿足。

(6) Kotler & Bloom (1984)：服務是一方提供給另一方本質上為無形且不能擁有東西之任何活動或利益，其產生可能與實體產品有關或無關。

(7) Regan (1963)：直接導致滿足的有形物或無形物，或者當購買商品、其他服務時共同導致滿足的無形性。

(8) 美國行銷協會 (American Marketing Association) (1960)：被直接用於銷售，或因配合貨品銷售而連帶提供之活動、利益或滿足。

因此，本文認為服務業定義為服務係指一個組織提供另一群體的任何活動或利益，可視為行為、程序與表現，基本上是無形的，也無法產生事物的所有權，亦即只是一項保證，一種承諾而已。

二、服務業的特性

Kotler (1996) 及洪順慶 (1999) 曾描述服務具有四個特性。第一是無形性，這是服務業最基本的特性，也是服務和財貨最主要的差別，基本上，服務是一種行為、績效而非實體物品，在購買之前服務是無法看到、品嚐、感覺、聽到或聞到的，因此消費者很難在事前評斷服務品質的好壞。再者是不可分割性，也就是生產與消費的不可分離性，因服務的生產與消費是同時進行的，許多服務在生產的過程裡，顧客都必須在現場，否則無法進行消費，這與實體產品必須經由製造、儲存、配送、銷售，最後才由顧客消費的程序是不同的，因此不可分離性就強迫了購買者必需與服務提供過程緊密結合。而可變性是指服務具有高度可變性，有形產品的製造，因為來自於標準化的機械設備，因此品質可以達到同質性，但服

務的績效或品質之間，卻因為服務提供者的不同、或提供服務的時間與地點不同，都會使服務的效果不同。最後不可儲存性是受到前述無形性、不可分割性及可變性等特性的影響，表示服務是無法儲存的，此外當需求呈穩定的情況時，服務的易逝性並不是問題，因為可以預先安排服務人員，但當需求變動很大時便遭遇困難，因無形服務無法像有形產品一樣，將多餘的存貨儲存起來。

學者對服務所下的定義甚為分歧，但對於服務所具有的特性，則較有一致的看法。一般學者皆認為，服務具有無形性、不可分割性、異質性及不可儲存性等四大特性，茲分別討論如下：

1.無形性 (Intangibility)

服務是無形的，此乃學者一致認為服務具有的基本特性。Parasuraman, Zeithaml & Berry (1985) 認為服務是一種執行的活動，無法像實體產品一樣被消費者看到、嚐到或感覺得到，這也是服務與實體產品間差異之起源。所以 Kotler (1996) 指出顧客在購買時因為難以確定其品質而承受不確定與風險；因此，服務提供者的任務是「管理證據」(Management Evidence)，使無形的服務有形化。

2.不可分割性 (Inseparability)

服務的生產與消費的過程通常是同時發生的，也就是服務與其提供來源無法分割。Carmen & Langeard (1980) 就認為由於此項特性使得大多數情況下，顧客必須介入生產的流程，使得服務的提供人員與顧客之間的互動極為密切，對於服務品質也有相當的影響。也正因為如此，兩者均會影響服務產出的結果，顧客與其接觸的服務人員之間的互動，也影響顧客所認知的服務品質。

3.異質性 (Heterogeneity)

服務具有高度的異質性，受到提供服務的時間、地點及人員等因素的影響很大；故學者 Parasuramen, Zeithaml & Berry (1985) 認為，尤其是具高度人員接觸的服務，其服務的品質異質性就相當的大，通常會視服務人員、接觸的顧客不同而有所差異，甚至每天都有變化。

4.不可儲存性 (Perishability)

服務無法如一般實體產品一樣,在生產之後可以存放待售,它是不能被儲存的。因此,由於服務的易逝性而無法被儲存,使得服務業對於需求的波動更為敏感。

三、服務業的分類

在我國國民會計規定下,服務業包括:消費性服務業、生產性服務業、分配性服務業、非營利與政府服務 (洪順慶,1999)。洪順慶 (1999) 說明在消費性服務部分,是服務最終消費者的服務業,和一般的消費大眾關係最為密切,包括旅遊、美容、銀行、餐飲、補習、保險、娛樂等。而在生產性服務方面,是服務生產者(廠商)的服務業,如會計、保險、法律、銀行、工程與管理顧問、廣告等。至於分配性服務,則介於買方和賣方之間,為促進消費者與生產者達成買賣交易的服務,如零售、批發、通信、運輸、倉儲、物流等。而非營利與政府服務則如教育、衛生保健、全民健保、國防、治安、宗教、慈善機構、各種基金會等;非營利機構提供許多服務與人的心靈有密切關係,政府機關所提供的服務則和國家的基礎建設關係較密切。

四、服務品質的管理

在服務行銷管理中,服務品質是最重要的觀念 (洪順慶,1999),由於服務品質具有主觀性的特點,服務品質與產品品質兩者之間存在著相當大的差異,因此對於服務業而言,服務品質的評定比產品品質更為困難,且涵蓋的範圍更廣,而所謂知覺服務品質即指顧客期望與實際感受服務相比較的結果 (Parasuraman, Zeithaml & Berry, 1985)。Parasuraman, Zeithaml & Berry 三位學者於 1985 年提出服務品質模式,簡稱為「PZB 服務品質模型」。模式中發現服務品質在主管的認知及服務傳送給顧客的任務中,兩者的認知間有差異存在,稱之為「缺口」,而缺口造成業者提供給消費顧客高服務品質的障礙,此五個主要缺口中所造成認知上的障礙

如下：

缺口一：消費者期望與管理者所認知消費者期望之間的缺口。

　　⑴雙方溝通不足；

　　⑵市場調查不足。

缺口二：管理者所認知的消費者期望與公司實際提供的服務品質之間所造成的缺口。

　　⑴作業標準化不足；

　　⑵目標設定不明確；

　　⑶業者承諾不足。

缺口三：公司明細表上的服務與實際提供的服務發生差異的缺口。

　　⑴員工角色模糊與衝突；

　　⑵技術與訓練不足；

　　⑶控管與稽核不足。

缺口四：實際服務傳遞與消費者之外部溝通之間的缺口。

　　⑴組織內部橫向聯繫不足；

　　⑵行銷過度。

缺口五：顧客知覺服務品質是介於對服務的期望與實際服務知覺的差異。

　　⑴內外在情境因素之影響；

　　⑵認知上之差異。

　　從 PZB 服務品質模型可以瞭解知覺服務與顧客之間的問題，以及顧客與業者間產生的缺口。而服務品質的決定因素來自於多個方面，Cronroos (1982) 認為消費者認知的服務品質，主要以顧客對於服務（或產品）的期待與實際上公司提供的服務中，兩者間的落差與比較所產出者。

　　若再探討影響顧客期待服務的因素，Cronroos (1982) 提出影響期待服務的因素主要歸納成五個原因，為個人的願望、與企業之間的約定、過去的消費經驗、傳統與思想以及口碑的影響等主要因素。

　　同樣的，Gronroos (1982) 也對於知覺服務的影響要素做了整合，知覺服務是顧客感受到企業提供服務的程度，其中主要包括技術的資源，如設備、工具、以及無形的技術能力；接觸人員的行為與態度及專業能力有直接的影響；最後顧客

之個人特質亦會影響認知服務。

Zeithaml & Berry (2000) 研究中提出「顧客的知覺品質與顧客滿意度」架構圖，其中影響顧客滿意的因素為服務品質、產品品質、價格、情境因素與個人因素等五項，而影響服務品質的因素來自於下列五點：

(1)可靠性 (Reliability)：執行服務承諾的正確性與可靠度。

(2)反應性 (Responsiveness)：協助顧客及提供及時服務的能力意願。

(3)確實性 (Assurance)：工作人員的禮貌、專業知識及信賴感。

(4)關懷性 (Empathy)：提供顧客關懷與個別的注意。

(5)有形性 (Tangibility)：指硬體設施、設備、工具及員工外表。

第二節　服務業的行銷策略

Kotler (1996) 認為服務與一般實體產品相較，有四個不同的特徵，即無形性、不可分割性、異質性與不可儲存性。而這些獨有的特性使服務業面臨一些迥異於製造業的行銷難題，有不少學者針對服務面臨的問題提出適當的解決方案及行銷策略。

一、克服無形性的行銷策略

1.產　品

在周逸衡 (1992) 文中提及 Parasuraman & Varadarajan (1988) 建議可以透過與接受過服務的顧客建立溝通的管道以降低顧客的知覺風險。Zeithaml (1981) 認為服務品質的優劣，常繫於顧客主觀的判斷，因此業者若能與曾經接受服務的顧客建立溝通管道，如此業者不但能瞭解購買者的反應與意見，亦能蒐集與服務品質相關的資訊；顧客也會有被重視的感覺，而提高他的滿意度。

除上述策略外，Eillis & Mosher (1993) 建議可透過展示資格證明來增加服務的有形成分。Johnson (1970) 強調服務最好能配合有形產品的提供，他建議透過衍

生的需求 (Derived Demand) 提供顧客與目前服務相關的產品或服務，例如顧客在銀行等待的時間，服務人員會主動地提供茶水服務。

2.定 價

雖然服務是無形的，但價格卻是相當有形的，可以幫助顧客去感覺服務的品質。一般說來，價格確實和品質有關，因此，需慎重地考量價格對於品質印象的影響，制定符合公司形象的價格 (Eillis & Mosher, 1993)。

Zeithaml, Parasuraman & Berry (1985) 建議使用成本會計克服無形性所帶來定價困難的問題。透過成本會計的分析技術，來協助業者從事分析作業成本，以制定價格並且有效控制作業成本。

3.推 廣

創造企業形象將有助於無形服務的有形化，服務產業必須比一般製造產業更加注意形象的建立。因此 Johnson (1970) 建議企業應將資源投注於企業形象的建立，這樣的行為將有助於品牌形象的塑造。

對服務業來說，口碑宣傳其實是建立公司形象最好的方法。Davis, Guiltinan & Jones (1979) 指出口碑宣傳是服務廠商與消費者之間最重要的溝通方式。因為服務是無形的，因此有很高的經驗特性 (Experience qualities)，必須在購買後或消費過程中才可辨別服務的好壞 (Zeithaml, 1981)。所以接受過服務的顧客意見，將影響後來者的預期心理。因此人身宣傳的效果將大於非人身宣傳的效果 (Johnson, 1970)。

4.人 員

Eillis & Mosher (1993) 認為可以從強調服務人員的專業性與藉由與顧客建立關係這兩方面著手。這在之前便已提及，由於實體的無形將造成顧客不容易記憶服務 (心理的無形)，因此，建立服務人員的專業形象，可以提升服務的有形成分。而藉由服務人員與顧客建立關係 (關係行銷) 將可以增強服務在顧客心中的記憶。

5. 實體環境

增加服務有形成分最重要的作法，就是透過實體證據提供線索 (Cues)，以幫助顧客將無形的服務與其他有形的人、事、物結合 (Shocstack, 1977)。特別當消費者很難判斷服務的實際品質時，他們會仰賴服務的實體證明提供關於服務品質的訊息，同時他們也會仰賴服務提供人員以及服務流程所產生的線索 (Zeithaml & Binter, 1996)。例如：透過實體的擺設、辦公室的位置及裝潢、服務場所的設計、服務人員穿著制服、或是標語口號的設計等對顧客提供有形的證據，以降低顧客的知覺風險 (Eillis & Mosher, 1993)。周逸衡 (1992) 指出可藉由提高伴隨服務活動之有形物的品質塑造顧客知覺的服務品質，提高顧客對服務的信心。

二、克服不可分割性的行銷策略

1. 通　路

由於不可分割性使得顧客必須親臨服務據點才能接受服務。因此需謹慎地選擇服務區位，服務區位宜儘量靠近顧客 (Eillis & Mosher, 1993)。並且在不重疊商圈的情況下，廣設服務點，以增加消費的便利性 (Carman & Langeard, 1980)。

2. 人　員

由前述可知，因為不可分割性服務接觸的管理成為一個重要的議題，因為服務人員的態度會直接影響顧客的購買意願和滿意程度 (George, 1977)。若能有效地遴選與顧客進行直接接觸的員工，並激勵服務人員，則對於提升服務品質有很大的助益 (Sasser, 1976)。

3. 流　程

由於不可分割性，正在接受或等待服務的顧客都會介入服務流程；顧客與服務人員以及顧客間會互相影響，而導致服務品質不易控制。因此若能有效管理顧

客將可以控制服務品質 (Zeithaml, Parasuraman & Berry, 1985)。

三、克服異質性的行銷策略

1. 產 品

Zeithaml & Binter (1996) 曾指出異質性對服務來說，既是禍因也是恩惠。因為異質性使服務的傳遞變得難以控制和預測，造成顧客質疑公司的可靠度。另一方面，因為服務是由人員即時傳遞的一種方式，因此能夠有機會提供一對一的服務，而這個方式對產品製造者來說是不可能的。針對服務的異質性，如果使用特定的方法，可以轉變為有效的顧客化策略，例如顧客在銀行等待的時間，若服務人員使用不同的特定方法（如遞茶水、送紀念品等），即可轉變為有效的顧客化策略。

除此之外，Hostage (1975) 還建議可以透過設立顧客建議系統，或主動調查顧客的抱怨以及滿意程度，以作為改進服務品質的依據。

2. 人 員

產生異質性主要的原因，是因為服務是由「人」所提供。因此，要控制服務品質，提高服務的穩定性必須將資源投入於人員的遴選與訓練上 (Hostage, 1975)。Eillis & Mosher (1993) 認為藉由員工訓練可以降低異質性發生的機率。

3. 流 程

Levitt (1972) 認為服務業在控制品質時，應將焦點由「人」轉到「服務流程」上。服務人員應依照設計的程序來執行服務的提供，不授予服務人員太大的權力，因為 Levitt 認為員工的自由裁量權是阻礙服務品質一致的原因。也就是採取「制式的服務流程」與「增加自動化的程度」以降低異質性對服務的影響 (Edgett & Parkinson, 1993)。Eillis & Mosher (1993) 亦建議可建立一些服務績效指標來控制員工以維持服務品質。

四、克服不可儲存性的行銷策略

對很多服務來說，供需不一致是相當嚴重的問題。為克服這個問題，Sasser (1976) 建議需對產能與需求進行管理：

1. 產能 (供給面)

(1)在尖峰時期僱用兼職人員；

(2)尖峰時期，員工只執行必要的工作，由助理從事例行性的工作；

(3)尖峰時，增加消費者的參與以降低人力需求；

(4)離峰時，透過同業合作以降低成本；

(5)預留未來產能擴充的空間。

2. 需求 (需求面)

(1)尖峰離峰時間，差別定價，以移轉尖峰時之需求；

(2)離峰時，舉辦各種促銷活動；

(3)在尖峰時期，對等待的顧客提供補充性的服務(如遞送茶水、送紀念品等)；

(4)透過預約制度管理需求。

第三節　行銷管理在服務業相關產業之應用

一、旅遊業行銷

由於近年來臺灣的經濟改善，生活品質提升，對於舉凡物質的享受、軟硬體的需求、精神生活層面的講究等，都有著極大的改變。2001 年起，臺灣實施了週休二日，人們除了一般作息及休閒活動外，對於度假旅遊的需求也與日俱增。尤其近十年來之旅遊風氣更是興盛。觀光旅遊可以開拓國民生活天地，提升休閒生

活水準，對於促進國際瞭解及平衡國際收支頗有助益。旅遊業行銷可從下列四方面探討：

1. 體驗行銷

Schmitt (1999) 提出顧客的心理學理論、分析顧客的行為，發表了體驗行銷新思考模式的相關論述，其強調企業的經營規劃者應有能力來定義組織及品牌的形象、設計體驗內容來影響其目標消費群眾，以創造獲利的機會。這種行銷方式不同於傳統的行銷模式，傳統的行銷模式較侷限，其專注於宣導產品性能與效益，而體驗行銷提出一個寬廣的架構，著重於消費者在心靈層面對企業、產品、品牌等的感受，其最終目標是在產品的性能及效益之外，再為顧客創造整體的體驗。

體驗行銷不同於傳統的行銷模式，傳統的行銷模式著重於產品功能及性能上的宣傳，依照產品類別來認定競爭者、視消費者為理性的消費者、市場研究的方式是定量且具分析性的；而體驗行銷的宣傳焦點在於顧客體驗，其依消費情境來認定競爭者、視消費者為感性的、其市場研究的方式是多元、彈性的。

體驗行銷的方式已逐漸被企業所採用，各種市場與產業、各個組織已經轉向使用體驗行銷技巧來開發新產品、與顧客溝通，此外它亦應用於改善銷售關係、選擇企業夥伴、設計零售環境、和建立網站等，目前已有愈來愈多的行銷人員由傳統的性能與效益 (Features-and-Benefits) 行銷，轉變為為顧客創造體驗。

2. 觀光客倍增計畫

91 年因對港、澳人士來臺實施落地簽證、星馬免簽證措施及有效之國際觀光宣傳推廣，全年來臺旅客人數為二百七十三萬人次，創歷史新高，較上年成長4.2%；國人出國人數為七百五十一萬人次，成長 4.4%。另臺灣地區二百五十二處主要觀光遊憩區遊客人數達一億二百九十三萬人次，成長 4.1%，顯示國內旅遊在政府與民間積極合作推動下，成效亦顯著（交通部，http://www.motc.gov.tw）。

配合行政院「挑戰 2008 國家發展重點計畫」研擬「觀光客倍增計畫」，據以逐年改善我國旅遊環境，拓展國際觀光。為有效開拓客源市場，依市場特性分別擬定不同主題與策略進行推廣，並針對特殊興趣族群宣傳臺灣觀光魅力，宣傳成

效已逐步顯現。

為提供國內外旅客多元且高品質旅遊環境，提升地方節慶活動規模國際化，並與周邊景點配套推廣，加強國內外宣傳以吸引遊客參與。完成「國民旅遊卡」相關配套工作，估計該措施之執行將使國內旅遊之離峰需求增加5%，對活絡地方觀光產業發展有極大助益。

建立旅館評鑑制度並完成評鑑作業，使臺灣之住宿體系與國際接軌。另輔導改善一般旅館，鼓勵更新轉型提升至國際水準；加強輔導民宿，促進遊憩型態多樣化，並以低成本住宿提高觀光產品之競爭力。

持續加強臺灣觀光之國際宣傳行銷推廣工作，研訂主要客源市場推廣計畫，爭取國際會議市場，邁向倍增目標。輔導辦理大型地方節慶活動，透過宣傳與整體包裝行銷，招徠國際旅客，並達活絡地方經濟之目的。

3.策略聯盟

在發展觀光的同時，旅遊行銷的經營應講究品質，要納入人情味，以結交朋友的心態來拓展商機，並能結合異業聯盟，成功的旅遊行銷要讓顧客來了還想再來，甚至成了一輩子的好朋友。

旅遊行銷規劃過程之中，陸續蒐集有關的地方旅遊訊息，加以整理編印成一套「導覽手冊」與「導覽地圖」公開陳列，免費提供全國大眾一同分享，其經費來自於各大贊助廠商的供應；這些商家的服務訊息亦將呈現在手冊上。未來這些贊助商，也將會是共同經營管理的策略聯盟，透過大家的互相激盪，更深遠地改變經營現狀，發展獨樹一格的導覽解說風格，培育專業解說人員，建構道地的導覽文化。

經由民間力的聯誼發酵，組成一支專門負責包裝推廣休閒農業、觀光旅遊、餐飲住宿、藝文展演等相關事務的團隊，負責經營管理相關人力、計畫、資源的統籌運用，開擴人潮客源。為推介當地觀光旅遊事業，結成旅遊策略聯盟，將各地景點配套聯合，降低價格，保證品質，以吸引更多遊客。

4.休閒農業

近年來，由於經濟的快速轉型，臺灣已從單純悠閒的農業社會，轉變成忙碌緊張的工商業社會，生活環境也產生了相當大的改變，都市民眾每天面對的是層層疊疊的水泥叢林，壅塞穿梭的車流，烏煙瘴氣的空氣品質，灰濛濛的天空，經常讓人想逃離開去。許多人心裡開始懷念起純樸的農業時代，嚮往舊時閒逸的鄉居生活，在這股回歸田野的潮流下，結合休閒活動與鄉土風情的休閒農業因而興起。

長久以來，人們對農業的認知，多半侷限於生產功能；事實上，生活與生態保育的功能更是農業無盡的寶藏。近年來，臺灣的農業發展成績斐然，更值得慶幸的是，多年來仍保有許多農業和農村的自然田園景觀、風土民情以及鄉土人文的豐富資源，正是提供國人休閒旅遊以及回歸大自然的最佳場所。

休閒農業是新興的農業經營方式，是利用農村當地的自然田園景觀、自然生態及鄉土文化等環境資源，結合農林漁牧生產、農業經營活動、農村文化、農家生活以及休閒服務業的經營理念，經過縝密的規劃設計和建設，成為具有活力與特色的產業，提供民眾體驗及親近大自然的場所。

休閒農業除了讓民眾有更多樣化的休閒場所外，亦將原先以生產為導向的傳統農業，由一級產業提升至三級產業，並配合精緻休閒農業的發展，使農民受益，市民受惠，改善生活環境品質。

為了更有效地向市民推廣休閒農業，讓市民更能享受到獨特的農業資源，一份經由農業共同識別系統,建立塑造出整體觀光農業新形象的休閒農業導覽手冊，是非常需要的，它能正確的提供休閒農業相關的旅遊資訊，民眾在真正體驗田園之樂後，也許會更進一步地支持休閒農業，因此綠色的田園除了基本的農業生產功能外，也能同時提供民眾更健康、更正當的休憩環境，應是每一位市民所樂於見到的（臺北市政府建設局環境生態網，http://www.dortp.gov.tw）。

徐茂恭 (2003) 探討旅遊者對各項配套旅遊措施之滿意度，以作為旅遊行銷的策略方向，其結果如下：

⑴對整體旅遊滿意度越高者，參加下次旅遊的意願越高；

⑵對整體旅遊滿意度越高者，其推薦他人參加旅遊的意願也越高；

⑶旅遊價格的高低，對參加下次旅遊的意願有顯著的影響；

⑷路線的不同，對整體旅遊滿意度之影響也有顯著的影響；

⑸旅行社的服務、導遊的專業知識、飯店的完備設施、便利的交通、完善的
　接駁服務及良好的行程規劃等，都對旅遊行銷有顯著的影響作用。

二、醫療行銷

　　醫療業乃服務業是無庸置疑的，有關服務業跟一般製造業的經營理念及經營
方法是有所不同的，服務業的特色包括無形性、不可分割性、異質性以及不可儲
存性，所以經營服務業必須要有獨特的概念，而且要有特殊的管理工具及管理方
式，服務業有一套獨特的行銷策略，因為唯有獨特的概念、獨特的管理工具及管
理方式，採用服務業比較專屬的行銷策略妥善的去做行銷管理，才能使接受服務
的人即顧客能感受到所接受的服務是獨特的，是有價值的。

　　服務業有別於一般製造業，而醫療服務業更是。基本上製造業產品行銷有 4P，
即產品 (Product)、價格 (Price)、推廣 (Promotion) 以及通路 (Place)；根據 Booms,
Bernard & Binter (1981) 報告，認為有關服務業的服務模式 (Service Model)，除傳
統製造業的 4P 外，還要加上 3P，也就是參與者 (Participants)：包括提供服務者及
接受服務的人；有形物證 (Physical Evidence)：不管就提供者或接受者角度，服務
所提供的雖然不像產品那麼具體但是也是實質存在的；及服務過程的組合 (Proc-
ess of Service Assembly)。服務業強調服務的過程，所以服務的模式除了有參與者
和實質提供的服務性產品外，還要受「服務的過程」多所影響。

　　Grove & Fisk (1983) 所描述的 Service Model，把服務業比作是劇院及劇院裡
面相關的表演。到底醫院服務像不像劇院？醫院應該是超乎劇院所能夠涵蓋或詮
釋的，基本上醫院既像旅館、又像餐廳、也像零售業及劇院等，甚至於還有一些
構面及特徵是旅館、餐飲業、零售業及劇院都無法詮釋的，所以醫院是一個複合
體，由旅館、餐廳、零售業及劇院等拼湊而成之複合體，醫院甚且超乎這些複合
體，自成一格，事實上醫院早就盡人皆知，醫院堪稱為一個特異的服務模式。

　　醫療服務業超乎一般服務業，一般的服務業接受服務的人在程度上或多或少

能參與，或有能力提出意見，而醫療服務業不一樣，提供服務的人比較獨裁（即專業掛帥），要如何服務但憑專業，而接受服務的人能商榷的空間有限，所以基本上它是一個專業法西斯；不過，專業掛帥的程度也今昔不同，近年來因為醫學知識及消費者主動意識 (Active Consumer) 概念 (Brantes & Galvin, 2001) 的抬頭與普及，民眾參與醫療計畫之訂定及實現的比重愈來愈提高。

徐亨達 (2001) 提到醫療服務業伴隨著景氣的低迷及國家財政困難、公務預算逐年減少補助、公立醫院受限於公務機關醫療、人事、會計採購、政風等法令束縛，及組織僵化、管理經營層層受限，加上健保財務吃緊，所申報之醫療費用剔除率高，故醫院的營運難以維持。公立醫院為圖脫困，因此發展多角化業務，吸收民間醫院靈活經營方法及善用公立醫院本身優勢，發展出適合現階段的發展策略。上述背景因素變成公立醫院邁向永續經營所需思考的問題。

在醫院中如教導慢性病病人衛生教育、如何服藥、何時需回診、在家如何照顧自己等，醫院也因此提高了生產力和提供給顧客的價值及滿意度。顧客的「助人」角色是指有時候顧客會被要求幫助一些經歷同樣事件的顧客，醫院常替病患成立「病友會」，提供場地辦理團體活動，讓患有相同疾病的人藉由經驗分享得到溫暖、減低恐懼感、疏離感，則顧客對醫院會有較大的向心力。顧客的「助公司」角色則是更高段的行銷手法，也就是視顧客為部分員工，藉由顧客對於醫療單位的忠誠度和向心力形成良好的口碑，再推薦給親戚、朋友、同事。在醫療單位的內部行銷作為當中，要視員工如同顧客，因為有快樂的員工，才有滿意的顧客；在顧客參與策略中，要視顧客如同員工，因為有滿意的顧客，才會帶來更多滿意的顧客。

三、運動行銷

運動行銷 (Sport Marketing) 一詞，為美國廣告年代 (Advertising Age) 於 1978 年首創，當時這一名詞是指企業利用運動作為促銷的工具 (Kesler, 1979)。Mullin (1985) 將運動行銷定義為「運動行銷乃是利用設計好的活動計畫，並透過交換過程來滿足運動消費者」。因此運動行銷大致可劃分成兩大部分：

　　(1)行銷運動產品與服務給運動消費者；

　　(2)以運動作為對消費者促銷企業產品或服務的一種促銷工具。

1.運動行銷定義

　　Mullin, Hardy & Sutton (1993) 所著的 *Sport Marketing* 一書中，對運動行銷的定義如下：「運動行銷包含一切的活動，其目的是經由交換過程來滿足運動消費者的需求與欲望。」同時，「運動行銷已發展出兩大領域：直接行銷運動產品與服務給運動消費者 (Marketing of Sport)，以及經由運動的利用來行銷其他消費性及工業性的產品或服務 (Marketing through Sport)。」

　　Pitts & Stotlar (1996) 對運動行銷的定義則為：「運動行銷是為滿足消費者需求、欲望並達成企業目標而對運動產品的生產、價格、推廣及分配所做設計執行活動的過程。」

　　而 Shank (1999) 則認為運動行銷是延續行銷學而來，不但複雜且富動態性。他提到：「運動行銷是行銷原則的具體應用過程，包括運動產品以及非運動產品，但透過與運動之結合的行銷過程。」由上述定義發現，多數學者認為運動行銷乃沿襲自行銷學，且和行銷學原理息息相關。

　　在回顧運動行銷學術文獻時，Douvis & Douvis (2000) 認為運動行銷缺乏其他學科所固有的理論基礎，也就是說運動行銷本身無法發展出獨特的理論架構，其所有的研究基本上是沿襲自相關的社會學科。至此，Douvis & Douvis (2000) 提出三點研究方向，作為未來運動行銷學術研究時的參考：

　　(1)以務實的態度發掘研究主題，兼顧實務界與學術界的需求；

　　(2)注意相關學科領域的起源與發展，以瞭解新興的研究取向；

　　(3)對研究方法應有更深層的瞭解，以發展出更精準的測量方式。

2.運動行銷策略

　　運動行銷的最重要目的，就是如何吸引消費大眾願意以時間、精力或金錢來購買無形的產品或服務，並能滿足消費大眾的需求與欲望。在一個單位或企業當中，舉學校為例，儘管擁有完善的設施與設備、優秀的專業人員以及嚴格管理等

基本條件，不可諱言的，仍須要透過完美的整體包裝向外推銷，隨時檢討、反省行銷過程是否合適可行，控制、評估可行計畫 (Stotlar, 1993)，才能使得「產品」銷售成功。運動行銷為體育運動經營最具動態性的層面，因為運動行銷包含有價格 (Price)、通路 (Place)、推廣 (Promotion)（廣告、銷售和公共報導等）、公共關係 (Public Relations) 和產品 (Product) 等策略。將學校運動場館所能提供的服務商品完善的呈現給消費大眾，使消費大眾可以輕易得到所需要的運動商品資訊，透過行銷策略的行銷組合（產品、價格、通路、推廣），就格外顯得重要。推廣促銷為策略性行銷的技術之一，其功能為有說服性的溝通，藉以刺激消費者的興趣、認知與知覺，以及購買產品或消費服務（黃金柱，1992）。體育運動經營所採用的推廣促銷組合有：

⑴廣告：如印刷類、廣播類、住家外的廣告、其他類別或方式的廣告；

⑵公共報導；

⑶個人銷售；

⑷銷售促銷。

校務基金制度的實施，為我國預算制度的一大改變，賦予國立大學校院適度財務自主，開闢並自籌部分財源，藉由運動行銷的推展，將國立大學校院優良運動場館設備、設施提高使用效率，達到運動產品與服務的行銷目的，例如採行（孫顯鋒，2000）：

⑴與鄰近區域中、小學校簽訂建教合作方案；

⑵結合民間企業行號舉辦運動商品展覽會或促銷活動等，來提升設施經營績效；

⑶整合校內、外師資、學生、廠商、非營利團體等資源，建立明確的營運組織，訂定相關規定制度，及資源運用分配計畫；

⑷結合校內現有場館設施設備，成立運動健康中心或俱樂部；

⑸注重風險管理，減少不必要的支出。對場館設施之保養、維護慎重規劃，減少支出；

⑹尋求運動贊助，達到經費之開源又可節流之目的；

⑺以運動行銷理念，妥慎採行行銷組合，以期開發學校運動場館之經營。

四、政治行銷

傳播與政治本是二個相異的研究領域，但由於科際整合研究以及傳播科技日益發展的結果，使得政治與傳播二個研究範疇因而得以結合。特別是政治行銷在社會科學的領域中更是一門嶄新的研究領域，雖然在 Mauser (1983) 文中提及早自 60 年代中期，政治學者 Dan Nimmo 便曾間接提及政治與行銷二者之間的關連性，但對於可為政治候選人利用之科學與特色，卻缺乏進一步的瞭解與介紹。直到 70 年代初期，行銷觀念廣為傳布與研究之際，許多行銷學者們才發現，原來行銷之方法與概念，得以運用在政治領域的實踐上。

1.政治行銷定義

在 Maarek (1995) 文中提及 Schumpeter (1976) 揭示了「政治市場」的概念，並指出在政治運作的過程中，其性質與商業市場的交換體系有異曲同工之處，因此研究者得以從資本主義中生產與消費模式來理解民主政治的運作過程。雖然政治行銷起源於美國，如今亦為多數民主國家所採用，而各國所採用的方法，則主要取決於各個國家之大眾傳播媒體、政府法治規範以及國家發展的程度。

商業行銷和政治行銷在本質上有些類似，例如有許多政黨，為爭取選民、選票而彼此競爭，且必須創造出優於其他競爭者的差別優勢 (Differential Advantage)，以獲取最終勝選的目標 (Mauser, 1983)。

鄭自隆 (1992) 認為不論是商業行銷或政治行銷，皆是以消費者或選民為最終決定者，而其決策過程中所經歷之社會心理過程，理解、決策、消息擴散及社會化等步驟，亦頗為類似。

雖然商業行銷和政治行銷二者間有些許類似，但其中根本差異依然存在，如果一個已經廣為公眾所認識的候選人，便難以採用如商業行銷的手法進行市場規劃，因為候選人的個人歷史以及人格已被公眾所定位 (Kotler, 1985)。換言之，政治行銷較諸於商業行銷會有更多的先天侷限。此外，對於消費性商品和政治候選人的外在資訊而言，商業消費者會花費較少的時間在消費性商品的資訊上，而政

治選民會花費較多的時間在政治候選人的外在資訊上，如造勢活動等；在行銷策略上，商業行銷往往採用較強勢的行銷手法，然而政治選民卻易排斥強迫性的政治訊息；在媒體訊息上，商業行銷往往控制在市場商人之手，而政治行銷的訊息卻多由媒體守門人所過濾，除非是以金錢購買的媒體時段 (Kotler, 1985)。因此，唯有真正瞭解政治行銷之意涵以及與商業行銷之差別，方能真正運用政治行銷之長處。

因為運用政治行銷觀點來從事選舉活動，可以幫助決策者更實際的來評估、面對選舉過程，而候選人或政黨則能更成功地呈現出自己最佳的一面，使選民得以獲取更多的相關資訊，並幫助選舉活動的良性發展（陳鴻基，1995）。同時，也能讓從事選舉者更快速、確實地分析內外在環境及相關可能變數，並據以正確地選擇或修正選舉策略，製造有利的議題，以增加勝選的機會。雖然政治行銷有其實際效果，然而吾人也必須明白，政治行銷絕對無法主宰及控制選民之全部喜好選擇，選舉的過程中會遭遇到太多未知的可能變數，政治行銷的主要目的即在於影響及說服選民，並幫助候選人在複雜的選情中得以冷靜、清楚地掌握更多的有利條件（陳秋旭，1998）。無論如何，政治行銷在選舉活動中所扮演的角色日益重要，行銷概念儼然已成為建立競選策略之主要基礎。

2.政治行銷在選舉活動中扮演的角色

在媒體消費市場中，消費者對商品認識越少，對相關商品行銷的訊息作用依賴程度就越大；同樣地，選民對於政治人物的認識程度越低，政治行銷能夠作用的程度也越大。以臺灣地區立法委員的選舉為例，雖然為中央民代的選舉，然而選舉過程仍是以政治區域為主，大多數候選人仍屬於地方型政治人物，能夠擁有全國性知名度的政治明星畢竟仍為少數，換句話說，候選人以大眾媒體作為推銷工具的依存度仍很高。而政治行銷使選民和候選人之間的關係集中於媒體的包裝和推銷的過程之上，政黨競爭也走向個人化的形象塑造，並間接透過媒體選戰而塑造政治市場的商品意識和價值。傳統政治市場偏重於商品內容（具體政策主張）的交換過程，則轉化成由商品包裝（個人化形象塑造）所主導的訊息促銷（陳秋旭，1998）。

在許多民主國家中，選民已普遍產生政治冷感的傾向，但經由政治行銷，使得選民能藉此獲得政治參與感，並取得相關選情資訊。因此政治行銷對於原有選舉型態具有正面的貢獻，原因即在於它將商業行銷的概念引用至政治選舉之中，使得選舉能因為採用行銷科學化及系統化之運作，提升整體選舉品質，並增加候選人勝選的機會（張永誠，1991）。由於大眾傳播媒體在政治活動中所扮演的角色日益重要，對於媒體專業化的需求遂日益重要，專業媒體顧問或公關公司在歷屆的選舉活動中更應運而生。這些來自於商業行銷領域的專家，能夠協助候選人做專業的形象設計、議題設定、廣告製作、媒體採購、以及增加媒體曝光率等，有時也會幫候選人擬定競選策略 (Mauser, 1983)，使得選戰的經營與運作更加地專業化及效率化。

然而 O'Shaughnessy (1990) 亦指出政治行銷的實行也可能危害政黨政治的長遠發展，因為透過政治行銷凸顯了候選人個人化的參選風格，政黨政治的色彩以及影響力遂因此式微，英雄化的選舉行銷往往容易產生現代的民粹政治。另一方面，許多財力雄厚的候選人或財團代表，一旦以金錢掌握媒體資源，更容易因此而趁勢崛起，發展到極致的媒體政治往往取代了選民的實質政治參與，因此而誤解民主的真諦。因為選舉過程應該不只是單純的「購買說服」(Purchased Persuasion)，選民在面臨商業行銷以及政治行銷時，往往會混淆了購買商品和投票給候選人的差異，而忽略了民主過程中真正需要瞭解與實踐的部分 (Mauser, 1983)。

學者 Maarek (1995) 認為以政治行銷在制定選舉策略時，有二大步驟必須先加以釐清：

(1)決定競選方向

政治行銷主要適用於二大方向，即「形象塑造競選」(Image-Making-Campaigns)以及「選舉競選」(Election-Campaigns)。雖然有些候選人知道自己無法在選舉中獲勝，但卻能致力於形象塑造，以利往後的選舉。如 1976 年雷根參加共和黨黨內初選，便是為日後入主白宮所先行籌劃的形象塑造選舉。

(2)選情分析 (Field Analysis)

關於候選人的形象、議題及對手可能採用的競選策略，皆為分析的重點。政治行銷過程的順利與否，皆取決於對於內、外在選舉環境分析之正確度，不詳實

的選舉分析會導致選舉活動陷入膠著，進而功虧一簣。

Maarek (1995) 也指出在釐清競選方向及選情相關分析之後，候選人便應決定政治行銷選舉策略之執行步驟：

⑴尋找目標群 (Target Search)

政治行銷中所面臨的首要難題便是目標群之搜尋與設定，亦即找尋在選舉活動中最易受媒體訊息影響的選民。政治行銷雖能提高候選人之知名度，但未必保證候選人一定能因此而贏得選舉。事實上，大多數的選民皆不太容易受外在因素而影響其投票意向，這正說明政治行銷與候選人對選民之瞭解與否息息相關，而候選人對於設定選舉活動中的選民目標群是否正確，則決定於對整體選情之評估、選民特性之瞭解、以及能否掌握地方議題。因此，候選人為確保其訊息傳送效益，針對不同選民便可設計出不同之訊息內容，並保留隨時加以修正更改的空間，藉以強化候選人的資訊能被各個選民所接受。

⑵決定競選的主題及形象

當選舉策略已決定競選型態、選舉議題設定、對方可能之選舉策略、以及選戰中所要強調的目標之後，候選人便應決定其競選方針，亦即確認其所要經營的形象及議題方向。在選舉過程中，所有的競選訴求必須具備連貫性，亦即將選舉訴求與個人形象、政見訴求、以及選區特性結合在一起，如此將能增加選民對候選人的認同度。此外，透過政治行銷的過程塑造候選人的獨特性與優越性，以作為與其他同質性高的候選人之區隔，並增加選民第一印象時的選擇權。因此對於候選人的形象設定切勿過於高調或泛道德化，以免造成曲高和寡或可能遭人批評的負面作用。

Mauser (1983) 認為必須先替候選人進行策略性定位，以協助候選人擬定文宣策略並組織競選活動。包括下列幾個步驟：

⑴對候選人之基本背景及政治情勢進行初步分析；

⑵確認競爭對手；

⑶描繪選民認知；

⑷描繪選舉競爭態勢，檢定有關決定、候選人定位特色之假設；

⑸評估不同競選策略。

在鈕則勳 (2001) 文中提及 Philip & Neil (2000) 則以更全面的角度切入，為政治行銷進行整合分析。首先，選民結構等人文區位分析（選民之年齡、教育、收入等）、選舉制度及其關心之議題仍為整體策略擬定的基礎；其次，候選人的優劣勢、機會及威脅亦為左右行銷策略不可或缺之元素。最後，必須區隔各類選民、設定目標群眾、形象定位，並依此風格及形象建構傳播訊息，亦包括各類選舉議題以及解決問題之方案，同時選擇各類媒介進行傳播，期使政治行銷達至加成效果。

Salmore & Salmore (1989) 即曾提出過四種競選策略的基本型態，這些競選策略並非互斥，亦非固定不變，對於政治行銷而言，都是可以交相互補，增加候選人當選的機會：

(1)候選人中心策略 (Candidate-Centered Strategy)

這種策略主要是強調候選人的個人形象以爭取選民的支持。候選人個人的特質，例如經驗、領導、能力、正直、獨立、值得信賴等。這種競選策略最常被運用在臺灣「單記非讓渡投票制」的選舉制度之下，以立法委員的選舉為例，單一選區必須產生兩名以上的當選人，因此候選人必須強調與他人不同的個人形象特質，才能增加當選的機會。

(2)議題中心策略 (Issue-Centered Strategy)

指候選人透過政見訴求，以尋求關心各種議題的選民支持。這種競選策略通常是針對比較「理性」的選民所做的訴求，而這類選民的特徵是，通常不會狂熱的支持某個特定政黨，而且在選舉進行過程中，他們也會認真的比較各候選人的政見，作為投票的依據。

(3)政黨中心策略 (Party-Centered Strategy)

這種策略主要強調候選人所屬的政黨標籤，希望能爭取政黨屬性強、或具有政黨認同傾向選民的支持。這種策略，最適用於選民對政黨認同度高，且該政黨在當地具有得票優勢的選區，而得票優勢可由該選區歷年的得票概況得知。

(4)政績中心策略 (Performance-Centered Strategy)

針對爭取連任的候選人而言，學者提出第四種策略。這種策略強調現任者過去的施政表現、選區服務、地方建設等政績，來左右選民評價候選人的指標。這種策略亦可視為候選人企圖誘導選民，對現任者過去表現的記憶 (Retrospective)、

以及未來可能的展望 (Prospective)，作為投票判斷的基礎。

五、學校行銷

由於社會的變遷多元，教改工作一日千里，傳統的辦學方式，無法趕上知識爆增的時代。因此，在教育市場中必須瞭解顧客的需求，從顧客滿意度中創造雙贏的利潤，無論學校整體運作過程，必須面對變遷的事實，針對市場需求，訂定合理目標，運用有效策略，從回饋中成長。以優良形象，卓越的辦學績效爭取公眾的支持與認同，在多元行銷的社會裡，學校應隨著社會進步而成長。

1.學校行銷定義

彭曉瑩 (2000) 認為「教育行銷」的定義是將行銷觀念應用在學校，是對學校亦進行行銷規劃管理的完整過程。主要分為「內部行銷」與「外部行銷」，其內容重點包含「教育行銷理念」、「學校行銷組合」和「招生推廣策略」三層面，從教育行銷分析、規劃、執行到控制的完成過程，其中教育行銷規劃尚包含：

(1)界定組織使命；

(2)進行情勢分析（亦稱 SWOT 分析）；

(3)訂定教育行銷目標；

(4)訂定教育行銷策略。

本文將行銷觀念應用在學校，指透過學校進行行銷規劃管理、分析、執行、控制的完整過程。包含內容如下：

(1)界定組織使命；

(2)進行情勢分析；

(3)訂定教育行銷目標；

(4)訂定教育行銷策略；

(5)訂定行銷控制。

因此，本文將「學校行銷」定義為：「將行銷觀念應用在學校，透過界定組織使命、進行情勢分析、訂定教育行銷目標、教育行銷策略和行銷控制以達成學校

目標的完整歷程。」

2.學校行銷功能

鄭勵君 (1998) 在探討學校形象時指出「行銷管理」是一個規劃、組織、執行及控制行銷活動的過程。其目的在於有效能的、有效率的使得交易活動更為便捷。尤其今天已是一個推銷掛帥的時代，工商服務業需要推銷，學校更需要推銷。利用行銷手法，將學校形象、學校文化、學校特色、辦學績效等透過大眾傳播媒體等工具讓大眾知道，以便獲得大眾的瞭解、認同、支持，促使學校日新又新，開創更美好的未來。

Connor (1999) 認為學校行銷功能有：

⑴提供學校教師及主管，思索辦學成功的忠告；

⑵提升學校聲譽和民族特性；

⑶給予父母選擇資訊；

⑷招募新生、爭取政府經費支援、募款。

潘春龍 (2000) 指出學校形象行銷基本上是將學校所建立的優良學校文化、學校形象、特色、辦學理念等訊息，透過有效的途徑傳達給家長、社會大眾，以符合家長屬性及滿足其需求，並獲得支持或諒解，以達成學校教育目標。

在林水順、莊英慎 (2000) 文中提及 Smith & Cavusgil (1984) 認為教育單位的行銷至少要與一般的行銷有以下的不同點：

⑴教育的交換過程較一般的商品複雜；

⑵大部分學生與學校只交易一次，且消費者得付出許多金錢以外的價格；

⑶學生們要犧牲許多時間成本、心理成本與其他收入的機會成本；

⑷行銷者應幫助界定學校對學生的要求。

在林水順、莊英慎 (2000) 文中提及 Shapiro (1985) 認為非營利組織的行銷工作本質是：

⑴資源吸引：多數的非營利機構無法從基本收入中維持全部開銷，故此即成為首要工作。

⑵資源分配：因組織特色甚或政策性或多目標等的衝突，故取得的資源如何

分配、怎麼分配、分配多少已是重要課題。

(3)說服工作：是觀念的推廣，說明社會大眾認同該組織的理念散布，支持幫助組織的存在。

本文歸納學校行銷功能包括

(1)提升學校效能與效率；

(2)建立學校形象；

(3)塑造學校文化；

(4)發展學校特色；

(5)建立學校良好聲譽，呈現學校績效；

(6)招收優質或更多的學生；

(7)爭取家長的瞭解與認同；

(8)達成學校教育目標。

3.學校行銷策略組合分析

林水順、莊英慎 (2000) 指出掌握行銷的 4P 理論：產品、價格、通路和推廣，進行策略設計，市場需求必須視策略組合來分析。「非營利組織所推銷的是無形的東西，對顧客而言，這是提供者為他們轉換出來的價值。」

在林水順、莊英慎 (2000) 文中提及 Morgan (1990) 認為，如果行銷者要使其行銷策略與計畫能成功並有效的執行，在發展行銷策略時，必須注意內部行銷與外部行銷是平行且配合的。外部行銷的策略地位與技術，同樣應用於內部行銷，如資源分配、市場區隔、SWOT 分析、4P 決策等。以內部行銷改變態度及行為、取得承諾、改變組織文化。學校管理者經由內部行銷的過程，將學校的理念、政策傳達給工作夥伴（教職員工），期使工作夥伴建立有關的一致價值與信念，這是理念行銷的一種。從企業識別體系的角度而言，亦即「理念識別」；而後，工作夥伴在與顧客和消費者（學生與社會大眾）直接接觸時，經過互動行銷的過程，使顧客與消費者感受到學校教職員工獨特的行為特徵，這是「行為識別」，在此，區別消費者與顧客的不同是必要的，學生可視為購買學校教育服務的「顧客」，然而，當學生畢業後進入社會，卻由社會大眾來「消費」學校教育。因此，顧客與消費

者的差異在此架構中可以表現出來。當然，學校還是可以透過傳統的外部行銷策略，將其所期望建立的形象，以「視覺識別」的方式傳達給顧客及消費者。

特別強調內部行銷與互動行銷的原因，乃是因為顧客與消費者所認知的品質，常是「期望的品質」與「經驗的品質」的差距，如果只是一味地使用外部行銷建立學校形象，提高了「期望的品質」，而沒有使學校提供的服務品質作等量的提升，使得顧客或消費者感受到的「經驗品質」遠低於「期望品質」時，反而對學校的形象不利。這時透過內部行銷教育工作夥伴，使其在交易發生時以互動行銷的方式提升「經驗的品質」，才可確保建立有利的學校形象。

林彥君 (1992) 採用之學校行銷策略有：

(1)行銷研究：包含學生態度調查、離校面談、學生顧問的設置、學校形象的調查、新舊教育課程的市場分析等。

(2)市場區隔與產品設計：有些大學在城市附近開設分校或成立週末學校以吸引上班族，有些大學則為年長者或家庭主婦開設課程。

(3)配銷通路：許多大學不斷的擴充分校，成立教學中心或利用傳播媒體播放課程以吸引更多的學生。

(4)推廣：學校製作一些目錄，說明學校的政策、校規、師資及課程簡介等。

(5)定價：擬定合理的學費政策，使每一門課之成本能與所收費用配合。

林水順、莊英慎 (2000) 指出，非營利機構為了保持及爭取必要的支持，也為了吸引顧客接受其服務，必須注重行銷活動，以促成以下之行銷步驟：分析和選擇目標市場，發展行銷組合策略、產品策略、定位策略、配銷通路策略、促銷策略，廣告和公共報導，人員推銷和推廣活動。最後，非營利行銷的種類包括組織行銷、人物行銷、地區行銷及觀念行銷等四項。

本文分析學校行銷的策略必須涵蓋的內容，說明如下：

(1)從行銷的整體性而言，必須兼顧內部行銷與外部行銷，並重視行銷研究；

(2)訂定行銷策略必須考慮：SWOT 分析、選定目標市場、市場區隔及產品定位；

(3)學校行銷組合：包括產品、促銷、配銷通路、人員、廣告和公共報導等策略；

(4)學校行銷效益分析：重塑組織文化、改變學校形象，進行行銷控制，達成目標使命。

第四節　結　論

　　對於服務行銷的基本理念，多家學派有不同之看法：其一認為基於服務本身獨具的特性與過去以實體產品為主的行銷理念有所不同，故而服務行銷是一項特例，一般的行銷實務無法直接應用。另外，亦有學者認為大部分的行銷理念屬於特定情境且決定於產業本身之特色，因此對於實體產品與服務之行銷而言，僅有一般性的限制，並非完全不同。再者，他派學者指出，服務行銷只是基於行銷原則的應用，並無明顯的主題，因此一般的行銷實務即可將之概括其中。總而言之，服務行銷在理念架構上的定位包含廣泛使用的行銷理念 (Concepts)、方法 (Approaches) 和理論 (Theories)。

　　基於此，關於日後行銷之主要課題，將著重於有關經營組織內與目標顧客的「人員管理」，因為肯定人員對效益的貢獻，對服務行銷而言具有決定性之影響。這也就是所謂的「新行銷運動」，其具有以下特性：

　　⑴著重經營人員與執行人員的管理；

　　⑵強調最終顧客即為管理對象；

　　⑶重視物品和服務的硬體機能；

　　⑷由傳統物品的經營管理方式、內部方式及交互作用方式三者所構成，具有三位一體的結構；

　　⑸基本行銷戰略的企劃階層（高階層）和現場靈活運用戰術的階層（接待專員）必須在組織上有所區別，並強調授權的重要性；

　　⑹行銷對象包含外部顧客和內部人員；

　　⑺包括實體物品和實體服務，整合為硬體與軟體的機能概念。

　　綜合以上各學派之說法，可知服務業行銷是由以物品為主體的「外部行銷」（傳統行銷 4P：產品、價格、推廣與通路）、以人性能力與管理因素為主的「內部行銷」，和以顧客與服務者溝通互動為主的「互動行銷」所構成，是一整體性的行銷概念。

　　本文敘述行銷管理在產業之應用，包括旅遊業行銷、醫療行銷、運動行銷、

政治行銷與學校行銷，希望能將行銷管理之理論應用於實務上，期能真正結合理論與實務，進而解決實際上所遭遇的問題。

思考與討論

1. 試論述你認為的服務業有哪些？這些產業與製造業的最大不同點為何？行銷策略上應有何不同的思考？
2. 試以政治行銷為例，舉出臺灣立法委員的選舉，有哪些行銷策略可應用？
3. 你認為服務業的無形性、不可分割性、異質性等特點，對於行銷管理而言，有何重要性？而服務業如何就此特性進行行銷活動？

參考文獻

1. 臺北市政府建設局環境生態網：http://www.dortp.gov.tw (2004/2/10).
2. 交通部網站：http://www.motc.gov.tw (2004/2/15).
3. 林水順、莊英慎 (2000)，〈技職學院行銷作為與特性認知分析——以國立勤益技術學院會為例〉，《中華管理學報》，第 1 期，第 1 卷，第 33–53 頁。
4. 林彥君 (1992)，《行銷概念應用於我國公共圖書館之探討》，漢美。
5. 周逸衡 (1992)，〈服務行銷策略比較之研究——以利益持續時間及服務客體為分類基礎〉，國科會計畫。
6. 周怡秀 (2004)，〈行銷水晶球〉，《經濟日報》，3 月 10 日。
7. 洪順慶 (1999)，《行銷管理》，新陸書局。
8. 徐亨達 (2001)，〈公立 (營) 機構績效不振因素分析兼論署立醫院突破困境因應之道〉，《醫務管理》，第 2 期，第 3 卷，第 47–48 頁。
9. 徐茂恭 (2003)，〈套裝旅遊滿意度與顧客再次旅訪意願之研究——以臺灣環島鐵路旅遊聯營中心為例〉，東吳大學企業管理學系碩士論文。
10. 孫顯鋒 (2000)，〈國立大學校院實施校務基金後對運動場館使用影響之探討〉，《大專

體育學刊》，第 48 期，第 115-120 頁。

11. 張永誠 (1991)，《選戰造勢：造勢是選戰成功的不二法門》，遠流。

12. 陳秋旭 (1998)，〈1992 年美國總統大選柯林頓競選策略之研究：政治行銷之概念與實踐〉，淡江大學美國研究所碩士論文。

13. 陳鴻基 (1995)，《選舉行銷戰》，正中書局。

14. 黃金柱 (1992)，《體育運動策略性行銷》，師大書苑。

15. 鈕則勳 (2001)，〈總統候選人之競選傳播策略：以公元 2000 年我國總統大選為例〉，政治大學政治研究所博士論文。

16. 彭曉瑩 (2000)，〈師範校院教育行銷現況、困境及發展策略之研究〉，國立臺南師範學院國民教育研究所碩士論文。

17. 鄭自隆 (1992)，《競選文宣策略：廣告、傳播與政治行銷》，遠流。

18. 鄭勵君 (1998)，〈學校形象之行銷管理與策略淺析〉，《高市文教》，第 55-59 頁。

19. 潘春龍 (2000)，〈學校經營另一章——學校形象管理〉，國立屏東師範學院研究所報告。

20. Beckwith, Harry (1997), *Selling the Invisible*, Warner Books, Inc.

21. Booms, Bernard H., and Mary Jo Binter (1981), "Marketing Strategies and Organizational Structures for Service Firms," in James H. Donnelly and William R. George eds., *Marketing of Services*, Chicago: American Marketing Association, pp. 47–51.

22. Brantes, F. S., and R. S. Galvin (2001), "Creating, Connecting and Supporting Active Consumers," *International Journal of Medical Marketing*, 2, pp. 73–80.

23. Carman, James M., and Eric Langeard (1980), "Growth Strategies for Services Firms Strategic," *Management Journal*, January-March, pp. 7–22.

24. Connor, C. Michael (1999), *Marketing Strategic One School's Success Story Independent School*, Vol. 58, 3.

25. Davis, D. L., J. P. Guilitinan, and W. P. Jones (1979), "Service Characteristics, Consumer Search, and the Classification of Retail Services," *Journal of Retailing*, Vol. 55, 3, pp. 3–23.

26. Douvis, J., and S. Douvis (2000), "A Review of the Research Areas in the Field of Sport Marketing: Foundations, Current Trends, Future Directions."

27. Edgett, Scott, and Stephen Parkinson (1993), "Marketing for Service Industries–A Review," *Services Industries Journal*, Vol. 13, 3, pp. 19–39.

28. Eillis, Brien, and Jeannie S. Mosher (1993), "Six Ps for Four Characteristics: A Complete Positioning Strategy for the Professional Services Firm-CPA's," *Journal of Professional Services Marketing*, Vol. 9, 1, pp. 129–145.

29. George, William R. (1977), "The Retailing of Services-A Challenging Future," *Journal of Retailing*, Vol. 53, 3, pp. 85–97.

30. Cronroos, C. (1982), "A Applied Service Marketing," *Theory European Journal of Marketing*, Vol. 16, 36.

31. Grove, S. J., and R. P. Fisk (1983), "The Dramaturgy of Service Exchange: An Analytical Framework for Service Marketing in Emerging Perspective on Services Marketing," in L. L. Berry, G. L. Shocstack and G. D. Upah eds., *Emerging Perspectives on Services Marketing*, Chicago: American Marketing Association.

32. Hostage, G. M. (1975), "Quality Control in a Service Business," *Harvard Business Review*, July-August, pp. 98–106.

33. Johnson, Eugene M. (1970), *The Selling of Service Handbook of Modern Marketing*, Section 12, New York: McGraw-Hill Book Co., pp. 110–121.

34. Kesler, L. (1979), "Man Created Ads in Sport's Own Image," *Successful Sport Management*.

35. Kotler, P. (1985), "Overview of Political Candidate Marketing," *Political Marketing: Reading and Annotated Bibliography*. Chicago: American Marketing Association.

36. Kotler, Philip (1996), *Marketing Management: Analysis, Planning, Implementation, and Control*, 9th ed., New Jersey: Prentice Hall.

37. Levitt, T. (1972), "Production-Line Approach to Service," *Harvard Business Review*, September-October, pp. 41–52.

38. Maarek, P. J. (1995), *Political Marketing and Communication*, London: John Libbey.

39. Mauser, G. A. (1983), *Political Marketing: An Approach to Campaign Strategy*, New York: Praeger.

40. Mullin, B. J. (1985), "Characteristics of Sport Marketing," in G. Lewis and H. Appenzeller eds., *Successful Sport Management*, Charlottesville, VA: The Michie Co, pp. 101–122.

41. Mullin, B. J., S. Hardy, and W. A. Sutton (1993), *Sport Marketing*, Champaign: Human

Kinetics.

42. O'Shaughnessy, N. (1990), *The Phenomenon of Political Marketing*, New York: St. Martin's Press.

43. Parasuraman, A., V. A. Zeithaml, and L. L. Berry (1985), "A Conceptual Model of Service Quality and Its Implications for Future Research," *Journal of Marketing Research*, Vol. 48, 6, pp. 41–50.

44. Pitts, B. G., and D. K. Stotlar (1996), *Fundamentals of Sport Marketing*, Morgantown: Fitness Information Technology.

45. Salmore, S. A., and B. G. Salmore (1989), *Candidates, Parties, and Campaigns: Electoral Politics in America*, Washington, DC: Congressional Quarterly.

46. Sasser, W. Earl (1976), "Matching Supply and Demand in Service Industries," Harvard Business Review, November-December, pp. 133–140.

47. Schmitt, B. H. (1999), *Experiential Marketing: How to Get Customers to Sense, Feel, Think, Act and Relate to Your Company and Brand*, Simon & Schuster, Inc.

48. Shank, M. D. (1999), *Sports Marketing: A Strategic Perspective*, New Jersey: Prentice Hall.

49. Shocstack, G. Lynn (1977), "Breaking Free from Product Marketing," *Journal of Marketing*, Vol. 41, 2, pp. 77–80.

50. Stotlar, D. K. (1993), *Successful Sport Marketing*, Kerper Boulevard, Dubuque, IA: Wm. C. Brown Communications.

51. Zeithaml, Valarie A. (1981), "How Consumer Evaluation Processes Differ between Goods and Services," in James H. Donnelly and William R. George eds., *Marketing of Services*, Chicago: American Marketing Association.

52. Zeithaml, V. A., A. Parasuraman, and L. L. Berry (1985), "Problems and Strategies in Services Marketing," *Journal of Marketing*, Vol. 49, Spring, pp. 33–46.

53. Zeithaml, Valarie A., and Mary Jo Binter (1996), *Service Marketing*, New York: Mcgraw-Hill.

54. Zeithaml, V. A., and L. L. Berry (2000), *Service Marketing: Integrating Customer Focus Across the Firm*, New York: McGraw-Hill.

第十四章

新興行銷議題

學習目標

1. 瞭解直效行銷、資料庫行銷、行銷策略聯盟及綠色行銷的內容及其重點
2. 瞭解其他新興行銷議題，包括病毒式行銷、置入性行銷、體驗行銷及情緒體驗行銷等

實務案例

國內最大連鎖飯店——中信大飯店，目前在臺灣有十三家飯店，其觸角並延伸至海外，於大陸崑山與美國皆有連鎖飯店，為進一步強化顧客關係管理及數位行銷的應用，中信飯店導入一套互動式資料庫行銷系統，希望運用網站的運作與資料庫行銷的方式，提供給顧客更貼心的服務，並提高飯店之住房率。

中信飯店網站除了有令人耳目一新的風格之外，更重要的是隱藏於背後的完整資料庫行銷系統的建置，可高效率地進行顧客／會員資料建立與管理，透過網站追蹤分析系統，就前端網頁設計、內容規劃與瀏覽動線的安排上不僅可以透過分析而更有效益，對行銷及管理人員來說，更可透過顧客彙總分析系統，將其顧客／會員資料、瀏覽行為、活動參與情況，與外部交易資料連結，而對顧客／會員做完整性的偏好分析，有效地進行進一步的交叉銷售及進階銷售，並維繫顧客關係。新網站亦結合社群管理系統，以培養會員對網站的忠誠度，並且建立未來分群行銷基礎。此次網站另外需一提的特色是餐飲 EC 的建置，中信是目前國內少數有提供線上訂餐服務的飯店，未來中信飯店網站更推出網上訂位服務，讓消費者在特定的節日不用排隊就能輕鬆享受中信美食，帶給會員更即時更便利的服務。

中信飯店利用電子郵件行銷機制，針對其目標客戶群進行有效的行銷，並以線上相關數據作為往後設計活動的基準，在固定時間或視特別需求進行電子報的改版，而以意見分析調查作為修正基礎。持續發送電子報，提供各館最新住房、餐飲優惠訊息、週休二日專家玩法等新訊息給予顧客參考。並且透過個別顧客的閱覽及點選行為，分析個別顧客的偏好，進而進行主動行銷。藉由行銷分析報告的相關數據掌握訂房率及淡旺季，以做出有效的行銷決策，並且提升了其線上訂房率。

行銷觀念在近幾年逐漸的轉型及採用，企業已從原本以生產為營運方向的運作方式轉變成以行銷為導向的顧客價值創造，如此概念的轉換也造就出許多行銷策略的應用及發展，亦即以行銷核心概念為發展方向的各種行銷應用手法及策略，這些手法的執行常伴隨著產業的趨勢、社會型態轉變、科技的進步、理念的思維、消費者心理等概念的變化而建構出來。

典功資訊網站，http://www.migosoft.com (2004/3/27).

在前面幾個章節皆在探討行銷管理的核心概念，本章節將以行銷在目前市場上應用的幾個重要的行銷議題，如：直效行銷、資料庫行銷、行銷策略聯盟、綠色行銷等來加以探討，進一步瞭解這些行銷議題所能夠帶來的行銷價值。

第一節　直效行銷

一、直效行銷定義

特洛伊工作小組 (1997) 強調若將直效行銷單純視為一張附有折價券的傳單、免費的消費者服務熱線、郵購、電話促銷伎倆，或是網際網路站臺的話，就大錯特錯了，它真正的意涵應在於企業如何贏得並維繫寶貴的客戶群。Kobs (1992) 認為直效行銷是使用媒體來傳遞訊息，它可以是訊息的提供者，是一種行銷通路或宣傳的方式，因此他認為直效行銷最重要的兩個概念是：直接與回應行動，簡單的說，直效行銷是透過直接的廣告訊息給消費者，並讓這群消費者可以採立即回應方式的行銷方式，它通常包含創造一個可以有回應的資料庫。Rapp & Collins (1990) 認為直效行銷是透過反應式廣告，將產品服務及資訊送達目標消費者，並且記錄在電腦的資料庫中，後續追蹤業績及消費者興趣和需求。此定義認為直效行銷透過直接回應的廣告，包含了直接關係行銷與直接訂購行銷兩種方式，亦即是買方和賣方直接交易而不需透過居中的銷售人員或零售商，並強調資料庫的建立，可以用以瞭解客戶的需求以及分析直效行銷的成效。因此他們認為直效行銷也可稱為「直接訂購行銷」或是「直接關係行銷」。但在此定義之下，直接回應的廣告和利用銷售人員或經紀商來管理客戶檔案的公司，都不能包括在直效行銷的範圍之內。曾任英國直效行銷協會主席的 McCorkell (1997) 由資料庫導向來剖析直效行銷的發展歷程，並定義出：直效行銷是記錄個別消費者回應和交易，以及利用資料做出鎖定目標、執行和控制的一連串行動，並用以建立、發展和延伸與良好客戶之間的關係。這個定義也道出了直效行銷不僅是廣告郵件或是和客戶的溝通，而是包括鎖定目標客戶群、溝通、控制和持續性的一連串規則的活動。

二、直效行銷種類

Jay (1998) 表示在 1990 年以後，直效行銷是行銷的利器，它是準確的對目標客戶進行大規模行銷，若運用得當將是成本最有效的方式。直效行銷是任何一種不透過中間者、代理商、批發商而可以直接與消費者接觸的行銷，它包括了：

⑴直接反應廣告 (Direct Response Advertise)；

⑵直接可以和讀者立即接觸，如電話、信函、彩券；

⑶直接信函 (Direct Mail; DM)；

⑷將廣告信函寄至特定或期望的客戶家中；

⑸郵購 (Mail Order)；

⑹將型錄或產品直接寄給消費者；

⑺電話行銷 (Telmarketing)；

⑻以電話直接行銷產品或作為行銷的輔助工具；

⑼逐戶行銷 (Door-to-Door Marketing)；

⑽將廣告信函投入住戶的信箱。

除了以上的直銷種類之外還包括有電視購物行銷、電子商務直銷、多層次傳銷等。楊世凡 (1999) 針對直效行銷通路之一的直接信函 (Direct Mail; DM) 之特色做出評論，指出 DM 有以下六個特點：

⑴直接信函能創造回應；

⑵直接信函能增加顧客；

⑶直接信函可依業務的需求來量身訂製；

⑷直接信函可精確測量成本與效益；

⑸直接信函能用以測試消費者偏好；

⑹直接信函所需預算評估明確，可方便行銷企劃上的運作及執行：直接信函的預算評估容易，例如：每份直接信函所需的成本為 50 元，則共發放一千份，所需經費為 50,000 元，因此行銷企劃在評估預算的時候，其可以相當有效的評估出所需的預算費用為多少，對於行銷企劃的運作是相當有利的。

第二節 資料庫行銷

一、資料庫行銷的定義

　　Kotler (2000) 認為:「資料庫行銷」是指建立及維持顧客關係的過程,並使用顧客資料庫與其他資料庫 (有關產品、供應商及中間商等資料),來達到接觸顧客並與之交易的目的。Joseph & Lackman (1999) 則認為:「資料庫行銷」是在傳統決策系統之外,利用公司資料庫內各種可得的資訊與外部的有用訊息,改善並提升行銷成效的作法,藉由蒐集與顧客相關的資料,來滿足組織對於行銷資訊的需求。王泱琳、黃治蘋 (2000) 更解釋:「資料庫行銷」是一套中央資料庫系統,用來儲存有關企業與顧客的所有資訊,目的不在於獲得或是儲存資訊,而是用來規劃個人化的溝通管道,以創造銷售業績,其中整合與業務相關的顧客資料,和提高顧客終身價值的能力,乃是支持此系統策略價值的驅動力量。

　　由以上學者的定義即可得知,資料庫行銷是利用中央資料庫系統,蒐集現在或以前的顧客之人口統計變量、生活型態、消費者偏好、品味、購買行為的資料,從中找出每位顧客的價值,進而採行行銷策略的方法,提供顧客較佳的產品或服務,並與顧客建立良好的長期關係。

二、資料庫行銷的執行步驟

　　李宗龍 (2001) 指出發展資料庫行銷計畫的要點,其內容如下:

㈠企業需求分析 (Corporate Needs Analysis)

　　這是第一步可能也是最重要的一步,它決定資料庫的使用方向、功能以及適切性。而分析的另一個議題則在於是誰要來使用該資料庫系統,以及它該包括怎樣的資料,同時必須決定要用哪種方法來發展資料庫,是要自行發展或是外包,

這會影響到未來行銷程序的維持、更新以及執行。

㈡蒐集資料 (Compiling Data)

一般而言，資訊來源可分為內部及外部資料：

(1)內部資料：內部資料的型態包括顧客姓名、地址、電話號碼、主要人口統計變數、過去交易歷史包括 RFM （購買日期、購買頻率、購買金額），以及付款歷史等。在 B2B 資料庫中，還會包括員工人數、購買的偏好、購買者的姓名、頭銜及相關資訊。

(2)外部資料：外部資料包括已彙編的資料（如：總體的人口統計資訊）、行為資料（如：購買型態），及模型資料（如：預測交易行為的模式）。

㈢初步分析 (Initial Analysis)

資料庫系統是由知識、資源以及創造力所構成，必須將個別不重要的資料轉變成有用的資訊才有意義。二種方法將有助於達成這項任務，一是利益分析 (Profitability Analysis) 即顧客價值分析：計算每位顧客對公司的貢獻。另一項是趨勢分析 (Trends Analysis)：用前一項分析做基礎，去分辨不同群體的特徵屬性。這種分析有助於行銷人員更有效率地對高貢獻顧客設計行銷活動。

㈣定義市場 (Defining the Market)

資料庫模型有助於依據現有及潛在顧客的分析尋找市場機會。透過各種分析來找出最有價值的顧客，之後廠商可以決定是否要減少或中斷對低獲利顧客群的行銷活動。

㈤發展行銷計畫 (Developing the Marketing Programs)

也許發展行銷計畫的最佳資訊來源是過去的績效。不論是企業本身成功或失敗的經驗，或其他企業的經驗，都可提供有價值的建議。最主要是能辨識出哪一種行銷計畫能產生怎樣的產出。其中有許多該做或不該做的準則有助於引導成果，而這些都可以從過去的經驗中學習。

㈥追蹤結果及趨勢 (Tracking Results and Trends)

資料庫行銷比起傳統的行銷，最大優勢在於創造了回饋途徑 (Feedback Loop)，另一項優勢在於可藉由歷史交易資料找出顧客，甚至求出循環的銷售型態。最後就是可以有效追蹤所有成功的直效行銷案例。

三、資料庫行銷執行方法

資料挖掘 (Data Mining) 技術是執行資料庫行銷時常見的方法之一，所謂資料挖掘，Han & Kamber (2000) 指出是從儲存在資料庫、資料倉儲或其他資訊儲存體的大量資料中，發現有趣特徵的過程，其應用步驟如下：

(1)資料清理 (Data Cleaning)：移除雜訊 (Noise) 和不一致的資料。

(2)資料整合 (Data Integration)：整合不同的資料來源。

(3)資料選擇 (Data Selection)：從資料庫或資料倉儲中選取與研究主題相關的資料。

(4)資料轉換 (Data Transformation)：將目標資料轉換成適合做分析用的資料型態，以利於挖掘進行。

(5)資料挖掘 (Data Mining)：應用資料挖掘技術萃取資料的型樣。

(6)型樣評估 (Pattern Evaluation)：利用衡量指標判定有用的型樣。

(7)知識呈現 (Knowledge Presentation)：利用視覺化 (Visualization) 與其他技術，將挖掘出來的知識呈現給使用者。

除了資料挖掘技術外，在其他分析方法方面，Berry & Linoff (1997) 指出常見的分析方法有以下幾個：

(1)購物籃分析：「同質分組」的一種形式，著眼點在於找出可以一起販售的商品組合，它能顯示商品組合的售出率有多高並且形成規則。當交易是非匿名時，它可以進行跨時性分析。

(2)群集分析：針對要分析的資料，利用幾何學、統計、類神經網路等方法，將資料分成多個群內同質、群間異質的群組，使各群組的特徵能有效突顯

出來。

(3)決策樹：主要用在資料分類上，它能將資料集的紀錄區分為獨立的子群，每一子群都有自己的規律，彼此是互斥的。同時在樹的發展過程中，獲得清楚易懂的分類規則並找出關鍵屬性。

(4)類神經網路 (Neural Network)：一種平行分散式的計算模式，以大量簡單的相連人工神經元，模仿生物神經網路的資訊處理系統，使電腦能夠模擬人類的神經系統結構，進行資料的處理。

(5)基因演算法：應用選擇、雜交、突變等物競天擇和基因演化的機制，將此機制結合電腦語言，經過世代繁衍，得到最後留下的最佳下一代，即最適方案，通常用在找尋預測功能的最佳參數決定上。

四、資料庫行銷之效益

Kotler (2000) 指出，資料庫行銷應具有下列效益：

(一)確認潛在顧客

企業可以建立模型，將資料庫中的資料納入分析，以確認最佳的潛在顧客，然後以個人訪談、電話或郵寄信函等方式來接觸他們，希望將其轉變為客戶。

(二)決定哪些顧客可獲得某特定的提供物

企業在描述某提供物的理想目標顧客時，需建立一些標準。根據此準則搜尋其顧客資料庫，以找出與理想類型最相似的顧客。這樣的作法，可以為企業指出哪些是有利可圖的顧客，哪些則不是。由此可進行複雜的行銷組合與服務成本之比較分析，以留住那些可以為公司帶來利潤的個別顧客。

(三)加強顧客忠誠度

企業可以藉由分析資料庫，瞭解顧客的不同偏好，進而提供可以引起其興趣與熱情的提供物；包括寄送貼心的小禮物、折價券及有趣的閱讀資料等。

㈣提高顧客的再購率

企業可以安裝自動郵寄程式，寄送生日卡、週年紀念卡或淡季的促銷活動等給公司資料庫中的顧客，讓顧客感覺到公司有注意並關懷他們，自然就能達到提高顧客再購率的效果。

Stone, Woodcock & Wilson (1996) 認為，從資料庫行銷接觸個別顧客的特性，使其能夠達到下列行銷功能：

⑴更精確瞄準產品的行銷對象與衡量風險；

⑵確保顧客忠誠度，避免競爭的風險；

⑶辨認最有可能購買新產品與服務的顧客；

⑷提高銷售效率；

⑸為傳統的銷售方式提供更低成本的新方案；

⑹使行銷活動的績效更容易量化；

⑺改善產品、通路、廣告與促銷活動等，並提供更好的連結；

⑻能夠在任何時點，提供顧客相關的資訊，因此能改進對顧客服務的品質；

⑼協同行銷過程中影響顧客的各種因素，達成完全的關係行銷。

此外根據林慧晶 (1997) 的研究指出，資料庫行銷功能可分為以下四個部分：

㈠進行顧客價值分析

資料庫行銷最主要的功能，是針對顧客進行價值分析。傳統上，雖然企業可以很清楚知道每日的銷售額有多少，但是卻很難將個別顧客與銷售情況做連結。而透過資料庫行銷的協助，企業可以很容易地對顧客進行價值分析，並針對不同價值的顧客進行不同的資源分配，以及採取不同的行銷策略。

㈡計算顧客終身價值

根據張倩茜 (2001) 所言：「所謂顧客終身價值 (Customer Lifetime Value)，是指在未來一段時間之內，企業或廠商可以從個別顧客獲得之利潤的淨現值。」而藉由資料庫行銷，企業可以依據資料庫中顧客的購買記錄，計算每位顧客可能貢獻

於企業的終身價值。透過顧客終身價值的計算，企業除了可以預測未來的營收情況外，還可以確認顧客價值的高低，從而分配不同的企業資源於不同價值的顧客身上。

(三)進行向上銷售 (Up-Selling) 與交叉銷售 (Cross-Selling)

所謂的向上銷售，是指企業可以針對顧客目前所購買的產品項目，推測其往後可能會需要的品項。所謂的交叉銷售，是指針對顧客目前所購買的產品項目，進行相關產品的銷售服務。因此，針對資料庫中顧客的購買品項記錄加以分析，企業可以很輕易地達到向上銷售和交叉銷售的目的。

(四)作為行銷決策支援系統

行銷決策支援系統（Marketing Decision Support System; MDSS），是指將顧客的購買記錄放入模型分析，再利用模型分析的結果配合專家知識，使決策者能作出有利的決策。由此可知，顧客資料與模型分析是資料庫行銷的二大要素。因此資料庫行銷的功能並不止於幫助企業管理顧客，更重要的是可以作為企業的行銷決策支援系統。

第三節　策略性行銷聯盟

臺灣早期的經濟發展與製造業有著緊密的關聯性，製造業過去對於臺灣創造就業擴張與外銷出口有重大的貢獻，不僅使臺灣的經濟起飛，更創造出臺灣在國際上的名聲，然而近來國內外經濟變化劇烈，全球的運作已從原本製造導向轉變為市場導向，這使得整個製造產業面臨轉型的壓力。

由於臺灣早期的企業家都憑藉著自身的實力，踏實地從工廠學習老師傅的指導，從實務的操作經驗中學習，或者是繼承家業等方式來起家的，較為強調家族企業或少數人合夥等方式來自行開創企業，這造成臺灣的製造業大都為中小企業的現象，然而臺灣屬於貿易頻繁的國家，現今製造業的運作模式大多是尋求國際廠商的定單，然後代工生產，而大部分的國際廠商都是大型企業，對於控制主動

權的力量相當大，這對於臺灣中小企業製造業無疑是個嚴重的問題，為了瞭解此種問題，行銷策略聯盟的運作方式將會是個可行的方法。

一、行銷策略聯盟之運作

製造業行銷聯盟是結合產業間的廠商，以行銷為導向，結合各廠商的製造優勢，並彌補製造業在行銷上的不足，所形成的合作營運模式，此模式是透過製造業彼此間的縱向整合，以結合同業間的力量，建立廠商間的整合優勢，在與上游國際廠商的定單協商上，以得到應有的權益以及利潤，此外並藉由行銷公司的橫向整合，將製造業與行銷串聯在一起，形成具有附加價值的產銷價值鏈，以提高製造業的邊際利潤，開創市場以及爭取定單，由於臺灣製造商大多為中小企業，因此在協商及行銷價值的創造上處於被動的情形，唯有整合其雙向的力量，創造附加價值，才可發揮臺灣製造業應有的優勢；而在運作此模式時，會涉及到二個重要的構面，第一為廠商間之縱向整合的合作關係，第二為製造與行銷之橫向整合的運作，此兩構面是製造業行銷聯盟是否能創造優勢的重要思考點。

二、廠商間之縱向整合關係

由於廠商與廠商間原本為獨立經營的個體，如果加入製造業行銷聯盟之後，勢必需以合作的形式出現，否則若仍是以自我利益來思考整個營運，彼此不分享資訊，很容易造成合作瓦解的結果，因此在合作的機制上，各廠商必須破除以往各自為政的經營模式，改成以夥伴的關係來相互合作提攜，如此才能運作順利。然而，在合作的過程當中，往往會因為許多因素而影響協調機制的順利運作，以下便針對各細部問題加以敘述之。

1.廠商與廠商間之內部協調

每個廠商都有自己的經營運作模式，其組織文化及型態也可能稍有差異，因此在經營理念上、行政上、處理的模式上可能都會有所不同，這些製造商成立製

造業行銷聯盟之後，想必會有理念不合的情形產生，其合作的廠商容易因觀念不一致而產生衝突。

2.廠商與廠商間之定單處理

由於每個廠商都各自有自己的上游廠商，有些或許是同一家上游廠商，有些則可能為不同家，若是同一家上游廠商，合併後可能因整合而加強下游廠商的力量，若為不同家的上游廠商，合併後的定單反而會因為各廠商爭取同一家定單而產生爭執，變成相互競爭的狀況。

3.廠商與廠商間之力量關係

廠商與廠商間在營運規模、知名度以及能力上有明顯差異時，可能會產生彼此間合作機制的問題；如果某製造商的知名度較高，經營較為完善，生產規模大，對於其他欲加盟的製造商之資格上，要求會較高，不喜歡因為其他製造商的加入，而有被利用的感覺；反之若某製造商的知名度較低，規模較不大，往往希望能夠與知名度較高的製造商搭配，建立合作的機制。

三、製造與行銷之橫向整合運作

由於製造業之縱向整合仍是製造業，所創造的優勢是元件間的整合以及力量的形成，並沒辦法傳達出行銷的價值，因此製造與行銷要達到橫向整合，則必須成立一家行銷公司來為縱向整合製造商建立行銷價值，而這家製造業同業成立之行銷公司在與製造業相互運作時，應考慮幾個狀況，如下所述。

1.製造業同業成立之行銷公司的定位

製造業同業成立之行銷公司是為了創造出行銷價值所成立的公司，因此此公司必須要能夠瞭解自己所處的定位以及各縱向廠商的優勢，如此才能夠找出可創造價值之處，然而，由於各縱向廠商皆有其自己特色以及定位，因此在整合製造業廠商上，反而會因為製造業廠商的整合，而產生定位模糊的情形，進而造成製

造業同業成立之行銷公司的定位混淆的現象。

2.製造業同業成立之行銷公司與縱向製造商間的關係

由於製造業同業成立之行銷公司的運作是協助各縱向廠商的市場開拓以及行銷價值創造，因此是為所有縱向廠商來服務的行銷公司，並非為特定製造商來服務，假若這家行銷公司與某製造商在私底下有暗自交易，如此可能會造成行銷公司的行為偏頗，並被某製造商所控制的情形產生。

四、製造業同業成立之行銷公司運作方式及其所扮演的角色

藉由以上對製造業行銷聯盟可能會產生的協調機制問題之說明得知，製造業行銷聯盟雖然是以整合為目標，但實際在整合上卻存在許多難題需要解決，包括：縱向面以及橫向面等兩構面，要解決此問題，製造業同業成立之行銷公司便是個相當具有潛力的解決之鑰。由於在整個製造業的運作當中，缺乏第三者加以管理、協調、溝通，因此會產生縱向難以整合的狀況，橫向的結合上也往往因為製造商與行銷公司間的關係而產生問題；由於不管是從縱向的缺乏第三者抑或是橫向的製造與行銷公司之關係上，都與製造業同業成立之行銷公司產生關聯，因此解決關鍵點亦即在於製造業同業成立之行銷公司的經營管理之運作上及其所扮演的角色。

為了讓製造業行銷聯盟能夠有效整合及運轉，此行銷公司須以整體面的角度來管理製造業行銷聯盟，製造業同業成立之行銷公司不但需要負責整合的工作，更要創造行銷價值，在此針對製造業同業成立之行銷公司之投資、行銷人員之選擇與管理、市場開拓及定單處理以及行銷價值創造來說明其運作。

1.製造業同業成立之行銷公司的投資

製造業同業成立之行銷公司是由各縱向的製造商所共同出資成立的，其出資的股權須依照廠商成立年份長短、員工人數、經營績效等評估指標來分配投資權

重，讓經營較為完善、組織運作較為完整的廠商能夠享有應有的權利及利益，並帶領整個同業升級，如此便能夠有效解決廠商與廠商間因力量的不一致而產生合作機制運作的問題。

2.行銷人員之選擇與管理

行銷人員的選擇上，為了避免製造商與行銷公司私底下暗自交易的行為，因此行銷人員不得與製造商的人員有相當程度上的關係，例如：親戚、好友、夫妻等，即使有也不得是行銷公司的主要決策者或重要的管理者，否則勢必會有不公平的行為產生。而在行銷人員之運作上，為了能夠有效整合縱向製造商，因此必須實行行銷人員輪調的政策，行銷人員必須到各縱向製造商實習，去瞭解每個製造商之組織文化與氣候，藉由輪調的方式找出適當的整合機制，並且得知各廠商之特色及優勢。

3.市場開拓以及定單處理

製造業同業成立之行銷公司瞭解其各縱向製造商之特色及優勢後，必須思考在整合之下，製造商應該會有怎樣的定位 (Positioning)，亦即分析各公司之特色來創造出應有的定位，行銷公司再藉由此定位來塑造出形象，並且分析目前的國際市場，找出市場區隔 (Segment)，最後選擇合適的目標市場 (Target Market) 來發展，此目標市場將能夠發揮出製造業行銷聯盟之整合優勢以及行銷價值。在定單處理上，則統籌由行銷公司來處理，以避免縱向的製造業公司相互競爭的情形。

4.行銷價值創造

當製造業同業成立之行銷公司透過行銷人員的輪調瞭解每家製造商之優勢後，亦即可以針對各製造商的營運模式、專長來做優劣勢的分析，以找出整合後的製造商之關鍵性競爭優勢，此關鍵性競爭優勢是有價值的、難以替代，並且是其他競爭者所無法模仿的，如此的優勢藉由行銷的策略來創造出價值，行銷公司再藉由此種行銷價值之優勢進一步地在目標市場中，與國際大廠來協商定單事宜。

總而言之，製造業同業成立之行銷公司在整個製造業行銷聯盟當中扮演著整

合、協調、聯盟優勢分析、價值創造以及推導整個聯盟運作等重要的角色。由於製造業同業成立之行銷公司影響到縱向與橫向整合，因此如何運作製造業同業成立之行銷公司便是讓整個製造業行銷聯盟成功運轉的關鍵因素，透過製造業同業成立的行銷公司之股權分配，以及行銷人員的選擇來使製造業與行銷公司間能夠有效運作，再藉由製造業同業成立之行銷公司之第三者特性來整合整個縱向關係，最後再運用行銷人員輪調的方式來瞭解各製造商間的優劣勢，創造出製造業的行銷價值；在這種運作模式下所強調並非結合力量去與國際大廠抗衡，而是結合力量來創造出應有的價值，以賺取應得的利潤，因此是一種價值擴散之概念，獲利的是上、下游雙方，這亦即為製造業同業成立之行銷公司在營運上所必須要有的思維方向。

第四節　綠色行銷

一、綠色產品

梁錦琳、陳雅玲 (1993) 將綠色產品定義為「凡產品或服務對環境及社會品質的表現，比傳統或競爭品牌所能提供的有明顯優異者。」且其將綠色產品分為「絕對的綠色產品」與「相對的綠色產品」此兩類。

綠色產品的概念將會在未來實際行銷時，影響消費者行為及其看法，因此現在要有效衡量產品的表現是否具有特色，除了主要表現、技術表現、策略表現此三個方面外，產品中第四個層面的表現——綠色表現將更形重要。而評估一項產品的綠色表現時，可從其是否維持環境的永續性及是否對社會負責任來評量。同時為了評估綠色產品表現比傳統或競爭品牌為佳，而且尋找出可以改進的地方，則可利用綠色表現矩陣來做檢試如表 14–1 所示：

我國行政院環保署 (2003) 對綠色產品 (環保產品) 所下的定義為：「產品於原料的取得、產品的製造、銷售、使用及廢棄處理過程中，具有『可回收、低污染、省資源』等功能或理念的產品。」其即是說明了綠色產品是從產品生命週期的開始

表 14-1　產品綠色表現矩陣

產品屬性	比較產品綠色化的表現				
	最　佳	較　佳	中　上	尚　可	差
原　料					
能源有效性					
垃　圾					
污　染					
包　裝					
生命週期					
重複使用性					
回收力					
消費者行為反應					
與綠色的連結性					
社會經濟的影響					

資料來源：梁錦琳、陳雅玲合譯 (1993)，Ken Peattie 著，《綠色行銷：
化危機為商機的經營趨勢》，牛頓，第 254 頁，表 11-1。

到結束，都要能夠儘量有效地利用資源且減少對環境的破壞。

中華民國環境保護暨綠色生產推廣協會則將綠色產品分為：「環保標章產品」以及「綠色商品」此兩類產品。「環保標章產品」是通過行政院環保署之環保檢驗後，廠商在通過檢核產品印上「環保標章」之字樣，如圖 14-1 所示。

圖 14-1　環保標章

而「綠色商品」則為未取得環保標章，但商品從其產品的生命週期開始到結

束，能夠儘量有效地利用資源且減少對環境的破壞，使其有環保意識、使用天然
資源、減少對環境破壞或是有環保資料的商品。而中華民國環境保護暨綠色生產
推廣協會對綠色產品的解釋定義為：

(1)使用時可節省資源的商品；

(2)可填充再使用的商品；

(3)不會產生放射性的商品；

(4)有助於健康的商品；

(5)能達到垃圾減量的商品；

(6)可再生使用的商品；

(7)可重複使用的商品；

(8)取之於天然的商品；

(9)能節省水資源的商品；

(10)低污染的商品；

(11)丟棄後可分解的商品；

(12)可回收的商品。

另外，根據 Elkington & Hailes (1989) 與 Simon (1992) 對綠色產品的定義，綠
色產品大致應符合以下幾點原則，

(1)生產、使用和最終廢棄處理過程中以減少天然資源的消耗為原則；

(2)生產、使用和最終廢棄處理過程中以選擇污染環境較少為原則；

(3)以增加產品的使用性與生命週期為原則。

二、綠色行銷與消費

21 世紀中，綠色設計、生產、行銷及消費已然成為風潮。不僅許多國際經貿
組織均在熱烈討論綠色消費對國際貿易的影響，運用經貿措施遂行環保目的之趨
勢也日益明顯。綠色消費所宣導的觀念，是改變消費模式 (Pattern)，以降低天然資
源、毒性物質之使用及污染物排放，其目的在追求更佳之生活品質且不影響後代
子孫的權益（行政院環境保護署，2003）。

綠色行銷 (Green Marketing) 已成為大眾行銷、利基行銷、工業行銷、非營利行銷、社會行銷、服務行銷、關係行銷、國際行銷、生活型態行銷、小眾行銷之後另一個興起的議題。梁錦琳、陳雅玲 (1993) 指出綠色行銷是為回應對全球環境及它所孕育的生命逐漸加強的關注,而產生的一種行銷方式。美體小舖 (The Body Shop) 是綠色行銷應用相當成功的案例,美體小舖是將企業經營活動致力於社會和環境的變化,在不以犧牲未來和社會利益的前提條件下,滿足現在的需求,以確保企業經營的持久有效 (摘自美體小舖網站,http://www.thebodyshop.com.tw/about5believe.htm)。

綠色行銷同時兼顧消費者與社會需求,但它與傳統的行銷不同在於:

(1)它具有更勝於長期性的開放式遠景;

(2)它的焦點著重在自然環境;

(3)重視環境有其基本的價值,且遠超乎它對社會的使用價值;

(4)關注的範圍是全球性而非特別幾個社會。

綠色行銷提供給消費者更健康的前景、更充實的生活、和讓世界變得更好的願景,這也是綠色行銷所能帶來的好處。若能將綠色產品有效運用行銷的策略來塑造出形象,在現今的社會中會更被接受及認同,因此企業若能結合綠色產品及行銷,勢必將提升企業名聲及銷售數量。

三、綠色產品行銷實例

現今的產業趨勢越來越朝向綠色產品行銷的方向來發展,吳爾昌 (2003) 指出 Nokia 對其供應商在環境方面有許多嚴格的要求,主要是對於環境的評估;Nokia 將環境管理整合為每日例行的活動,使其與供應商之間有良好的溝通與互動。且所有的 Nokia 產品生產基地都有 ISO 14001 認證過的環境管理系統,它也對它的製造商有這樣的要求,Nokia 對於環境管理系統的主要目標在於減少能源的消耗及改善廢物管理。環境管理系統為環境帶來顯著的改善及成本的節省,持續不斷的改善是最主要的原則。

Nokia 對以產品為導向之供應鏈環境管理為其企業文化之一,包含以下三個

面向：

㈠管理方面

對於供應商的環境管理，Nokia 要求供應商必須遵從：

(1)文件化的環境管理系統以及執行計畫；

(2)公司的環境政策；

(3)瞭解與環境保護相關的法律及適用的規範；

(4)認知環境的各項影響，並有對應計畫；

(5)員工上游供應商的工作環境受訓計畫及實行標準作業流程；

(6)評估上游供應商的工作環境及相關的合理化計畫；

(7)在研發及製程設計時，須考量環境議題；

(8)詳述交貨給 Nokia 的原料材質。

Nokia 評估供應商時，要求供應商需傳回詳細的改善行動以及報告，以瞭解供應商執行改善行動的成效。供應商所提出有關於環境保護的計畫，其內容包含：

(1)時間規劃表；

(2)企業義務；

(3)完成里程碑；

(4)廢棄物管理；

(5)能源管理；

(6)有害廢棄物的處理；

(7)包裝材的選擇；

(8)水資源的處理。

㈡作業方面

Nokia 的每個生產基地均設有環境管理系統中所涵蓋的處理設施，其中包含下列項目：

(1)能源消耗管理；

(2)廢棄物管理：目標在於將廢棄物的產生降至最低。在廢棄物的管理上，包

裝材的質與量是重要的議題;

(3)水資源: Nokia 在建廠時會將新的水資源節省計畫列入優先考量。

㈢產品方面

主要以 DfE 為主,所謂 DfE (Design for the Environment), United Nations Environment Programmer (UNEP, 1997) 指出 DfE 是生態化設計 (Ecodesign),又稱為環境化設計 (Design for the Environment)、生命週期設計 (Life Cycle Design)、或具有環境意識的設計和製造 (Environmentally-Conscious Design and Manufacturing),其意欲於產品發展過程中對於生態和經濟要求取得平衡,且必須考慮到產品於生命週期間之環境考量面,以致力於該產品生命週期間對環境造成最低的環境衝擊,以朝向更永續的製造以及消費。Nokia 將 DfE 與環境目標與產品、流程、服務的設計等考量整合起來,利用 DfE 改善成本、績效、及品質。DfE 涵蓋範圍,從更少的資源使用至材料易分解回收皆包括在內。DfE 的執行績效可用下列指標來衡量:

(1)能源的消耗程度;

(2)產品的規格,如重量、面積、數量;

(3)軟、硬體的彈性;

(4)經濟上的需求;

(5)可回收再使用性;

(6)模組化程度。

第五節　其他行銷議題

現今的行銷環境變化萬千,要達到行銷的效果,除了應用行銷的基本核心概念之外,還要有其他吸引消費者的策略,本節即在探討其他的行銷議題,包括病毒式行銷、置入性行銷、體驗行銷以及情緒體驗行銷。

一、病毒式行銷 (Viral Marketing)

㈠病毒式行銷意義

　　病毒式行銷，係由消費者自主性的散播，發揮擴散效應，如廣告主以有趣的畫面、訊息吸引消費者，同時藉由網路環境中朋友間的轉寄，猶如病毒擴散般將訊息傳遞給大家，以達到潛移默化的宣傳效果，其實就是一種數位化的口耳相傳，只不過是透過 E-mail、及時傳訊軟體、BBS 等媒介，傳播速度將千百倍於傳統的人際網絡，而這樣的現象就有如病毒大量繁衍、散布。

　　由網友之間互傳，造成討論，是最大的行銷力量，但是「病毒式行銷」並不等於「電子郵件行銷」，因為在電子郵件之中常常有許多連看都不想看一眼的垃圾郵件，所以病毒式行銷之重點為「引起網友的興趣，進而轉寄」。無形之中，感染數以萬計的使用者使行銷產生效果。

　　病毒式行銷的案例相當多，例如有一位聯電工程師設立的網站「我的心遺留在愛琴海」（網址：http://home.kimo.com.tw/yuchang_chen.tw/, 2003），照片不斷被轉寄，兩個月內上網人次突破一百萬，那是因為這些照片（或說他這個工程師的身分）具有話題性，甚至連電視媒體都加以報導。如今他出書了，根本不需要宣傳，因為已經無人不曉。《我的野生動物朋友》（電子商務時報，2003）這本書未出之前，照片就已經經由許多環境保育團體人士大力宣傳及轉寄，也有異曲同工之妙。還有網路流行的動畫、影音流行娛樂等訊息流傳交換，讓網友大量分享，如有名的訐譙龍及春水堂的阿貴，因為逗趣的動畫內容獲得廣大迴響，在網路間的轉寄傳送，打造了高知名度，為其公司創造了許多非預期性、零成本的額外行銷價值。在 2003 年 1 月《e 天下雜誌》中介紹 SONY「壽司機」的病毒式行銷成功案例，一封 E-mail 中是數位照片與漫畫的結合，裡面有一碟子的壽司，其中擺了一個與壽司大小相差無幾的數位相機；網友覺得好玩就隨手轉寄給好友……就這樣，SONY「壽司機」的創意病毒，迅速擴散開來，該產品的網上動畫、電影、消息等型態，輕鬆詼諧的劇情不僅輕易被網友當作電子郵件寄發，品牌形象也悄

悄植入人心。

㈡病毒式行銷特徵及成功要件

電子商務時報 (2003) 提到病毒式行銷的特點，包括：

(1)人們在獲得利益的同時不知不覺地、不斷纏繞式地宣傳了商家的產品或資訊；

(2)商家生意資訊的傳播是透過第三者「傳染」給他人而非商家自己，而這通常使人們更願意相信並接納，而病毒式行銷兩個主要特徵就是「自我繁殖」和「快速傳播」，在網路世界，存在著許多病毒式行銷，只不過，有些明顯，有些不明顯，有些很巧妙，有些卻令人反感。「病毒式行銷」雖名為病毒，卻不能像疾病病毒一樣盲目的傳布，倘若亂槍打鳥，可能還會讓行銷效果大打折扣，企業若想使用病毒式行銷方式，事先絕對少不了一番規劃及評估，要讓使用者感到滿意、有趣，才會讓人想替你正面的宣傳。

在病毒式行銷的成功要件方面，第一要件在於這個「病毒」是否具有傳染的效力，以及是否具有適當型態。第二要件，意見領袖是宣傳的起點。最後，則是傳播環境的選擇，通常以網路為多，因為無遠弗屆，複製、傳送都方便，而且每一個人都可以成為訊息散布者。但是，符合以上三種條件，並不一定就代表病毒式行銷已經勝券在握，假使被消費者識破了你的訊息經過太多包裝以及裝飾，反而會得不到共鳴，這也就是本書所強調的，假使要使用病毒式行銷，事前的規劃實在重要，消費者的免疫系統畢竟不是這麼隨便就可以攻破的。

二、置入性行銷

林朋明 (2003) 指出，所謂「置入性行銷」即為廣告主將其產品和所謂的標的物結合，以此增加消費者的印象、增加其購買的欲望，許多產品與電影、戲劇合作，使產品形象深植消費者腦海之中，例如在一系列的電影中，某廠牌的車子會不停地出現，或是特地突顯固定品牌的飲料。在早期，大多數是為了配合節目、影片的需求，請廠商贊助車子、商品之類的產品，現在已經演變為在節目中更明顯的表現出商品的品牌，甚至有些節目會直接說出該商品很好用等。臺灣的偶像

劇也開始以更技巧性的方式置入商品，以達到行銷目的。除了在電視節目中利用置入性行銷的手法來加深觀眾對這些商品的印象和好感度外，政府有時也會透過用置入性行銷的方式來宣導一些政策，由此可知置入性行銷對於觀眾之影響力越來越大。置入性行銷和廣告一樣是一種推銷商品的手段，但是商品品牌的名氣如果不夠，使用置入性行銷也可能沒有效用。或是節目的內容品質和商品的品質如果不能搭配，也有可能會造成觀眾反感的情形發生。

置入性行銷在電影界非常盛行，林朋明 (2003) 指出，如 007 系列電影之中出現的 OMEGA 手錶、BMW 跑車，電影駭客任務出現的 Nokia 手機；以及電影中好人和壞人對決場景，就在某一品牌的戶外霓虹燈大招牌前，這也是刻意安排的，當觀眾為兩人對打的驚險畫面提心吊膽時，其實該品牌的印象也同時映入腦海中，這正是「置入性行銷」欲達到的效果。

置入性行銷並非只應用於日常生活與娛樂之中，政府也會利用置入性行銷手段來宣導政令，當國家與人民遇有公共安全或立即危險之虞時，政府理應在大眾媒體提供公共服務資訊，用以提醒民眾小心注意，然而以政治的手段來達到置入性行銷的效果，通常會較受爭議及抨擊。

三、體驗行銷

(一)體驗行銷定義

Schmitt (1999) 指出「體驗行銷」為「基於個別顧客經由觀察或參與事件後，感受某些刺激而誘發動機產生思維認同或消費行為，增加產品價值。」體驗是個體對某些刺激回應的個別事件。體驗通常不是自發而是透過產品所誘發的，體驗因人而異，沒有兩個體驗是完全相同的。

(二)體驗行銷專注焦點

傳統行銷將焦點集中於性能與效益上，體驗行銷則是集中在四個主要的方向上，分別為：

1. 焦點在顧客體驗上

體驗的發生是遭遇的、經歷的、或是生活過的一些處境的結果，是對於感官、心、與思維引發刺激；將企業、品牌與顧客生活型態相連結，安置個別顧客行動與購買場合。體驗提供知覺的、情感的、認知的、行為的、以及關係的價值來取代功能的價值。

2. 檢驗消費情境

相較於將焦點集中於狹隘定義產品分類與競爭，體驗行銷注重的是如何應用產品的包裝、廣告，使得產品在使用之前就可以增加消費體驗，其跟隨社會文化消費向量 (Sociocultural Consumption Vector, SCCV)，為顧客找到一個較寬廣的意義空間。

3. 顧客是理性與情感的動物

顧客雖然從事理性的選擇，但他們也經常受情感的驅策；廣義的顧客觀點是結合心理學、認知科學、進化生物學的最新發現而來。

4. 方法與工具有多種來源

相較於傳統行銷分析的、定量的、與口語的方法論，體驗行銷的方法與工具是歧異與多面向的；其並不單單侷限於一個方法論的意識型態。

㈢體驗矩陣的策略性議題

Schmitt (1999) 以個別消費者的心理學及社會行為之理論為基礎，整合提出體驗行銷的概念架構，此架構包括兩個層面：策略體驗模組 (Strategic Experiential Modules; SEMs) 及體驗媒介 (Experiential Providers; ExPros)。策略體驗模組是行銷的策略基礎，而體驗媒介是體驗行銷的戰術工具。每個策略模組包含知覺體驗（感官，Sense）、情感體驗（情感，Feel）、創造性認識體驗（思考，Think）、身體與整體生活體驗（行動，Act），以及與特定一群人或是文化相關的社會識別體驗（關

聯，Relate)。茲個別說明如下：

(1)知覺體驗：也就是感官行銷。它經由視覺、聽覺、觸覺、味覺與嗅覺而創
造知覺體驗的感覺。

(2)情感體驗：也就是情感行銷，其主要是情感行銷訴求顧客內在的感情與情
緒，目標是創造情感體驗，其範圍由品牌與溫和正面心情的連結、到歡樂
與驕傲的強烈情緒。情感行銷運作需要瞭解什麼刺激可以引起何種情緒、
以及促使消費者自動參與。

(3)創造性認識體驗：也就是思考行銷，其訴求的是智力，目標是用「創意」
的方式使顧客創造認知、與解決問題的體驗。思考訴求經由驚奇、引起興
趣、挑起顧客作集中與分散的思考。思考行銷也可使用在思考活動案、產
品設計、零售與溝通等。

(4)身體與整體生活體驗：也就是行動行銷，其主要的目標是影響身體的有形
體驗、生活型態與互動。行動行銷藉由增加身體體驗，指出做事的替代方
法之生活型態與互動，並豐富顧客的生活。生活型態的改變，自然是有動
機的，是激發與自發的，而且是由角色典範所引起的。

(5)與特定一群人或是文化相關的社會識別體驗：也就是關聯行銷，其主要包
含感官、情感、思考、與行動行銷等層面；關聯行銷是一種「個人體驗」，
讓個人與他人產生關聯，其主要訴求是要別人產生好感，讓人和一個較廣
泛的社會系統產生關聯，因此建立強而有力的品牌關係與品牌社群。

在創造一個感官、情感、思考、行動、或是關聯活動案時，體驗媒介是戰術
執行組合，它們包含溝通、視覺口語識別、產品呈現、共同建立品牌、空間環境、
網站與電子媒體、人，內容如下：

(1)溝通：溝通體驗媒介包括廣告、公司外部與內部溝通及品牌化的公共關係
活動案（其包含廣告、雜誌型廣告目錄與年報）。

(2)視覺口語識別：視覺口語識別可以使用於創造感官、情感、思考、行動、
與關聯的品牌。一組識別體驗媒介包含名稱、商標與標誌系統。視覺口語
識別是所謂的企業識別顧問最主要的領域。

(3)產品呈現：產品呈現體驗媒介包括產品設計、包裝、以及品牌吉祥物；在

這個市場導向的環境，吸引目光與感情的正確體驗規劃是決勝關鍵。

(4)共同建立品牌：包含事件行銷與贊助、同盟與合作、授權使用、電影中產品露臉、以及合作活動案等形式。

(5)空間環境：包含建築物、辦公室、工廠空間、零售與公共空間、及商展攤位。零售空間變得更具體驗性，而產品展示成為更重要的體驗媒介。

(6)網站與電子媒體：網際網路的互動能力，為許多創造顧客體驗的公司提供一個理想論壇，其亦可改變迄今所熟悉的溝通、互動、或是交易體驗；許多公司仍然將其網站作為資訊告示板，而不是一個娛樂或是其他經由體驗行銷與顧客互動的機會。

(7)人：人是一個非常有力的體驗媒介，其包含銷售人員、公司代表、顧客服務提供者、以及任何可以與公司或是品牌連結的人。將策略體驗模組與體驗媒介相互交叉即可獲得 5 乘 7 的矩陣，如下表所示，此即為體驗矩陣。

表 14-2　體驗矩陣

策略體驗模組 ＼ 體驗媒介	溝　通	識　別	產　品	共同建立品牌	環　境	網　站	人
感　官							
情　感							
思　考							
行　動							
關　係							

四、情緒體驗行銷

(一)情緒體驗行銷定義

游恆山 (1993) 定義情緒體驗為:「個人在主觀感受到、知覺到或意識到的情緒狀態。」而 Ittelson (1973) 則指出情緒體驗是自然或人為的環境知覺之基本組成,情緒是對環境的最初級之反應,而環境對情緒的衝擊更普遍地主導了個人與環境之後續關係的發展。Plutchik (1980) 將情緒定義為一複雜順序的反應,包括有認知評估、主觀的變化、自律系統和神經系統的喚起及行動的衝動,而情緒所引起的行為目的在於影響原來出現的刺激。

情緒也被描述為是人類有機體的一種複雜狀態,包含了各種感覺,如悲傷、喜悅、害怕、憤怒、恐懼,並且包括了各種身體變化,以及做出各種行為的衝動。情緒也是複雜的主觀和客觀因素之間相互作用的結果,其整體作用程序是對個人先引起感情經驗,再產生與情感有關的知覺作用,最後導致行為現象(游恆山,1993)。因此喚起消費者的情緒,進而達到行銷效果,產生對產品或服務的認知,此即為情緒體驗行銷之精神所在。

綜合以上的說法,情緒包含了四個要點(楊國樞、張春興,1993):

(1)情緒是刺激所引起的;

(2)情緒是主觀的意識狀態;

(3)情緒是具有動機的;

(4)情緒是表現於個體生理上與行為上的變化。

(二)情緒體驗相關理論

Mehrabian & Russell (1974) 提出「喚起的」(Arousal)、「歡愉的」(Pleasure)、「支配性的」(Dominance) 三個向度之情緒結構模式,作為環境心理學的基礎。Russell & Pratt (1980) 則主張解釋環境情感的各種特性只需要兩個互相獨立的向度,即「喚起的」與「歡愉的」就可以涵蓋所有情感的描述,被環境所誘發的各

種情緒皆可於此一環狀體圓周上某一點找到。Plutchik (1980) 將人類天生的情緒分成八種，並將它們兩兩配對形成四組，分別為歡樂／哀傷、恐懼／憤怒、驚奇／預期、接納／厭惡，並主張這些情緒具有多重的向度，包括強度 (Intensity)、相似性 (Similarity)、和兩極性 (Bipolarity) 三種向度，亦即認為任何情緒皆能夠表現出不同的強度（如從憂心到苦惱）；任何情緒與其他情緒的相似程度各有不同（如快樂與期待要比厭惡與驚奇更為相似）；且所有的情緒都是兩極的（如接納與厭惡是對立的）。

第六節　結　論

　　要發揮行銷之價值，工具的選擇及應用是相當重要的，配合當前的時勢，結合科學技術，以顧客為導向的行銷手法對於價值的創造是有其作用性的，本章節提供許多行銷應用的手法，包括：直效行銷、資料庫行銷、行銷策略聯盟、綠色行銷、病毒式行銷、置入性行銷、體驗行銷以及情緒體驗行銷，這些都是有效結合各種策略資源所建構出的行銷策略及手法，這對於企業在考量如何發揮應用行銷策略時，提供許多建設性的想法與支持。

1. 舉出一個目前在市場上應用直效行銷的案例。
2. 請說明行銷策略聯盟的運作方式。
3. 請說明綠色行銷與傳統行銷的差異。
4. 請說明病毒式行銷的涵義。
5. 請說明體驗矩陣的涵義。

參考文獻

1. 王泱琳、黃治蘋合譯 (2000)，Frederick Newell 著，《21 世紀行銷大趨勢：活用資料庫，創造高業績的一對一行銷新法則》，美商麥格羅希爾。

2. 行政院環境保護署：http://greenmark.epa.gov.tw (2003/12/18).

3. 吳爾昌 (2003)，〈以產品為導向之供應鏈環境管理〉，《連接器產業通訊》，8 月號，第 12–14 頁。

4. 李宗龍 (2001)，〈信用卡使用特性對消費性貸款行為之預測〉，國立臺灣大學國際企業學研究所碩士論文。

5. 典功資訊網站：http://www.migosoft.com (2004/3/27).

6. 林于勝 (2003)，〈評論線上遊戲以置入式行銷開創商機〉，資策會。

7. 林朋明 (2003)，〈網路 IM 的前世今生〉，《IT 時代週刊》，http://www.chinabyte.com/homepage (2003/12/20).

8. 林慧晶 (1997)，〈資料庫行銷之客戶價值分析與行銷策略應用〉，國立臺灣大學國際企業學研究所碩士論文。

9. 張倩茜譯 (2001)，Arthur M. Hughes 著，〈資料庫行銷實用策略〉，美商麥格羅希爾。

10. 梁錦琳、陳雅玲合譯 (1993)，Ken Peattie 著，《綠色行銷：化危機為商機的經營趨勢》，牛頓。

11. 游恆山譯 (1993)，K. T. Strongman 著，《情緒心理學》，五南文化。

12. 楊世凡譯 (1999)，Douglas Gantenbein 著，《21 世紀智慧企業解決方案：直效行銷與顧客管理》，華彩軟體。

13. 楊國樞、張春興 (1993)，《心理學》，三民書局。

14. 電子商務時報，〈病毒式行銷三要件──效力、意見領袖、環境〉，http://www.2300.com.tw/ (2003/12/21).

15. 美體小舖網站：http://www.thebodyshop.com.tw/about5believe.htm (2003/12/19).

16. Elkington, J., and J. Hailes (1989), *The Green Consumer Guide*, Victor Gollancz Ltd.

17. Han, J., and M. Kamber (2000), *Data Mining: Concepts and Techniques*, San Francisco, CA: Morgan Kaufmann.

18. Ittelson, W. H. (1973), "Environment Perception and Contemporary Perceptual Theory," in W. H. Ittelson ed., *Enviroment and Cognition*, New York: Seminar Press, pp. 1–19.

19. Jay, R. (1998), *Profitable Direct Marketing*, Boston: International Thomson Business.

20. Joseph, Anthony P., Conway Lackman, A. Graham Peace and Gerald Tatar, "Leveraging Customer Database for Strategic Marketing Advantage in the Retail Industry," Journal of Database Marketing, Vol. 7, No. 1, pp.53–59, 1999.

21. Kobs, Jim (1992), *Profitable Direct Marketing*, 2nd ed., Lincolnwood, Chicago: NTC Publishing Group.

22. Kotler, P. (2000), *Marketing Management: Analysis, Planning, Implementation, and Control*, 10th ed., New Jersey: David Borkowsky.

23. McCorkell (1997), *Graeme Direct and Database Marketing*, New York: McGraw-Hill.

24. Mehrabian, A., and J. A. Russell (1974), *An Approach to Environmental Psychology*, MIT Press.

25. Plutchik, R. A. (1980), "Structural Model of Emotion," *Emotion: A Psycho Evolutionary Synthesis*, New York: Harper & Row Publishers, pp. 152–172.

26. Rapp, and Collins (1990), "Beyond Maximarketing: The New Power of Caring and Retail Industry," *Journal of Database Marketing*, Vol. 7, No. 1, 1, pp. 53–59.

27. Russell, J. A., and G. Pratt (1980), "A Description of the Affective Quality Attributed to Environments," *Journal of Personality and Psychology*, Vol. 38, No. 2, pp. 311–322.

28. Schmitt, B. H. (1999), *Experiential Marketing: The Internal Structure of SEMs*, Simon & Schuster, Inc.

29. Simon, F. L. (1992), "Marketing Green Products in the Triad," *Columbia Journal of World Business*, Fall-Winter, pp. 268–285.

30. Stone, M., N. Woodcock, and M. Wilson (1996), "Managing the Change from Marketing Planning to Customer Relationship Management," *Long Range Planning*, Vol. 29, pp. 675–683.

31. UNEP (1997). *Ecodesign: A Promising Approach to Sustainable Production and Consumption*, Paris: United Nations Environment Programmer.

第十五章

國際行銷

學習目標

1. 瞭解國內行銷與國外行銷的差異
2. 瞭解國際行銷的環境
3. 瞭解全球行銷策略
4. 瞭解國際行銷策略之規劃

▶ **實務案例**

　　Nokia 從 1990 年代後期開始推出行動電話網際網路 (Mobile Internet)，在 1998 年底，該公司市值約 730 億美元，到了 2000 年 4 月，已經提高為 2,500 億美元，短短不到兩年就增加超過三倍。在 1990 年代末期，Nokia 與行動電話網際網路被視為是世界的「下一件盛事」(Next Big Thing)。

　　自 1990 年代早期開始，Nokia 的專注策略就已經是一個全球策略，並已掌握全球區隔的優勢。而 Nokia 成功的關鍵就在於公司已把價值鏈的上游部分同質化、齊一化，卻在價值鏈的下游，創造出競爭差異化基礎，藉由品牌行銷與設計等，抓住市場與顧客的心。

　　相對而言，Nokia 的主要競爭對手把資源耗費在製造、營運、後勤等產業相似性最高的上游流程，造成競爭對手不斷把心力投注在愈來愈向成本競爭的上游流程，在全球的投資上也多半以此為目標。此時 Nokia 卻反向操作，把資源集中分派在品牌工作、設計與行銷上；在這些下游流程建立競爭差異化，並比其他競爭對手投資更多心力在區域、甚至是當地國的下游活動上。Nokia 的產品發展流程係以其營運成效為基礎，其策略操作則是專注於顧客承諾流程。

　　在 1990 年，Nokia 的產品行銷以下列三項基本特性來定義新興的設計策略：可辨識性、全球性及軟性設計語言，在此同時，Nokia 從地理區隔轉移到顧客區隔的分類方法，Nokia 開始強調價值導向的區隔，也開始朝向持續推出新產品的作法，到 1998 年底，Nokia 已經幾乎到每隔三十五天就推出新款式的境界。當市場主力從商務市場轉向為全球消費市場時，廠商的手機市場與行銷方式就必須有所調整，在 Nokia，區隔被視為成功的先決條件，Nokia 認為在一個量大而區隔化明顯的市場上，重要的成功因素包括全面的產品種類組合、強而吸引人的品牌、有效率的全球後勤，因此 Nokia 致力於這些方面的工作，以維持品牌領導地位。

　　1990 年代末期，行動電話市場快速擴展，產品的銷售結構也產生了變化，除了愈來愈多人開始使用行動電話外，手機升級市場也在成長之中，此外，還有第三個進展中的市場，那就是愈來愈多人擁有多支手機。而 2000 年時的 Nokia 已經是一個以全球市場區隔、品牌行銷、設計等專長聞名全球的企業，公司流程架構所強調的重點，也已經

成功地從技術創新轉移到滿足顧客需求。

資料來源：李芳齡譯 (2002).

第一節 國際行銷環境

根據陳光榮、洪慧書 (2002) 提及美國行銷協會 (American Marketing Association; AMA) 在 1985 年對行銷的定義，指出「行銷是規劃及執行理念、商品及服務之構思、定價、促銷及配銷，以創造交換，來滿足個人及組織目標的程序」。然而，隨著全球化的趨勢，各國間的關係從閉關自守轉變成相互依賴，使得許多企業紛紛朝向國際市場發展，如：麥當勞、SONY、IBM 等均是朝向國際發展的企業，因此，行銷不再只是針對國內市場，而是針對國際市場，故產生國際行銷的課題。何謂國際行銷呢？國際行銷可以定義為「當行銷者國籍和消費者（或使用者）所在國不同時，將商品（或服務）由行銷者流行至消費者（或使用者）的企業活動」（于卓民等，2001）。國內行銷與國際行銷之間的差別，我們可以以表 15-1 做比較，如下：

表 15-1 國內行銷與國際行銷之差異

環境要素	國內行銷	國際行銷
社會／文化	分析並反映為人所熟知的相關文化	分析並反映獨特的不為人所熟知的風俗、習慣、語言及象徵性符號的文化
經　濟	分析並反映一種生活水準和發展階段，且反映一種通貨比率	分析並反映不同生活水準和發展階段，並且產生國內通貨與國外通貨的交易
法　律	關於國家主義、配額、關稅、禁止輸出，及其他障礙之顧慮較有限	須考慮國家主義、配額、關稅、禁止輸出，及其他障礙之相關事項
政　治	分析並反映單一的政治結構的知識	分析並反映不確定的政治結構
技　術	標準化生產與測定系統的使用	訓練國外從業員有關設備操作與維修，及零件材料的適應調整

資料來源：Evans & Berman (1992)；本研究整理。

　　由表 15-1 我們可以得知，從事國際行銷所面對的環境不確定性比國內行銷來得高，因此，企業行銷部門規劃並執行產品、價格、促銷、配銷等可控制的行銷組合於國際市場上，則會面臨到許多不可控制的因素，如：文化、法律、經濟、政治、技術等，在國際上從事企業活動時更為複雜，國際行銷人員必須考慮到當地的文化、法律、經濟、政治、技術等不可控制因素。本書即針對文化、法律、經濟、政治、技術此五項（張國雄，2002；于卓民，1994a）較不可控制因素對國際行銷的影響做一詳述。

一、文 化

　　文化的定義超過 160 個，有些人認為文化是用來區別人類的非人類 (Nonhumans)，有些人認為文化是可傳達的知識，也有些人認為文化是透過人類社會生活所產生的歷史 (Czinkota & Ronkainen, 2001)，儘管文化有許多種定義，但我們可以知道，文化是個人欲望及行為最基本的決定因素，且是經由學習與環境互動所產生的，對於多國企業而言，他們所面對最大的問題是學習要如何將他們的產品行銷給目標顧客 (Miles, 1995)，因為顧客的文化與道德價值跟企業母國文化有很大的差別，文化與道德差異對行銷溝通的表現、內容與結果會產生很大的影響 (McDonald, 1994)。因此，在擬定行銷策略的時候，必須要考量目標市場的文化。文化主要的構成要素有語言、教育、宗教、價值觀與態度（于卓民等，2001），以下分別敘述：

(一)語 言

　　語言是一種溝通工具，也被形容是文化的鏡子，全世界有三千多種語言，表示世界上至少有三千多種文化，即使兩國都說同樣的語言，並不表示兩國有相同的文化，例如：英國與美國雖然都是講英語，但是文化上有許多差異，在美國，洗手間通常用 toilet，在英國則是用 WC。另外，語言也可以表示一種社會對世界上事物的關懷程度，也就是包含對時間、事務、友誼及協議這些象徵性的溝通，國際行銷人員不能忽視各個不同民族對時間和空間的認知，例如：中國人特別著

重倫理關係，因此，表姐妹（兄弟）或堂姐妹（兄弟）間的稱謂就有很多，且阿姨與姑姑對中國人而言也是不同的，但是像英語一律用 cousin 代表表（堂）兄弟姐妹，且用 aunt 代表阿姨、姑姑、伯母等。另外，像印度就認為「時間就是河流」(Time is river)；而美國就認為「時間就是金錢」(Time is money)（榮泰生，1998）。

　　我們可以發現，對國際行銷人員而言，語言或許是文化中最重要的元素，因此當企業要行銷一產品到母國以外的市場時，在產品的命名上就特別重要，例如：雪佛蘭汽車曾經試圖介紹它的諾瓦 (Nova) 汽車進入西班牙語系的國家，但是在西班牙文中，Nova 意味的是「它不能動」，使得雪佛蘭汽車在西班牙語系的市場中，遭受到很大的損失（張國雄，2002）。所以，國際行銷人員必須瞭解相同的詞在不同國家所代表的意思，例如：臺灣的「速食麵」在中國大陸稱為「方便麵」，中國大陸的人民稱「廚師」為「師傅」，所以頂新集團在中國大陸推出「康師傅方便麵」就一炮而紅，而統一企業在大陸促銷速食麵時，廣告文案中出現「麵、麵、麵、非常麵」的語句，或許對臺灣人民而言是沒有什麼不妥，但在中國大陸，「麵」是代表「很菜」的意思，這樣的廣告文案無法吸引中國大陸的消費者，反倒會讓消費者感到反感（張國雄，2002）。因此，有些國際企業在當地進行行銷活動時，會聘請翻譯來協助產品的推廣，例如：某縫紉機廠商在泰國推銷產品時，就僱請精通本國語言及當地語言的人，以利行銷人員與當地廠商的溝通。

(二) 教　育

　　人類的知識與經驗是靠累積而來，並經由教育使知識與經驗對未來產生更大的影響，而教育也會受到文化的影響，同樣的資訊在不同的國家文化中，其教誨的重點會有所不同，正如我們的歷史課本中，對第二次世界大戰的描述，絕對與日本的歷史課本中的描述有所不同。而教育對於國際行銷的影響主要是在識字率 (Rate of Literacy) 及各級學校教育的入學率 (School Enrollment)。就識字率來看，若國外市場的消費者識字率高，則可以多用文宣方式強調產品的優越性；相反地，對於識字率低的國家，則多使用廣播、電視及銷售人員直接說明的方式從事銷售。另外，教育水準高的國家，比較適合從事高科技產品的行銷。我們從一個案可以瞭解教育對國際行銷的重要性：

　　曾經有一家嬰兒奶粉公司，想要將奶粉推廣到第三世界的國家，由於宣傳成功，許多家庭都不惜以家庭收入的 30％去購買一罐奶粉，而第三世界國家的人民教育程度不高，尤其是女性，文盲不少，所以根本看不懂奶粉罐上有關餵食嬰兒的說明，再加上奶粉價格昂貴，大部分的家庭都沒有照適當的比例去調配牛奶，且廣告宣傳有一令人誤導的消息，就是該奶粉可以代替母奶，使得許多母親都放棄母奶，改以該奶粉替代，結果發現，不少使用這種品牌奶粉的嬰兒都患上「營養不良症」，生產廠商發現後，便立刻回收全部正在第三世界國家販售的奶粉，重新包裝，加上本地文字的說明，並以顯著的字眼說明奶粉不能取代母奶（蘇關球，1994）。

　　從上述例子，我們可以知道，要從事國際行銷工作前，要深入地分析目標市場的教育程度及消費者的行為，以免相同的事情再度發生，雖然可以及時補救缺失，但仍會造成公司的損失。另外，國際行銷人員應該扮演教育者的角色，當產品與技術引進市場時，企業必須教育消費者有關產品的使用與好處，例如：某縫紉機廠商針對泰國當地經銷商推銷電動縫紉機時，會拿實體機器給經銷商看，並且教導經銷商如何操作，以便讓經銷商能教導消費者使用該產品。而教育程度越高的消費者對產品的要求與挑剔性也越高，因此，企業將產品行銷至教育程度高的國家更須注重產品及服務的品質。

㈢宗　教

　　世界上的主要宗教，對人們的生活影響很大，它們對人們的習慣、人生的看法、購買哪些產品、購買的方式及日常生活接觸哪些大眾傳播媒體具有極大的影響力，所以企業在做市場區隔的時候，必須要考量到宗教對人們生活的影響，尤其是宗教特有的禁忌，國際行銷人員更不容忽視，例如：回教禁吃豬肉，所以麥當勞要到回教國家發展時，就不會有豬肉類的產品；印度教規定教徒不可吃牛肉，所以麥當勞在印度就不賣牛肉漢堡；回教國家強調不能追求物質生活，因此，名牌汽車（如：賓士汽車）就不能以「身分地位象徵」作為行銷的重點（于卓民等，2001）。

　　除了產品的種類及推廣要注意外，產品本身也要特別注意，否則會造成宗教

人士的抗議，例如：好萊塢電影「ID4 星際終結者」是 1996 年的全美票房冠軍，在 1997 年的奧斯卡也獲得不少榮譽，但該片在中東地區的票房卻很差，主要原因是該故事講述當美國人興高采烈地慶祝國慶時，突然有外星人威脅世界各國，於是出現一位主角領導部隊對抗外星人，而該主角卻是「猶太人」，拯救地球要靠猶太人，這叫回教徒怎能心服（張國雄，2002）。因此，當企業要行銷產品與服務到其他國家時，可以從宗教瞭解到各國消費者的習慣與偏好以擬定行銷策略。

㈣價值觀與態度

價值觀是人生不可或缺的、遵守道德的、合乎市場需求、切合實際的判斷，讓我們分辨何者為重，何者必須。而態度是根據價值觀判斷的結果所產生的選擇決策。價值觀會影響到文化，例如：美國人認為在工作場合中，男女應該平等，因此，立法來對抗性別歧視，所以美國文化給人的感覺是男女平等的，沒有性別歧視。從價值觀所產生的態度也會影響到國際行銷活動，例如：臺灣人民認為日本的產品比較好（價值判斷），於是寧願多花一點錢買日本進口的產品。另外，瑞士巧克力的廠商知道美國顧客認為瑞士巧克力的品質高，所以在銷售時會特別強調產地是瑞士，以提高銷售量。然而，有些國家對於外國製的產品有負面印象時，在產品宣傳上就要盡量避免提到產品的來源及出處。

二、法　律

當企業要朝向母國以外的地方發展時，要瞭解該國的法律，有些國家經常會透過立法來妨礙或阻止國外公司的投資，法律的規定會成為進口國的障礙，且對產品成分、商標、包裝、定價、促銷、流通等都有影響，例如：有些國家對外資廠商有內銷與外銷比率的規定，且在資金匯出的部分也多有規定。另外，以 General Mills 玩具公司之歐洲子公司為例，其戰爭玩具的促銷活動，就必須拍兩種以上的廣告片，因為德國、荷蘭、比利時有強烈的反對軍備之政治情感，所以玩具內，要以吉普車代替戰車，且士兵的手中不能有槍（黃俊英等，1998）。再以臺灣的情況為例，臺灣禁止香煙公司打廣告，因此，知名香煙品牌 Mild Seven，就利用 Mild

Seven Time（手錶產品）來打廣告，也間接替香煙打廣告，這也是該公司面對一國法律的限制，而想出的另一種宣傳手法。各國的法律是不定期修改的，因此，國際行銷人員在將產品行銷到目標國家時，要隨時注意該國的法律，以免觸犯法律，造成不良的後果。

三、經　濟

　　國家整體的經濟情況會影響消費者的購買能力和支出形式，例如：國民所得水準、所得分配、物價等都是影響消費者購買能力的因素，對於國際行銷人員而言，除了要瞭解經濟的變化外，也要瞭解經濟變化的方向，如果一國的經濟變化方向是朝向平均國民所得越來越高，那麼企業可以行銷品質較高、單價較高的產品至該國，相反地，若一國的經濟是走下坡的，那麼在該國所行銷的產品就是單價較低的，除了價格與品質上的不同，還有販售方式的不同，例如：在馬尼拉，萬寶路 (Marlboro) 香煙是一支一支賣的，而非如我國是以一包或一條的方式販售，對菲律賓的消費者而言，他們買不起一包，所以一次只買幾支（榮泰生，1998）。

　　然而，消費者的支出不但受到所得水準的影響，更受到消費者的儲蓄、債務和信用的影響，例如：某縫紉機廠商在泰國作推廣時發現，當地居民因所得低，無法一次付清電動縫紉機的費用，因此，企業就要提供分期付款的方式，以刺激該地消費者的購買；另外，日本人的儲蓄率為所得的 18%，美國人則為 6%，造成日本的銀行對企業的放款比美國的銀行對企業的放款利率低很多，因此，日本的低利貸款，可協助日本的企業快速擴充（洪順慶，2001）。所以從事國際行銷的人員，應該特別注意國民所得、生活支出、利率、儲蓄和舉債的型態。

四、政　治

　　一國的政治環境是否穩定，會影響到國外投資者的投資信心，而各國的政治制度也有所不同，也更為複雜，產生了許多政治風險，例如：1998 年印尼發生政變，並引發排華風暴，使在印尼的華人及臺商受到嚴重的損害。一般而言，政治

風險的來源有很多，但可分成五類（于卓民等，2001）：

(1)地主國政府、政黨及其他政治團體，可能會產生暴動或貪污、政策及法律的變動等風險；

(2)地主國社會組織，包括地方派系、工會、工商團體等，可能會產生罷工事件、抗爭、各種政策與法律的變動等風險；

(3)國際組織，包括聯合國、世界貿易組織等，可能會產生環保運動、勞基法、國際公約限制等風險；

(4)第三國政府，可能會產生貿易糾紛、政治對立等風險；

(5)母國政府，可能會產生戰爭、貿易糾紛等風險。

而政治風險最主要的來源是地主國政府，如：政黨的輪替，使得政策改變，對外資企業造成影響，另外，譬如：中國大陸規定外資企業要在該國投資，必須有當地人民入股。而有些地主國政府會沒收外資企業的資產，例如：1977 年可口可樂要進入印度市場時，印度政府命令可口可樂將可樂配方及百分之六十的股權移轉給印度當地國民，當時可口可樂只同意將百分之六十的股權移轉給當地國民，但強調要監督整個製造過程之品質管制，故不願將可樂的配方給印度人，後來因印度政府不滿，最後可口可樂決定退出印度市場。等到 1990 年印度開始民主改革，可口可樂公司才再度進入印度市場（張國雄，2002）。

除了國有化的規定外，其他還有自製率的規定、進出口管制、價格管制、外匯管制、勞工政策等規定，都是地主國政府對外資企業採取的干預手段。因此，要在母國以外的國家從事行銷活動時，國際行銷人員必須事先評估當地的政治情況，可以利用與當地企業合資或與第三國企業策略聯盟的方式，減低當地的排外心理，另外，在當地也不要太過招搖，並與當地的政商保持良好的關係，且慎選適當的國際市場進入方式，這些都可以降低政治風險。

五、技　術

各產業的生產及研發等技術都日漸進步，技術的進步速度對企業的績效會有所影響，例如：半導體的發展對電腦業而言就有很大的影響。一般而言，高度技

術進步的國家，接受技術革新也比較快，例如：日本人喜歡接受新事物，求新求變，而美國人對於新事物是需要花一段時間才能接受，因此，對於無線網路卡的企業而言，對於日本市場就要不斷地研發新的產品，相反地，對美國市場在研發新產品上就不會如此迫切。而技術的進步也有利於企業發展國際化，例如：網際網路的進步，可以讓企業容易蒐集情報，且與國外分公司溝通更容易，消息的傳遞也更快。

技術的發展除了影響研發新的產品外，還會影響到行銷活動的發展，例如：若企業的目標市場是網際網路普及的國家，就可以利用網際網路作為新的宣傳媒介，甚至是發展電子商務。我們知道，技術的發展可以帶給企業便利，且會影響到企業的行銷活動，因此，國際行銷人員必須瞭解技術環境的變動，以及新技術如何滿足消費者的要求，國際行銷人員必須與研發人員密切合作，透過國際行銷人員對目標市場技術環境的瞭解，將所蒐集到的資訊與研發人員分享，以鼓勵更具行銷導向的研究。

透過上述對國際行銷環境的分析，我們可以瞭解，企業要發展國際化之前，要先瞭解目標市場的整體環境，企業可以分析環境力量並擬定協助企業避免威脅及運用機會的策略，有些企業可能會積極地影響行銷環境，例如：企圖去遊說當地政府，進行一些立法。然而，有些企業是改變自身以適應當地的環境，至於要主動或被動地去影響行銷環境呢？這兩者都能有助於企業的國際行銷發展順利，當然，還是要分析企業的資源與能力後，再做出決定。

第二節　全球行銷策略

企業尚未進入海外市場之前，主要是以國內市場為主，而國內市場的需求有限，企業若要擴大利潤的話，就要開始考慮是否拓展事業至海外市場，而企業若決定要往海外市場發展，就要思考要往哪個國家發展、要用什麼樣的方式進入海外市場，及進入當地市場後，要採何種策略以回應當地等問題，因此，本節主要是探討企業全球化的國家選擇、進入模式，及回應當地之策略。

㈠國家選擇

要選擇國家之前，必須先瞭解本身的產品特性，以及目標消費者是哪些，然後再將全球市場做區隔，大部分全球性的公司都會用一個或多個標準（變數）來區隔世界市場，這些區隔變數有（榮泰生，1998）：人口統計變數（如：國民所得、性別等）、生活型態與心理描繪（如：價值觀、態度等）、使用方式或行為特性（如：習慣）、所追求產品效益（如：對品質的重視度）等標準來區隔。除了做區隔來分析全球市場外，還必須考慮市場環境，一般而言，企業會選擇具有區位特殊優勢 (Location Specific Advantage) 的國家，其因素包括（張國雄，2002）：

(1)有豐富的資源，要素成本低廉（如：勞工、土地、原料等）；

(2)穩定的政治、經濟、法律等環境；

(3)完善的基礎設施（如：電力、交通運輸等）；

(4)廣大的市場規模及消費潛力；

(5)心理距離不要太遠，即國家文化差異不要太大；

(6)政府提供的誘因與獎勵。

透過上述因素來決定所要進入的市場，可以降低企業發展全球化的風險，以及企業的成本，例如：全球市場區隔化後，有一市場對於企業而言是非常具有潛力，然而，該市場對外資企業的法律規定很多，就算對企業來說是非常具有潛力，可是因為法律規定很多，反倒會造成企業在當地受到很多限制；另外，企業也要考慮到當地人民是否排外，以某縫紉機廠商為例，該廠商首先是以泰國為其生產基地，以及推廣品牌的地區，因為他們認為泰國人民和善，且臺商在當地有較高的地位，不易發生排華的暴動。因此，要發展全球化的企業，在選擇市場時，所要考量的因素很多，不能只做單方面的思考。

㈡進入模式

當企業決定目標市場後，就要開始思考該用何種方式進入該市場，除了早期的國際貿易方式外，許多企業為了更接近市場以瞭解消費者的需求，以及尋找能使企業成本降低的地方，因此，開始有企業至他國設廠生產，而有些企業則是在

本國生產產品後，透過授權的方式行銷國外，或是與其他公司用合資、策略聯盟的方式進入國外市場。就目前而言，有許多國外市場進入模式的種類，主要有：出口 (Exporting)、整廠輸出 (Turnkey Projects)、授權 (Licensing)、合資 (Joint Ventures)、加盟 (Franchising)、策略聯盟 (Strategy Alliance)、購併 (Merge & Acquisition)、設海外獨資子公司 (Wholly Owned Subsidiaries) 等方式 (張國雄，2002；Hill，2001；榮泰生，1998)。本部分即針對上述的幾種國外市場進入模式做一詳述。

1. 出口 (Exporting)

許多企業在國際化的初期都採用出口的方式，然後再轉換其他模式，出口可以分為間接出口與直接出口。間接出口就是委託其他公司辦理出口業務，間接出口的好處是本國的貿易公司對國外市場的情況比較瞭解，且較有外貿實務經驗；直接出口對國外通路的控制權不如間接出口，所以許多國際公司會自行設立海外公司，企業在進行出口時，大都會採直接出口的方式，但因國外的配銷商也配銷其他競爭者的產品，所以企業會漸漸改採其他方式進入國際市場。

整體而言，使用出口方式的優點有 (Hill, 2001)：

(1)沒有在地主國設廠所產生的固定成本；

(2)協助企業達到經濟曲線與區位經濟；

(3)風險小。

而缺點有：

(1)運輸成本高；

(2)會受到貿易障礙的限制；

(3)為使出口增加，委派當地代理商行銷產品，可能沒有優於自己來行銷自己的產品。

2. 整廠輸出 (Turnkey Projects)

如果企業的核心能力在設計研發，則企業可以採用整廠輸出的方式，此方式是同意協助國外代理商處理計畫的細節，包含訓練操作人員，也就是代理商負責整個工廠的關鍵事務及整體的操作，此方法就如同技術出口到其它的國家，其優

點有 (Hill, 2001)：

　　⑴比外商直接投資 (FDI) 的風險小；

　　⑵可將要汰換的機器出售。

　　而缺點有：

　　⑴對國外市場並非長期投資；

　　⑵國外廠商有可能成為競爭對手；

　　⑶將企業本身的競爭優勢賣給潛在的競爭對手。

3. 授權 (Licensing)

　　授權對潛在的國際企業而言，是一種直覺的進入市場策略，這種策略所需要的是資金與知識的投資，並應用行銷能力於國外市場 (Czinkota & Ronkainen, 2001)，授權是企業與國外市場的被授權人簽訂協議，被授權人可以取得企業的商標、專利、製造程序、商業機密等使用權，而被授權人支付一筆費用或權利金給授權人，此方式可以讓企業進入國際市場的風險減少，例如：可口可樂公司藉由授權給全球的瓶裝廠商，並提供生產產品所需要的糖漿，以進行其國際行銷。而東京迪士尼是華德迪士尼公司授權給日本，使日本得以建立迪士尼樂園，而迪士尼公司可以獲得授權金及門票與食品商品銷售金額的某個百分比。

　　授權的優點是：不需要負擔開發新市場的成本與風險。

　　而缺點是：

　　⑴被授權人的控制不易；

　　⑵若被授權人做得非常成功時，企業等於喪失了這些利潤；

　　⑶企業的技術外洩，會使被授權人成為競爭對手。

4. 合資 (Joint Ventures)

　　合資需要幾個獨立的企業共同建立一個公司，最普遍的合資公司是兩間獨立公司合組的，且各持有 50% 的股權，企業跟合夥人合作共同行銷產品至國外，例如：富士—全錄 (Fuji-Xerox) 就是富士相片 (Fuji Photo) 與全錄 (Xerox) 合資成立的企業。

此國際市場進入方式的優點有 (Hill, 2001)：

(1)可透過當地的合作夥伴認識市場的競爭狀況、文化、政治體制等；

(2)在國外開發市場的成本與風險很高，合資可以與合作夥伴共同分擔；

(3)政治上的考量，有些國家會限定外資企業要投資當地，必須採與當地企業合資的方式。

而合資的缺點有：

(1)技術授權給合作夥伴，有控制上的風險；

(2)在分配所有權上會造成衝突，且投資公司如果要改變企業目標或計畫，若合夥公司有不同的看法時，會有意見上的衝突。

5. 加盟 (Franchising)

加盟與授權類似，但加盟傾向於建立長期的契約關係，基本上，加盟與授權最大的不同在於加盟不只給予加盟者有形的資產，還給予其無形的資產，且要求加盟者遵守嚴格的規定做生意，而加盟者要給予企業加盟金。例如：統一超商就是利用加盟的方式擴展它的市場版圖，想要加盟的人就要給予統一企業加盟金，然後統一企業會協助賣場的規劃，以及地點的選擇，且統一企業會要求加盟者不得在店內擅自銷售其他產品，所以統一企業對於加盟者有一定的控制。加盟方式的優點有：

(1)減少企業資源的投入；

(2)可快速進入市場。

而其缺點有：品質的控制不易。

6. 策略聯盟 (Strategy Alliance)

企業與潛在或現實中的競爭者有契約關係，而策略聯盟的對象通常是不同國家的企業，且有正式的契約，雙方共同合資於某些工作（如：研發新產品），策略聯盟的好處有：

(1)能快速進入市場；

(2)分擔發展新產品或製程的固定成本；

⑶利用對方的優勢；

⑷可增強自身的競爭優勢。

其缺點有：可能會將自己的 Know-How 給對方，因而喪失自己的競爭優勢。

7. 購併 (Merge & Acquisition)

企業想要快速進入海外市場，若企業資金與能力足夠的話，可以採取購併國外公司的方式，這樣可以取得最大的控制，例如：以酒類馳名國際的加拿大酒商集團 Seagram 以 106 億美金購併亞洲著名的寶麗金國際唱片公司，Seagram 最早是以製造威士忌、伏特加以及純品康納果汁聞名，目前 Seagram 旗下娛樂事業部分即有派拉蒙、環球電影、環球唱片以及購併的寶麗金公司，因此，其產業擴大至娛樂業，透過購併的方式，獲取市場占有率及擴大企業版圖（余尚武、江玉柏，1998）。

購併可區分為四種（余尚武、江玉柏，1998）：水平式合併（即指同產業中兩家從事相同業務公司的合併）、垂直式合併（即指在同一個產業中，上游和下游之間的合併）、同源式合併（即指同一產業中，兩家業務性質不太一樣，且沒有業務往來的公司之結合）、複合式合併（即指兩家公司處於不同產業，且沒有什麼業務上的往來的結合）。

通常購併國外企業的動機是有產品／地理的多樣性、獲取專業的人才，以及快速進入市場等，例如：雷諾購併美國汽車公司以取得銷售組織與配銷通路（于卓民，1994a）。採用購併的方式進入國際市場的優點有：

⑴快速進入當地市場；

⑵快速擴大市場占有率；

⑶取得專業人才的協助；

⑷合併互補性資源。

其缺點有：人力資源的管理較為複雜，被購併公司的人員配置要有適當的規劃。

8. 設海外獨資子公司 (Wholly Owned Subsidiaries)

設海外獨資子公司是指企業在國外設立子公司，並擁有 100% 的股權，要在

海外設立獨資子公司有兩種方法 (Hill, 2001)：

(1)企業可以直接在當地設立新公司；

(2)購併當地公司，並利用該公司進行產品的推廣。使用此方式的優點有：

(1)當公司的競爭優勢是以技術能力為主，則可減少失去控制技術的風險；

(2)對各國子公司的嚴密控管，有助於從事企業的全球策略整合；

(3)公司可以嘗試瞭解區位與經驗曲線經濟。

而其缺點有：

(1)企業所要花費的成本高；

(2)企業必須獨自承擔所有的風險。

瞭解各種國際市場的進入模式後，我們可以知道每一種模式都有其優點與缺點，至於企業使用何種方式進入國際市場較適宜，就要先分析企業內部的資源與能力，然後再分析整體的外部環境，最後再決定該採取何種方式進入國際市場，企業必須慎選國際市場的進入方式，以免造成企業損失。

㈢回應當地策略

當企業決定好目標市場與進入模式後，就可以正式地進入國際市場，然而，進入當地市場後，企業就要思考必須採用何種策略以回應當地消費者的需求，一般而言，企業在擬訂行銷策略時，最重要的是要先考慮策略的方向是要國際標準化 (Standardization) 或適應化 (Adaptation) 兩種選擇（洪順慶，2001）。

所謂標準化策略是指企業對於所有的國外市場都採取一樣的策略，通常企業會採取此策略的理由是，它認為全球消費者的需求與偏好都趨於一致，而且採標準化策略可以得到規模經濟所產生的利潤，廣告、包裝等行銷活動都是一樣的，企業可以省下很多成本，例如：可口可樂、新力家電等，都是採用標準化策略成功的例子。而適應化策略是指企業依據各個市場的特性，分別給予不同的行銷策略，這樣更能符合當地消費者的需求，例如：麥當勞的產品在各個市場就是採適應化策略，在印度就不提供有牛肉的漢堡，而在臺灣就提供米食產品；以某縫紉機廠商為例，其推廣至泰國的產品，因當地人民的習慣及所得不同，就包含了人力縫紉機（黑頭車）及電動縫紉機，而在臺灣因為人民所得較高，故以電動縫紉

機為主。

基本上，這兩種策略都有優缺點，像標準化策略的優點是可以降低宣傳成本、建立品質與服務的一致性形象，但缺點則是無法完全回應當地消費者的需求；而適應化策略的優點是可以完全回應當地消費者需求，缺點則是行銷成本高、企業管理不易等。此兩種策略並沒有哪一種是絕對的好，要視企業本身的能力，以及全球環境的變化而定，若企業所生產的產品是屬於全球消費者一致性很高的，那就可以採用標準化策略；相反地，若產品對全球消費者而言，一致性不高，且各國的文化、法律、經濟等環境差異很大，那就要採用適應化策略。

第三節　國際行銷管理之規劃

一般而言，行銷策略可以分為國內與國際兩種，由於國際環境複雜，所以行銷策略企劃人員在擬定策略時，要更為謹慎，本書在探討國際行銷策略的規劃上，是以行銷組合 4P 即產品 (Product)、定價 (Price)、配銷 (Place)、促銷 (Promotion) 此四方面來做分析。

一、國際產品管理

首先，我們要瞭解什麼是國際產品，所謂國際產品是指在母國以外的國家有銷售的產品。而在國際產品管理的部分，一開始我們必需要瞭解國際產品的組成要素有哪些，盡量讓要國際化的產品具備那些要素，接下來就可將產品進軍國際市場，然後要決定產品國際化的程度是如何，再選定市場區隔，明確地將產品定位，而為了要讓自身產品在國際上易與其他產品區隔，就賦予產品一個名稱，即為品牌，因此，本部分主要就國際產品組成要素、產品國際化程度、國際市場區隔、國際產品定位、國際品牌策略此五部分加以探討。

㈠國際產品組成要素

一般而言，國際產品的要素包含了有形的商品與無形的服務，而我們一想到

產品，就會想到它的尺寸、大小、重量、材質、功能等特性，而行銷人員不只要注意前述的特性，也要重視消費者的需求，產品整體來看可以分為三部分 (Leviit, 1983)：

(1)核心成分；

(2)附屬成分；

(3)支援服務成分。

而各個部分的內容有哪些，我們根據圖 15-1 來說明，並根據此三部分加以詳述：

資料來源：Leviit (1983).

圖 15-1　產品組成分析

1.核心成分

核心成分包含了實體產品、設計屬性、功能屬性此三部分，這些是滿足消費者的基本需求，而設計的部分就牽涉到研發新產品的問題，企業的研發部門必須與行銷人員相互做溝通，因為行銷人員的工作是要瞭解消費者的需求，然後把消

費者對產品的需求告知研發人員，因此，要研發出一個產品，需要花很多時間與資金，例如：IKEA 的管理模式是由產品設計群來決定商品的走向，很少做市場調查，在國際廣告上還是堅持用瑞典的特色，結果 1985 年 IKEA 進入北美市場，發現歐洲產品無論在品味或是型態上，都無法符合美國人的需求，而且在尺寸的單位上用法也不同，歐洲人的床對美國人而言太小了，且提供的杯子也不適合美國人喜歡在飲料裡加冰塊的習慣，結果美國人在 IKEA 買的花瓶是拿來當水杯用。因此，IKEA 若要在北美成功，就要設計出符合美國人的產品（張國雄，2002）。

　　另外，以汽車的設計為例，歐洲的車子多有暖氣的設計，因為當地會有很寒冷的天氣，若汽車廠商要在熱帶地區的國家銷售汽車，就不需要有暖氣的設計，反倒是冷氣必須要強一些，以迎合當地的需要。

　　產品的核心部分算是產品的基礎，如果基礎都做不好，例如：產品的功能就是很差，那麼產品的包裝再好，廣告得再多，也沒辦法增加銷售量，因為它不符合消費者的需要。因此，很多企業都會花許多資金在產品的研發上，並與行銷人員結合，以期能發展出滿足消費者需求的產品。

2.附屬成分

　　產品的附屬成分包含了商標、品牌、價格、樣式、包裝、品質等因素，透過這些因素的加強，以增加產品的價值，例如：在產品的包裝上，有些國家重視環保，所以如果在包裝上花費太多心思，反倒該國的人民不願購買；相反地，以日本而言，該國的產品都很重視包裝，因為消費者喜歡包裝精美的產品，所以要銷售到該國的產品，可能就要在產品的包裝上多做努力。除了包裝的精美與否，在說明上的標示也很重要，必須要使用符合當地的語言，若該國的識字率不高，則使用方法上可以用圖形來說明，且若一國經濟情況不佳，消費者無法一次購買大量的產品時，針對該國可能就要有小量包裝的產品。另外，曾有一家嬰兒食品製造商引進小瓶罐裝的嬰兒食品到非洲市場銷售，由於包裝上出現一個嬰兒相片的標示，導致當地消費者以為瓶罐中會出現小孩，而影響該產品的銷售，所以產品的包裝對於銷售量是很重要的。

　　從產品品質來看，品質不好的產品，會影響消費者再次購買的意願，尤其對於

有品牌的產品而言，品質更為重要，因為會影響品牌權益。再者，在價格方面，必須要依照一國的經濟情況而定，否則定價太高，消費者會買不起。國際行銷人員必須仔細檢查產品的周邊成分，確定該產品的附屬成分能符合當地消費者的需求。

3.支援服務成分

　　支援服務成分包含了運送、保證、維修、裝置及其他相關服務等因素，這些是企業給予廠商產品後所提供的服務，例如：對於要到中國大陸發展的企業而言，因為領土廣大，所以要準時配送產品到消費者手中是較困難的事，所以企業必須透過與物流業者的結合，規劃好路線，以便準時將產品送到消費者手中。而提供維修服務的部分，對於開發中國家尤其重要（于卓民等，2001），因為消費者不易找到原廠來負責維修，就目前臺灣的情況來看，知名的手機廠商（如：Nokia、Motorola 等），都會委託通路商（如：震旦、聯強等）協助以提供維修的服務，以免消費者怕找不到維修的地方而不願意購買該產品。

　　除了有維修點外，維修的速度也很重要，像聯強國際就標榜「30 分鐘快速維修」的服務。另外，像 IBM 公司注意到消費者要購買的是解決問題的服務，如使用說明、軟體程式、快速服務等，而非電腦硬體本身，所以 IBM 就把行銷重點放在整體資訊系統上，並非如其他公司是著重於產品本身的功能上，因此，IBM 就是懂得瞭解消費者的需求，然後提供能滿足需求的服務。

㈡產品國際化的程度

　　所謂產品國際化的程度是指企業的產品消費者所能夠買到的國家數多寡，依據程度的不同可以分為地域性產品、國際性產品、全球性產品此三種（高瑞麟，1991）。本小節就針對此三種不同的產品國際化程度加以詳述：

1.地域性產品

　　所謂地域性產品是指該產品只有在特定地區才買得到，此類產品是某地區的消費者才會使用到，其他地區不會使用到的，例如：荷蘭因為是沼澤地，穿木鞋比較好走路，所以木鞋成為荷蘭特有的產品；另外，像日本和服、中國旗袍都是日本與

中國特有的產品，所以消費者若要購買地域性的產品，多要到當地市場購買。

2.國際性產品

所謂國際性產品是指該產品在數個國家可以買到，不像地域性產品只有特定國家才買得到，此種產品較容易進入數個國家銷售，例如：微軟的作業系統，只要操作介面能發展出某國的語言，就能到某國去賣，像有繁體中文的操作介面，就能在臺灣使用。另外，家電產品也是國際性的產品，只要設計規格、電壓等符合國家要求，且說明書跟產品標示也都使用該國的文字，就可銷售至該國。

3.全球性產品

所謂全球性產品是指在世界各地都能買到的產品，譬如：可口可樂 (Coca-Cola)、麥當勞 (McDonalds)、耐吉 (Nike) 運動鞋等都是屬於全球性的產品，目前許多高科技產品也傾向於成為全球性產品，尤其是消費者需求越來越趨於一致，因此產品全球化是勢在必行。

企業產品之國際化發展，必須要到何種程度，沒有一定的答案，要取決於企業的資源、能力與目標。地域性產品可單獨在一國享有不錯的利潤，但是地域性的產品行銷工作是由當地子公司自行規劃，對於總公司而言，可能無法與子公司做經驗的交流，並將經驗使用於其他市場，再者，總公司要從其他市場調派行銷人員至地域性產品的子公司，會因為當地特殊的環境，造成行銷人員不易進入狀況。

而企業若要發展全球性的產品，除了自身內部的能力與資源要充足外，也要應付各地不同的環境與消費者需求，雖然銷售的產品是一樣的，但是所用的行銷策略會有所不同，因此，企業要發展全球性的產品是需要做很多努力及花費很多經費的。另外，國際性產品是介於地域性與全球性之間，企業可以先將產品發展至幾個企業評估後認為有發展潛力的國家，待產品的發展順利後，再慢慢地往全球化發展。

㈢國際市場區隔

由於每個國家消費者的需求不同，並非每樣產品都適合一國的全部消費者，

所以企業必需透過市場調查，找出特定的區隔，該區隔內的消費者是對該產品的購買可能性最高，因此，當企業進入一國家發展時，所需要做的有：

(1)市場區隔 (Market Segment)：將市場依不同的變數分為幾個消費群。

(2)市場選擇 (Market Target)：從所區隔出的數個消費群做一選擇。

(3)市場定位 (Market Position)：選定目標市場後，就針對該市場擬訂合適的行銷策略。

在市場區隔的部分，我們可使用各種變數作為區隔的依據，例如：

(1)人口統計變數，包含年齡、性別、職業、教育程度、所得水準、宗教信仰等因素；

(2)地理環境變數，包含地理區域、城市規模、氣候等因素；

(3)心理特性變數，包含消費者的心理想法，如積極與消極、樂觀與悲觀、獨立與依賴等因素；

(4)消費者行為變數，包含購買頻率、品牌忠誠、價格感受、產品用途等因素。

當市場區隔出來後，國際行銷人員就必須思考什麼樣的產品適合目標市場，或企業的產品在哪個區隔中較有潛力，決定好目標市場後，就開始針對該市場擬訂行銷策略。一般而言，較易被行銷人員選中的區隔通常符合三項標準（于卓民等，2001）：

(1)可衡量性 (Measurability)：也就是指所選擇的變數能具體的將消費者細分。

(2)可接近性 (Accessibility)：經由細分市場後，可否藉由不同的通路或媒體來促銷產品。

(3)足量性 (Substantiality)：細分市場後，該市場必須要有足夠的量以維持企業的營運。

(四)國際產品定位

決定目標市場後，就必須為產品進行定位，產品定位的目的主要是希望在消費者心目中建立起一個地位與形象，以有助於與競爭者做區別，企業也可以透過產品的定位告知消費者該品牌所代表的內涵，另一方面，企業也可以透過產品定位，集中行銷火力與競爭者對抗。一般來說，我們可以透過對產品的分類，然後

再加以定位，產品的分類上可以以產品的屬性、產品的用途、產品使用者、與競爭廠商的相對性等四種來定位（于卓民等，2001）：

1. 以產品屬性來定位

以汽車為例，Benz 汽車就是將其產品定位為高品質、高價格、高性能的產品，相反地，Honda Accord 就是屬於價格較經濟、性能也較普通的產品，汽車廠商透過不同的產品定位策略，建立在消費者心目中的印象。另外，柯達公司為了要挑選較適合的碟式相機 (Disk Camera) 造型，就利用 MDS (Multi-Dimensional Scaling) 方法來請受測者針對不同的相機造型，進行差異與喜好度的評估（于卓民等，2001），透過這項評估，可以知道消費者對碟式相機重視的項目是哪些。

2. 以產品的用途來定位

有些產品廠商強調的用途，會與消費者使用的用途不同，例如：滑板車一開始時，廠商是強調休閒器材，但是有些消費者會將其作為交通工具，就像許多人買籃球鞋，但不打籃球是一樣的道理。當廠商瞭解到這一問題後，就開始將產品做更清楚的定位，例如：Nike 早期都只著重於生產運動鞋，但後來也開始生產休閒鞋，讓消費者可以更清楚地瞭解公司所要銷售的產品是什麼。

3. 以產品使用者來定位

去購買直排輪的時候，我們可以發現它有入門、一般、玩家等產品的等級分類，因為要針對不同的使用者給予不同等級的產品，而電腦產品也是一樣，有分為入門機與玩家專用機，入門機的配備可能就不需要太高級，而玩家級的在軟體上與配備上的要求都會比較高。另外，我們的日常用品也會有所分類，像洗髮精就有抗頭皮屑、保濕、油性髮質、乾性髮質等，就是為了要針對不同使用者的需要，提供能滿足需求的產品，讓消費者在購買產品時，能很容易地知道該買哪一種。例如：泰國有許多在路邊從事縫補工作的人，且因所得低，所以主要是以人力縫紉機為主要的生財工具，因此，某縫紉機廠商就提供經銷商該型的產品；而對於大都市，所得較高的地方，在家縫紉對消費者而言是娛樂，則是提供能縫紉

出許多花紋的電動縫紉機來銷售。

4.以與競爭廠商的相對性來定位

廠商可以將自己定位與競爭廠商一樣，或是更好，例如：福特汽車的 Metrostar 車款在廣告上，就是將該車款定位為與 Benz 同等級。另外，在 1983 年普騰 (Proton) 電視機要進軍臺灣市場時，就以「對不起，新力」(Sorry SONY) 的廣告來強調自己的品質與格調超越了新力（于卓民等，2001）。

㈤國際品牌策略

隨著全球生產技術的進步，產品間的差異性越來越小，而廠商為了要讓自身的產品容易被消費者辨認，因此，開始給予產品一個名稱，我們稱之為品牌，根據李小娟 (1989) 提出品牌的內涵是「代表某一銷售者之產品或勞務，藉以與競爭者相區別的名稱、符號、或設計之組合」。而 Kotler (1996) 提出製造商自創品牌的優點有：

(1)法律上有專屬效用；

(2)協助市場區隔；

(3)建立公司形象；

(4)有吸引消費者忠誠的機會；

(5)協助處理定單與追蹤問題。

基於這些優點，許多廠商紛紛開始計畫要自創品牌，尤其是國內的製造商，長期以來都做代工的工作，所賺取的是微薄的利潤，而無法獲得行銷利潤，因此，自創品牌對於廠商進行國際化工作是很重要的。

廠商在做品牌決策時，通常要考慮是否要自創品牌、是否要使用製造商品牌、是否只使用一個品牌行銷全球。自創品牌對於廠商而言是需要花費很多時間與金錢的，而自創品牌的途徑有（于卓民等，2001）：

⑴購併知名品牌，如：高露潔 (Colgate) 牙膏購併國內的黑人牙膏，以拓展其亞洲市場的品牌聲響；

⑵取得知名品牌的授權經營，如：韓國現代 (Hyundai) 汽車公司與日本三菱

(Mitsubishi) 汽車簽訂授權合約，以三菱的品牌在美國市場銷售小型汽車；

⑶替國際知名品牌代工，如：寶成鞋業替耐吉 (Nike)、愛迪達 (Adidas) 等知名品牌代工；

⑷利用品牌並列方式，如：捷安特 (Giant) 為了不因自創品牌與原有的代工客戶起衝突，一方面以自有品牌 "Giant" 來銷售產品，另一方面也承接許多代工業務；

⑸爭取與國際知名品牌合資生產，如：日本三菱汽車公司與美國克萊斯勒汽車合資生產，日方提供產品開發技術，美方提供行銷經驗，而所生產出來的產品，有一半是以克萊斯勒現有的品牌，在美國市場銷售。

二、國際定價管理

當企業要將產品外銷到國外時，因為受到的競爭很大，所以在產品的定價上特別重要，我們首先要瞭解有哪些原因會影響到企業的定價策略，然後再決定該用何種國際與當地的定價策略，因此，此部分主要是探討影響定價的因素、國際定價策略及當地市場定價策略此三部分：

㈠影響國際產品定價的因素

大多數的公司對國際性或全球性產品訂定價格時，最先是考慮企業內部的成本因素，包含了運輸成本、關稅、營業稅等成本。其次，要考慮的是競爭者的定價，也就是市場因素，最後，還要考慮到國際匯率的波動、通貨膨脹率等國際環境的因素。因此，本書將影響定價策略的因素，分為成本因素、市場因素、環境因素此三部分：

1.成本因素

成本是廠商在定價時會優先考慮的因素,廠商的利潤是來自於總收益減成本，如果成本越低，整體廠商的利潤就越多，一般而言，企業的成本可分為固定成本及變動成本，所謂固定成本是指無論生產多少單位的產品，成本永遠固定，例如：

廠房租金、保險等；所謂變動成本是指隨產量數的改變，成本也會跟著改變，例如：工資、包裝材料等。廠商利用成本來計算出的定價策略有兩種，一種是平均成本加成定價法（如：廠商之生產成本為 100 元，而它認為加 20% 是合理的利潤，所以最後定價是 120 元），另一種則是邊際成本加成定價法（如：電力公司在尖峰時段的電價比較貴，也就是加成比較多，而離峰時段的電價就比較便宜）（張國雄，2002）。從事國際行銷時，所會產生的成本主要來自運輸成本、關稅、加值稅及當地生產成本（榮泰生，1998），以下分別詳述：

(1)運輸成本

因為要把產品運送至世界各地，所以一定會產生運輸成本，運輸成本的多寡，跟所運送的產品有關，譬如：所要運送的產品是易碎物，那麼就需要較多的保護，因此，運費也會較高。另外，運輸成本的高低也與所選用的交通工具有關，就大部分的廠商而言，主要是以水運為主，每公里的單位成本較低，但運送速度慢，若是用空運，每公里的單位成本就很高，運送速度快，至於要選用何種交通工具，要依下單廠商對產品的急迫程度來看，以及產品的特性來決定。

(2)關　稅

各國間對進口產品大都課有關稅，通常是以產品的登陸成本作為徵收關稅的依據，而關稅造成廠商的成本提高，因此，通常廠商會將關稅造成的成本轉嫁給消費者，基本上，廠商面對高關稅的地區，應該妥善規劃產品的進出口稅則分類，以瞭解該地區採用何種型態的產品（如：半成品、零件、成本等）進口被課的稅較少，許多廠商為了要讓自身的產品價格具有競爭力，又怕關稅帶來的成本，因此，會將製造廠設置在目標市場當地，例如：以臺灣的汽車業來看，越來越多國際車商會在國內設廠生產，因為材料課的稅比成品課的稅還低，所以在國內組裝的汽車會比國外直接進口來得便宜，相對地，價格的競爭力也較高。

(3)加值稅

此稅是針對進口產品而訂的，例如：歐洲共同體中的每個國家都自行設定進口加值稅，然後對於出口品的加值稅則為零，像荷蘭出口到比利時的廠商，在荷蘭不必付出口加值稅，但是比利時會課進口加值稅。所以廠商出口到其他國家的產品，除了受到關稅的影響，也會受到加值稅的影響，進而也影響產品的價格。

⑷當地生產成本

一國的勞力、土地、工資水準都是影響廠商是否到該國設廠生產的原因，若能在具有低廉的生產成本，及具有良好區位的國家生產產品，則可降低生產及運輸成本，例如：國內許多企業紛紛到大陸投資，為的就是廣大的市場及低廉的生產成本。

2.市場因素

廠商對產品進行定價時，除了考慮成本外，還要考慮目標市場當地的市場情況，像是當地消費者的所得水準，還有同質產品的競爭狀況，都會影響定價，所以市場因素的部分主要是探討所得水準及競爭情況兩種因素（榮泰生，1998）：

⑴所得水準

目標市場內國民所得水準的高低，會決定消費者的消費型態，也就是說，當一國的國民所得水準較低時，他們所能夠買的產品多為低價產品，因此，廠商在定價上，就要盡量壓低價格。我們可以用經濟學上的需求彈性來分析，對於國民所得水準較低的國家，他們的需求彈性較大，也就是產品價格稍微提高，產品的銷售量就會下滑很多；相反地，國民所得水準較高的國家，他們的需求彈性較小，也就是產品的價格稍微提高，消費者並不會因此而不購買，所以銷售量並不會下滑很多。所以廠商在訂定價格時，可以利用需求彈性來分析（張國雄，2002）。

⑵競爭情況

廠商對於產品要訂定怎樣的價格除了要考量成本及市場供需情形外，還要考慮到競爭對手的情況，如果市場上的競爭對手不多，那麼廠商在定價上受到的限制就少，相反地，如果市場上的競爭對手很多，就容易產生價格間的競爭，以一般的日常用品來看，產品的差異性不大，因此，消費者多會以價格來決定是否要購買，所以市場上常會有削價競爭的情況發生。

3.環境因素

所謂的環境因素包含了匯率的變動、通貨膨脹率、價格管制、傾銷規定此四項因素（榮泰生，1998），以下就根據此四項因素加以分析：

(1)匯率變動

匯率變動對於廠商而言,是最難預測的,有些時候廠商會因一國的匯率變動,造成利潤減少,例如:產品輸出時本國貨幣是處於貶值的狀態,因此,該產品以外幣計算的話,價格相對較以往低廉,則企業本來所預期的利潤就會減少。為了避免因匯率的變動而帶來風險,廠商可以應用國際金融市場的各項工具或衍生性產品,例如:遠期外匯契約、買賣期貨等方式來避險。

(2)通貨膨脹率

通貨膨脹率會影響產品的價格,且各國的通貨膨脹率的差異也很大,為了克服通貨膨脹率所帶來的風險,通常企業要銷售產品至通貨膨脹率高的地方,多會使用較穩定的強勢貨幣來做產品的定價,並根據每日的物價水準及匯率波動的情況加以調整。

(3)價格管制

有些國家對於產品的價格訂定有一定的標準,廠商不能隨意定價,政府會對於民生物資訂定價格的上限或下限,例如:臺灣的石油、水電等的價格,都有一定的規定。

(4)傾銷規定

根據 1977 年的 GATT 的反傾銷法,將傾銷定義為:「出口商品的售價較其在本國市場或原產地為低的現象。」例如:2003 年,歐盟擔心中國大陸的紡織品傾銷至歐洲,因此,計畫要對中國大陸的紡織品採限額的規定,目前美國已經對中國的三種紡織品,包含針織布、胸罩、袍服設配額限制,因為這些進口品已嚴重威脅到美國同業的生存(BBC Chinese.com., 2003)。而要證明受到傾銷的傷害前,必須要提出相關資料,以及明確受到傷害的情況,當然,廠商可以盡量不要使用價格競爭的方式,也就是以超低價的產品進入目標市場,否則容易受到傾銷的限制。

(二)國際定價策略

要決定該採用何種策略訂定價格時,必須要先考慮企業的目標為何,根據 Keegan (1999) 的看法,他認為企業在訂定價格時,有三種國際定價策略:

1. 母國中心定價策略 (Ethnocentric Pricing Strategy)

所謂母國中心定價策略是指由母國總公司來主導各國子公司的定價策略，採用集權方式來管理各國產品的價格，利用此策略來訂定價格讓企業在處理定價上比較簡單，且各子公司行動一致，也比較好管理，然而，採用此種策略的缺點就是缺乏彈性，無法及時反映市場情況。例如：賓士 (Benz) 汽車就曾採用此策略，所以無論在哪個國家，賓士車都很昂貴。

2. 地主國中心定價策略 (Polycentric Pricing Strategy)

所謂地主國中心定價策略是指各國的子公司可以依照當地的環境來訂定價格，也就是總公司採用分權的方式來管理價格，利用此種方式來定價，其好處是可以隨時反映當地的情況，也就是價格較具有彈性，然而，其缺點是各子公司各自為政，良好的定價經驗可能無法相互傳授。

3. 全球中心定價策略 (Geocentric Pricing Strategy)

此種定價方式是介於母國中心定價與地主國中心定價之間，也就是由各國子公司與母國的總公司協調價格，如此較可兼顧各地情況及公司整體的目標，例如：柯達與富士之爭，富士用低價進攻美國市場，而柯達就用低價進攻日本市場，這樣可維持企業目標，又可抵抗競爭者。

(三)當地市場定價策略

國際市場的定價策略主要是強調母國總公司與各國子公司對於價格的協調程度，而此部分的當地市場定價策略與國內市場的定價策略相似，主要有吸脂定價法、滲透定價法此兩種（于卓民等，2001）：

1. 吸脂定價法 (Skimming Pricing)

採用此種定價法主要是利用高價的策略進入市場，當目標市場的需求大於公司產能時，也就是市場呈現求過於供的情況，或是該產品本身的產量就少，企業

往往會採吸脂定價法，當然，也與企業對產品的定位有關，例如：賓士 (Benz) 汽車一開始就是定位為「高級車」，所以無論在各國，都是採用高價策略，然而，此種方法也為其他車商帶來機會，如：Lexus。原因為競爭對手可把相同或類似品質的汽車以稍低於賓士汽車之價格售出。

2. 滲透定價法 (Penetration Pricing)

此種方法是屬於低價策略，也就是利用低價進入市場，取得市場占有率，然而，此方法也會引起同類產品間的削價競爭，結果可能導致廠商都無利可圖。另外，如果外銷產品都用低價策略進入國外市場，也容易被該國以傾銷的名義，禁止輸入該國。採用低價策略的企業，例如：柯達為了要對抗富士，於是在日本市場就採用低價策略。

三、國際配銷管理

在國際配銷通路的部分，企業首先要瞭解通路的相關名詞，如：通路長度、通路寬度、通路密度三個名詞，然後再透過對通路設計影響的因素之瞭解，設計出最適合企業發展的通路。

(一)設計國際行銷通路

當一個企業準備進軍國際市場之前，必須要先做好通路的設計，所謂「掌握通路就掌握市場」，從此句話我們可以瞭解通路的重要性，企業的通路設計是否良好，會影響到產品的銷售量，因此，在通路設計的部分，必需要考量通路廣度、通路長度、通路密度等問題，而此部分已在第四章討論，相關內容請參考第四章。

(二)影響通路設計的因素

企業對於通路廣度、通路密度、通路長度的設計，會受到一些因素的影響，例如：企業特性、產品特性、目標市場的環境特性、中間商因素、當地習俗與規定等，此部分就針對上述的五個因素（于卓民等，2001），做一詳述：

1. 企業特性

通路的設計，會受到企業自身資源能力及目標的影響，企業目標、企業規模、財務能力、國際行銷的經驗，都會影響到企業的通路設計。首先，就企業目標而言，由於通路的更新成本高，且不易改變，所以企業必須考慮到整個長期目標的發展，另外，也要考慮到企業目前的競爭地位，最重要的是能控制通路。因此，企業若對於國外市場很瞭解，又想對通路有較大的控制權，那麼企業可以選擇建立自己的行銷網，或採用直銷的方式。

第二，就企業的規模而言，如果企業的規模很大，有足夠的資金，且具備為中間商提供服務的能力，及對通路控制的欲望也很大，因此，可以選擇採用較短的通路。

第三，就企業的財務能力來看，企業的財務能力如果很強，那麼可以決定國際行銷中的哪些事可以自己做，且擁有雄厚財力的企業，對中間商的依賴也較小，所以適合自己行銷產品。

最後，對企業國際行銷的經驗而言，如果企業的行銷經驗充足，對於進入一個新市場的風險較小，可透過經驗的衡量，決定通路的設計，例如：某縫紉機廠商要推廣品牌，經過分析認為在泰國當地有工廠，運輸成本較低，且該地人民有使用縫紉機的習慣，所以先以泰國為推廣品牌的練習地，當地有許多與縫紉相關的專賣店，因此該廠商是利用各地區的專賣店作為經銷商。

2. 產品特性

產品的特性包含了形象與特質，產品形象也會影響到配銷的方式，像低價的產品就比較需要密集性的通路來配銷，相對的，高價的產品就不需要太多的配銷通路，例如：口香糖是屬於低價的產品，所以無論是超商、量販店、檳榔攤等地方都可以買到；而鑽石是屬於非常昂貴的產品，所以只有在珠寶店、百貨公司專櫃才能買到。雖然，密集性的通路可以增加產品的能見度，以及增加銷售量，事實上，產品形象的定位，對於通路的選擇，有很重要的影響，例如：若把高級的珠寶放到超商來賣，對消費者而言，珠寶的形象就不是很高貴的感覺。

另外，產品的特質也會影響企業對通路的設計，如果產品是屬於易毀性的，或是流行性的產品，為了怕太長的通路運送過程造成損毀或是過了流行期，企業對於此種產品應該使用較短的通路。除了上述的產品外，如果產品是屬於高技術複雜的產品，消費者較需要維修服務，以某縫紉機廠商在泰國的發展為例，該廠商的產品主要在各地區的縫紉相關專賣店販售，且行銷人員會先瞭解該專賣店是否具有維修能力，因為泰國地廣，如果專賣店沒有維修的能力，將會造成消費者維修困難，進而影響銷售。若當地的中間商無法提供維修的服務，企業可能就要建立自己的通路，採用直接銷售到國外的方式。

3.目標市場的環境特性

所謂目標市場的環境特性包含了目標市場消費者的性質及需求，以及目標市場消費者分布狀況。就工業性產品而言，目標消費者是特定的，且購買的數量大，工業用戶通常會需要瞭解產品的特性，所以企業要推銷工業用產品時，應該使用直接銷售的方式，最好是採用人員直接銷售。而人民的所得也會影響通路長短，以國民所得水準低的國家來看，消費者通常都是在家裡附近的商店購物，所以企業要使用較長的通路，反之，國民所得高的國家，消費者會開車到較遠的大賣場購物，所以企業要使用較短的通路。另外，目標市場消費者分布情況，也會影響通路的設計，如果潛在消費者很集中於一地區，那企業可以使用較短的通路，但是如果潛在消費者是分散於各地的，那企業就要使用較長的通路，例如：企業在中國大陸發展，潛在顧客分布各省，所以使用的通路就較長。

4.中間商因素

選擇中間商的時候，要考慮到通路成本、通路商能提供的服務有哪些、當地可利用的中間商多寡。首先，在通路成本的部分，如果通路成本過高，會影響企業的利潤，甚至會轉嫁至消費者，造成產品的價格競爭力下降，因此，企業必須多比較中間商的成本，以免通路成本過高。除了要選擇通路成本較低的中間商外，還要考量中間商所能提供的服務有哪些，並不能光靠通路成本低就選定通路商，由於消費者越來越重視產品的售後服務，所以通路商應該要有提供售後服務的能

力，另外，還有通路商的分布範圍。有些國家的通路商願意提供的服務不多，或是通路成本太高，造成企業在那些國家能選的通路商很少，這個時候，就要靠企業自己建立通路，例如：有些企業在開發中國家採用挨家挨戶的推銷方式，這是因為當地沒有適合的通路商能達到企業的要求。

5. 當地習俗與規定

目標市場的商業習慣會影響企業的通路寬度，就日本而言，存在著許多多層次傳銷的商業手法，使得要進入日本發展的公司，也被迫要使用長而寬的通路。另外，有些習俗也會改變企業的通路設計，例如：英國的八萬二千家酒館中，有五萬家是啤酒公司所有的，因為當地消費者大多在家喝酒，啤酒商為了要吸引他們到酒館喝酒，因此投資許多酒館，並提供漢堡等餐點，進而增加啤酒的銷售量（于卓民，1994b）。另外，當地法律的規定對通路也有影響，有些國家會制定不公平的獨家經營法令，或是規定廠商一定要使用哪些通路商，例如：菲律賓投資法就規定，外資公司不得在菲國從事零售業，零售通路都掌握在菲國人民的手中，使得企業要進入該市場發展時，要透過當地的代理商或配銷商，而無法自行建立行銷通路（于卓民等，2001）。

四、國際促銷管理

促銷活動主要是將產品推廣給消費者，或是吸引消費者來購買產品的方式，我們也可以將促銷視為是企業跟消費者溝通的媒介，可以傳達產品的特色、價格、通路等訊息，並配合各地不同的環境，擬訂合適的促銷策略，才能與消費者有良好的溝通。而要擬訂促銷策略之前，我們要先瞭解促銷組合有哪些，以及影響促銷組合的因素有哪些，下列就針對促銷組合與影響促銷的因素做一詳述。

1. 促銷組合

所謂促銷組合就是指可以用來協助促銷的工具與方法，這些工具與方法有：國際廣告、國際人員推銷、國際銷售促進、國際公共關係此四種（榮泰生，1998）。

⑴國際廣告

企業以付費的方式，透過電視、廣播、書報雜誌、網路，傳達企業所要表達的訊息給消費者，即是廣告方式之一，而企業在擬訂廣告文案時，必須注意當地對廣告的規定，以及要符合當地的文化、民情風俗等，企業要進行國際廣告前，要準備的有廣告預算的編列、廣告文案的內容、廣告媒體的選擇等工作，以廣告媒體的選擇來看，如果一國電視的普及率不高，那麼就不應該以電視作為廣告媒介，反倒可以平面廣告或廣播為主，若一國識字率普遍不高，那麼就盡量不要用平面廣告，反倒是可以用廣播作為媒介。一般而言，企業最常使用的國際廣告活動依序是（于卓民等，2001）：a.在國際性或地方性媒體對當地進口商、經銷商進行廣告；b.在外貿協會所編印的外銷廣告媒體上刊登相關訊息；c.在國際性或地方性媒體對當地消費者直接進行廣告；d.提供經費補助當地經銷商之廣告活動；e.在進出口公會所編印的外銷廣告媒體刊登訊息。

⑵國際人員推銷

當企業在目標市場找不到合適的媒體做廣告，或當地對廣告的限制很多時，就可以利用人員來推銷產品，尤其是在低度開發的國家，因為媒體不多，所以反倒是用人員推銷比較有用，而且低度開發國家的人力又便宜，可為企業省下成本。用人員推銷有很多好處，例如：可以與顧客面對面的談生意，顧客有任何問題，推銷人員可以馬上回答，且推銷人員也可以從談話中，得知顧客真正的需求是什麼，如同做市場調查一般，以某縫紉機廠商在泰國的發展為例，該廠商主要是派遣人員到經銷商進行調查，以瞭解該經銷商的銷售及維修能力，再決定要利用哪些經銷商銷售產品。廣告算是與消費者的單向溝通，而人員推銷則是雙向溝通。以安麗（Amway）為例，在日本的安麗是最大的分支機構，它們透過五十萬名銷售人員以家庭直銷的方式來販售產品，利用30%的佣金、紅利、國外旅遊來激勵銷售人員，然後也吸收越來越多的成員加入。所以安麗在日本的業績很可觀（于卓民，1994b）。

⑶國際銷售促進

這是一種短期的推銷活動，且通常需要中間商的配合與支持，這種活動的技巧有很多，如以折價券、抽獎券、遊戲、競賽、特價、展示、集點數、贈樣品等

方式來吸引消費者，例如：可口可樂就會利用集瓶蓋兌換獎品的方式，刺激消費者購買。然而，有些時候，企業會將上述技巧混合使用，例如：Kelloggs 在海外擴展市場時，為了教導當地消費者食用喜瑞爾 (Cereal)，以樣品和各種展示會配合廣告進行促銷（于卓民，1994b）。目前許多企業都會透過「商展」的方式，來促銷它們的產品，例如：每年舉辦電腦展，讓相關業者可以在電腦展的時候，透過較低的價格，吸引消費者購買。另外，還有大型的商展，如：世界貿易展等，企業可以透過商展挖掘新顧客。

⑷國際公共關係

企業可利用良好的國際公共關係來爭取國外消費者的信任，而且可以建立企業的形象與知名度，企業的產品會因為企業形象的良好而增加消費者的購買意願，所以企業可以多參與公益活動，建立良好的形象。另外，企業也可以利用公共報導的方式來進行促銷活動，所謂公共報導就是企業可以以不用付費的方式，透過媒體來打廣告，由於企業免付費給媒體，所以企業對於訊息的控制程度較低。公共報導可採用的方式有：捐贈、參與市府活動、有關企業產品等的新聞，例如：耐吉 (Nike) 在美國會超越愛迪達 (Adidas)，就是因為耐吉使用了公共報導來促銷產品，耐吉要求運動員來協助設計產品，並與運動員簽約替耐吉做廣告；另外，耐吉也提供運動鞋給大學球隊，所以耐吉的種種舉動，都成為媒體焦點，也順便做了廣告（張國雄，2002）。

2.影響促銷決策的因素

針對國際市場做促銷，所要顧慮到的問題很多，例如：各國的政治、經濟、法律等總體環境，還要考慮到消費者的特性、當地的競爭情況、促銷對象等市場環境，另外，還要考量企業內部的環境，例如：促銷預算、企業規模、產品類型等，因此，此部分主要是探討總體環境、市場環境、企業內部環境此三方面。

⑴總體環境

在本章的第一節，我們可以瞭解總體環境有文化、法律、經濟、政治、技術等方面，這些對促銷活動的影響也很大，以文化來看，當企業要推銷產品時，需要考量到當地對文化的敏感度，例如：伊朗人認為綠色是很神聖的，所以如果廣

告中有出現綠色的馬桶，這樣的廣告鐵定在伊朗會受到排斥（于卓民等，2001）。

而當地的教育水準對促銷活動的安排也有影響，例如：教育水準較低的國家，企業所使用的廣告媒體就盡量不要用海報、平面廣告，盡量使用廣播或電視。企業必須要瞭解市場的社會文化情況，以擬訂適合的策略。

以經濟來看，要是一國的經濟較差，國民買得起電視的很少，那麼企業要打廣告的話，就不要用電視作為媒體，用印刷媒體會比較好。以政治來看，如果目標市場與某一國家在政治上是不合的，那麼廣告文案的設計上，要避免影射到政治問題，例如：有些民族主義高漲的國家，他們對於外來的事物會比較排斥，這時候企業促銷策略就要加強維繫當地政府與相關利益團體的關係。

以法律來看，有些國家對於廣告的支出有所限制，主要是希望企業不要做太多廣告，然後把廣告所花的成本轉嫁給消費者。有些國家也會對廣告的內容有限制，例如：在有些國家，比較性廣告是被禁止的；在臺灣，影射色情的廣告也是被禁止的。就技術而言，主要是強調一國的科技發展，如果一國的科技發展比較快，像是網路、手機很普及，那麼企業就可以利用網路或手機作為廣告的媒介。

(2)市場環境

在市場環境的部分，我們主要是談消費者特性、市場競爭狀況、促銷對象對促銷活動的影響。首先，在消費者特性的部分，有研究發現，日本消費者對於身分地位的訴求較美國高，所以企業打廣告的時候，可以特別強調該產品所能帶給消費者什麼樣的身分地位表徵，而有些國家的產品會被認為是品質低劣，產品形象很差，也就是產品的來源國會影響消費者購買的意願，例如：臺灣早期到美國的產品被認為是品質不好的，許多美國人都有這樣的刻板印象，因此，臺灣廠商投資很多促銷費用於廣告上，努力改善臺灣產品給美國人的印象，像明碁的品牌BenQ，在廣告上就是用外國人與外國的場景，讓許多人都誤以為 BenQ 是外國的品牌，這就是企業透過促銷活動，以改善產品形象。

其次，在市場競爭狀況方面，企業要進入新市場時，要先瞭解當地競爭者的促銷手法，以及當地的競爭程度，這樣可以使企業的促銷活動更有效率，也可以透過對競爭者的觀察，擬訂出更好的策略，以某縫紉機廠商為例，其認為在泰國市場中，有品牌的縫紉機產品較少，所以競爭程度較低，因此，在推廣品牌時，

就以泰國為首選。

最後，在促銷對象的部分，基本上，促銷對象可以分為一般消費者、中間商、銷售代表此三者，當企業的促銷對象是一般消費大眾時，企業可以多利用媒體來打廣告，以及利用促銷活動來吸引消費者，依照不同的情況，妥善運用促銷組合，例如：對於金額較高的產品，較需要專業人員的服務，那使用人員推銷會比較有效。當企業的促銷對象是中間商時，企業就要多提供產品的訊息，以及協助中間商舉辦促銷活動，企業也可以給中間商一些回饋，例如：提供價格折扣、優惠付款方式等，以刺激中間商努力地銷售產品。當企業的促銷對象是銷售代表時，為了要激勵銷售人員努力銷售產品，可以用提供獎金、升遷等方式來刺激銷售人員，以提高企業的銷售能力。

(3)企業內部環境

企業要計畫促銷活動時，首先要瞭解企業的促銷預算有多少，然後依照企業規模的大小、產品類型來決定促銷策略。就企業的促銷預算來看，若是促銷預算多，就可以使用很多促銷組合，且電視廣告出現的頻率跟時段也可以買比較好的，一般而言，企業編列促銷預算的方法有：損益平衡法、銷售百分比法、目標任務法、隨意法等。

就企業規模大小來看，通常規模較小的企業，主要是採取推式策略比較多，例如：人員直接推銷產品給消費者，或是提供贈送樣本給消費者試用。而比較大的企業，主要是推式與拉式策略並用，例如：使用廣告、傳單之外，也會有人員推銷的方式。最後，是產品類型對促銷活動的影響，如果產品是屬於一般性消費品，那麼企業可以把大部分的預算用在廣告或促銷活動上；如果產品是屬於昂貴、複雜度高、買者較少的，例如：工業產品，那麼企業可以多採用人員推銷的方式。

第四節　結　論

我們可以瞭解到，國外行銷比國內行銷所要面對的環境還要複雜，企業必須先分析目標市場的總體環境情況，然後再分析企業自身的資源與能力，之後就要決定哪個市場是目標市場，以及要採用何種方式進入目標市場，最後就要開始擬

訂行銷策略，主要是產品、定價、配銷、促銷等策略的擬訂，考量各種會影響行銷策略的因素，以發展出最佳的行銷策略，讓企業國際化的發展更順利。

思考與討論

1. 試說明國內行銷與國際行銷之差異。
2. 國際行銷的可控制與不可控制因素有哪些？
3. 企業進入國際市場的模式有哪些？
4. 選擇目標市場的準則有哪些？
5. 國際產品的組成要素有哪些？
6. 國際定價策略與當地定價策略各有哪幾種？並說明其定義。
7. 影響通路設計的原因有哪些？請舉例。
8. 國際促銷組合有哪幾種促銷方式？

參考文獻

1. 于卓民 (1994a)，《國際行銷學——分析篇》，華泰文化，第 159–336 頁。
2. 于卓民 (1994b)，《國際行銷學——策略篇》，華泰文化，第 667–673 頁。
3. 于卓民、巫立宇、吳習文、周莉萍、龐旭斌 (2001)，《國際行銷學》，智勝文化，第 141–406 頁。
4. 余尚武、江玉柏 (1998)，〈影響企業購併成敗之因素策略與探討〉，《經濟情勢暨評論季刊》，第二期，第四卷。
5. 李小娟 (1989)，〈產品的第二生命〉，《臺灣經濟研究月刊》，第二期，第十二卷，第 40–43 頁。
6. 李芳齡譯 (2002)，Dan Steinbock 著，《Nokia! 小國競爭者的策略轉折路》，商智文化。
7. 洪順慶 (2001)，《行銷管理》，新陸書局，第 330–333 頁。
8. 高瑞麟 (1991)，《國際行銷學》，華泰書局，第 242–244 頁。

9. 陳光榮、洪慧書 (2002)，〈知識經濟下的圖書館行銷〉，《國立中央圖書館臺灣分館館刊》，第三期，第八卷，第 13–25 頁。

10. 張國雄 (2002)，《國際行銷學》，前程企業，第 285–290、351–357、380–392 頁。

11. 黃俊英、劉宗其、洪順慶、黃深勳 (1998)，《行銷管理學》，新陸書局，第 437–447 頁。

12. 榮泰生 (1998)，《國際行銷學》，華泰文化，第 327–352 頁。

13. 蘇關球 (1994)，《國際行銷策略》，臺灣商務，第 75 頁。

14. BBC Chinese.com.: http://news.bbc.co.uk/hi/chinese/news (2003/11/19).

15. Czinkota, Michael R., and Ilkka A. Ronkainen (2001), *International Marketing*, 6th ed., Harcourt College Publishers.

16. Hill, Charles W. L. (2001), *International Business*, 3rd ed., New York: McGraw-Hill.

17. Evans, T. R., and B. Berman (1992), *Marketing*, Macmillan Publishing Co., p. 588.

18. Keegan (1999), *Global Marketing Management*, New Jersey: Prentice Hall.

19. Kotler, Philip (1996), *Marketing Management*, New Jersey: Prentice Hall.

20. Levitt, Theodore (1983), "The Globalization of Markets," Harvard Business Review, 61, May-June, pp. 92–102.

21. McDonald, W. J. (1994), "Developing International Direct Marketing Strategies with a Consumer Decision-Making Content Analysis," *Journal of Direct Marketing*, Vol. 8, No. 4, pp. 18–27.

22. Miles, G. L. (1995), "Mainframe: The Next Generation," International Business, pp. 14–16.

行銷學　方世榮／著

　　本書內容輔以許多「行銷實務案例」來增進對行銷觀念之瞭解與吸收，一方面讓讀者掌握實務的動態，另一方面則提供讀者更多思考的空間。此外，解讀「網路行銷」這個新興主題，讓讀者能夠掌握行銷最新知識，走在行銷潮流的尖端。

現代企業管理　陳定國／著

　　本書對主管人員之任務，經營管理之因果關係，管理與齊家治國平天下之道，管理在古中國、英國、法國、美國發展演進，二十及二十一世紀各階段波濤萬丈的經營策略，以及企業決策、計劃、組織、領導激勵與溝通等重點，作深入淺出之完整性闡釋，為國人力求公司治理、企業轉型化及管理現代化之最佳讀本。

財務管理──理論與實務　張瑞芳／著

　　財務管理是企業的重心所在，關係經營的成敗；然而財務衍生的金融、資金、倫理等，構成一複雜而艱澀的困難學科。且由於部分原文書及坊間教科書篇幅甚多，內容艱深難以理解，因此本書著重在概念的養成，希望以言簡意賅、重點式的提要，能對莘莘學子及工商企業界人士有所助益。

財務管理──原則與應用　郭修仁／著

　　本書內容有別於其他以「財務管理」(Financial Management) 為書名的大專教科書之處，在於跳脫傳統以「公司理財」為主的仿原文書架構，而以更貼近國內學生對「財務管理」知識的真正需求編寫。內容包括基礎觀念及國內金融環境介紹、證券評價及投資、資本預算決策、資本結構及股利決策、證券技術分析、外匯觀念、期貨及選擇權概念、公司合併及國際財務管理等主要課題。

國際財務管理　劉亞秋／著

　　國際金融大環境的快速變遷，財務經理人必須深諳市場，才能掌握市場脈動；熟悉並持續追蹤國際財管各項重要議題的發展，才能化危機為轉機。本書內容如國際貨幣制度、匯率相關之各種概念、國際平價條件、不同類型匯率風險的衡量等，皆為國際財務管理探討議題中較為重要者。

生產與作業管理　潘俊明／著

　　本學門內容範圍涵蓋甚廣，而本書除將所有重要課題囊括在內，更納入近年來新興的議題與焦點，並比較東、西方不同的營運管理概念與做法；研讀後，不但可學習此學門相關之專業知識，並可建立管理思想及管理能力。因此本書可說是瞭解此一學門，內容最完整的著作。

人力資源管理──臺灣、日本、韓國　佐護譽／原著；蘇進安、林有志／譯

　　人力資源的真正研究，應該透過國際間的比較來進行，先把相同的、不同的性質，或類似的、相異的以及共通的要點分析出來，且將導致的主因甚至背景加以清楚說明。對亞洲各國（地區）與歐美諸國間的國際性比較研究，已經有人嘗試過了，但亞洲各國（地區）間的國際性比較研究，卻幾乎未見。本書即是試圖彌補此一向來不受重視的研究空隙，而共同努力的成果。

經濟學──原理與應用　黃金樹／編著

　　本書企圖解釋一門關係人類福祉以及個人生活的學問──經濟學。它教導人們瞭解如何在有限的人力、物力以及時空環境下，追求一個力所能及的最適境界；同時，也將帶領人類以更加謙卑的態度、尊重的情操，相互包容，創造一個可以持續發展與成長的生活空間，以及學會珍惜大自然的一草一木。隨書附贈的光碟有詳盡的圖表解說與習題，可使讀者充分明瞭所學。

國際貿易理論與政策　　歐陽勛、黃仁德／著

　　在全球化的浪潮下，各國在經貿實務上既合作又競爭，為國際貿易理論與政策帶來新的發展和挑戰。為因應研習複雜、抽象之國際貿易理論與政策，本書採用大量的圖解，作深入淺出的剖析；由靜態均衡到動態成長，實證的貿易理論到規範的貿易政策，均有詳盡的介紹，讓讀者對相關議題有深入的瞭解，並建立起正確的觀念。

中國管理哲學　　曾仕強／著

　　本書旨在尋求中西管理思想的融合，一方面使我國的道德理想和藝術精神，能充分融入於現代管理之中；一方面使西方的管理工具及制度，能在我國走出一條嶄新的道路，表現出真正中國化的特色。作者從事行政管理多年，依據有關哲學理念，評判各種管理理論及實際，條理清晰、深入淺出，即使未習哲學者亦容易領悟。對於當前管理者的共同難題，尤能顧及我國實際情況，提供正當之解決方案。

互動式管理的藝術　　Phillip L. Hunsaker、Tony J. Alessandra／著
胡瑋珊／譯

　　若經理人能建立一個友善並有生產力的工作氣氛，對整個組織來說，將帶來莫大的正面效應。本書正可提供具體的策略、指南以及技術，讓你能夠輕鬆增進與員工間的關係，建立經理人與員工信賴的基礎。讓員工對你的領導心服口服！

標竿學習——向企業典範取經　　Bengt Karlof、Kurt Lundgren、Marie
Edenfeldt Froment／合著　　胡瑋珊／譯

　　本書以理論搭配實際案例，闡明管理學理論和其發展軌跡，且詳述標竿學習過程的方法和步驟，使你瞭解為何標竿學習特別適合現代企業，協助企業從「良好典範」的經驗取得借鏡，並為「你怎麼知道自己的作業有效率？」的問題找到解答，希望讓讀者瞭解，學習不但有助於個人發展，更是攸關企業經營成功與否的重要關鍵。